普通高等教育"十二五"规划教材·公共基础课系列

U1009124

微积分

郎艳怀 主编

上海财经大学出版社

图书在版编目(CIP)数据

微积分/郎艳怀主编．一上海：上海财经大学出版社，2014.4
（普通高等教育"十二五"规划教材·公共基础课系列）
ISBN 978-7-5642-1853-9/F·1853

Ⅰ.①微… Ⅱ.①郎… Ⅲ.①微积分-高等学校-教材 Ⅳ.①O172

中国版本图书馆 CIP 数据核字(2014)第 037331 号

□ 责任编辑 王 芳
□ 封面设计 钱宇辰
□ 订购电话 021—65904705

WEIJIFEN
微积分
郎艳怀 主编

上海财经大学出版社出版发行
（上海市武东路 321 号乙 邮编 200434）
网 址：http://www.sufep.com
电子邮箱：webmaster @ sufep.com
全国新华书店经销
上海华业装潢印刷厂印刷装订
2014 年 4 月第 1 版 2015 年 10 月第 2 次印刷

787mm×1092mm 1/16 15 印张 384 千字
印数：4 001—7 000 定价：36.00 元

前言

PREFACE

随着经济的飞速发展，金融和管理等学科的科研和应用对数学知识的要求越来越高，为了给学生打好坚实的数学基础，本科院校都把高等数学作为基础课程，经济管理类的本科生的数学教材一般称为《微积分》。

目前国内外的《微积分》(Calculus)教材种类繁多，数以千计，适应不同专业、不同层次的人才培养需要，但是针对独立院校的教材还比较少。上海财经大学浙江学院是一所独立院校，我们在几年的教学实践中，借用其他本科院校的教材，发现很不适应。为此，学院将《微积分》课程作为精品课程来建设，我们结合教学实践，立足独立学院的特点和学生的实际，编写了这本《微积分》教材，希望为独立学院的教材建设做出我们的贡献。

本书编写的宗旨是以教育部的教学大纲为标准，以经济管理类专业要求为方向，注重高等数学的基础理论、全面的基本知识系统，以数学在经济和管理中的应用为落脚点，培养学生良好的逻辑推理思想、严谨的思维方法及运用数学解决问题的能力。本书内容简洁明快，叙述深入浅出，学生阅读轻松，教学使用便捷，在轻松愉快的氛围中引领学生达到具有数学素质人才的境界。

本教材由上海财经大学浙江学院基础部的数学老师编写，参加编写的老师是邹晓光、沈炳良、武斌，郎艳怀负责统纂。具体分工如下：邹晓光老师负责第一、二、三章的编写，沈炳良老师负责第五、六、七章的编写，武斌老师负责第四、八、九章的编写。

为了做好编写工作，老师们总结教学经验，仔细斟酌。鉴于我们水平有限，书中难免有错误和不当之处，请读者和教师提出宝贵意见，一起来做好这本教材的完善和改进工作。作者的联系邮箱：yhlang@shufe.edu.cn

在书稿的编写过程中，我们得到了上海财经大学浙江学院的支持及上海财经大学出版社的关心和协助，在此一并致谢！

编者

2014年3月

前言

目 录

CONTENTS

第一章

函数、极限与连续

本章将在中学数学已有函数知识的基础上，进一步理解函数概念，函数的微、积分及其应用. 极限概念是微积分的理论基础，极限方法是学习微积分的关键，连续是函数的一个重要性态，本章将在理解函数概念的基础上，介绍函数、极限与连续的基本知识和有关的基本方法.

第一节　函数

一、常量与变量

在观察某一现象的过程时，常常会遇到各种不同的量，其中有的量在过程中不发生变化，我们将其称为常量；有的量在过程中是变化的，也就是可以取不同的数值，我们将其称为变量.

在过程中还有一种量，它虽然是变化的，但是它的变化相对于所研究的对象是极其微小的，我们则将其称为常量.

如果变量的变化是连续的，则常用区间来表示其变化范围.

在数轴上来说，区间是指介于某两点之间的线段上点的全体.

表 1－1

区间的名称	区间满足的不等式	区间的记号	区间在数轴上的表示
闭区间	$a\leqslant x\leqslant b$	$[a,b]$	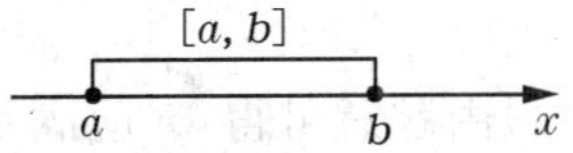

续表

区间的名称	区间满足的不等式	区间的记号	区间在数轴上的表示
开区间	$a<x<b$	(a,b)	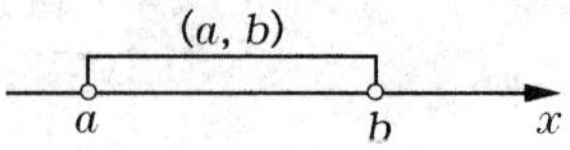
半开区间	$a<x\leqslant b$ 或 $a\leqslant x<b$	$(a,b]$或$[a,b)$	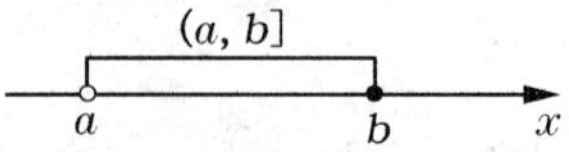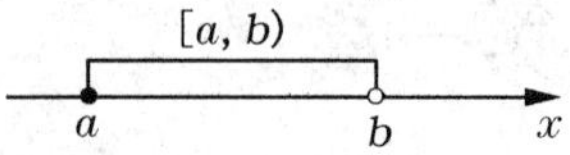

以上我们所述的都是有限区间，除此之外，还有无限区间：

$[a,+\infty)$：表示不小于 a 的实数的全体，也可记为：$a\leqslant x<+\infty$；

$(-\infty,b)$：表示小于 b 的实数的全体，也可记为：$-\infty<x<b$；

$(-\infty,+\infty)$：表示全体实数，也可记为：$-\infty<x<+\infty$.

其中，$-\infty$和$+\infty$分别读作“负无穷大”和“正无穷大”，它们不是数，仅仅是记号.

二、邻域

定义 1.1 设 $a,\delta\in R,\delta>0$，数集 $\{x \mid |x-a|<\delta, x\in R\}$，即实数轴上和 a 点的距离小于δ 的点的全体，称为点 a 的δ 邻域，记作$U(a,\delta)$，点 a 与数δ 分别称为这个邻域的中心和半径.有时用$U(a)$表示点 a 的一个泛指的邻域.数集$\{x \mid 0<|x-a|<\delta, x\in R\}$，称为点 a 的去心δ 邻域，记作$\overset{0}{U}(a,\delta)$.

$$U(a,\delta)=(a-\delta,a+\delta),\overset{0}{U}(a,\delta)=(a-\delta,a)\cup(a,a+\delta)$$

三、函数的概念

定义 1.2 如果变量 x 在其变化范围 D 内任意取定一个数值时，变量 y 按照一定的法则 f 总有确定的数值与之对应，则称 y 是 x 的函数，记为 $y=f(x)$. 通常 x 称为自变量，y 称为因变量，变量 x 的变化范围 D 称为函数的定义域，记为 D_f，即 $D_f=D$.函数值 $f(x)$的全体所构成的集合称为函数的值域，记为 R_f 或 $f(D)$，即：$R_f=\{y \mid y=f(x), x\in D\}$.

为了表明 y 是x 的函数，我们用记号 $y=f(x)$、$y=F(x)$等来表示.这里的字母 f、F 表示 y 与 $y=f(x)$之间的对应法则即函数关系，它们可以任意采用不同的字母来表示.

如果自变量在定义域内任取一个确定的值时，函数只有一个确定的值和它对应，这种函数叫做单值函数，否则叫做多值函数. 这里我们只讨论单值函数.

例 1 求下列函数的定义域：

(1)$y=\ln(2x+1)+\sqrt{4-3x}$ ；　　(2)$y=\dfrac{\sqrt{x+2}}{|x|-x}$.

解：(1)由题意可得，x 应满足不等式$\begin{cases}2x+1>0\\4-3x\geqslant 0\end{cases}$，解得：$-\dfrac{1}{2}<x\leqslant\dfrac{4}{3}$，所求函数定义域 D_f 为$\left(-\dfrac{1}{2},\dfrac{4}{3}\right]$.

(2)由题意可得，x 应满足不等式$\begin{cases}x+2\geqslant 0\\ |x|-x\neq 0\end{cases}$，解得：$-2\leqslant x<0$，所求函数定义域 D_f 为 $[-2,0)$.

四、函数的常用表示法

函数的表示法主要有三种：解析法、表格法和图像法.用图像法表示函数是基于函数图像的概念，坐标平面上的点集

$$\{(x,y)\mid y=f(x),x\in D\}$$

称为函数 $y=f(x),x\in D$ 的图像.

在函数的定义中，并不要求当自变量变化时函数的值一定要改变，因此，即使所有的 x 值都对应于一个 y 值也是允许的，即常数函数 $y=c$.

在实际问题中，经常会遇到用几个式子表示一个函数的情形，这种在自变量的不同变化范围，对应法则用不同式子表示的函数，通常称为分段函数，它仍然是一个函数，而非多个函数.

例 2　函数 $y=|x|=\begin{cases}x, & x\geqslant 0\\ -x, & x<0\end{cases}$，函数定义域为 $D_f=(-\infty,+\infty)$，值域为 $R_f=[0,+\infty)$，它的图形如图 1—1 所示，则函数称为绝对值函数.

例 3　函数 $y=\text{sgn}x=\begin{cases}1, & x>0\\ 0, & x=0\\ -1, & x<0\end{cases}$，该函数称为符号函数，它的定义域为 $D_f=(-\infty,+\infty)$，值域为 $R_f=\{-1,0,1\}$，它的图形如图 1—2 所示. 对于任何实数 x，下列关系成立：

$$x=\text{sgn}x\cdot|x|$$

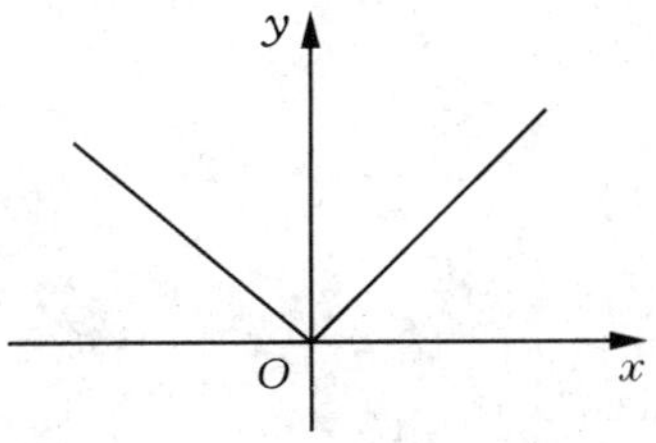

图 1—1

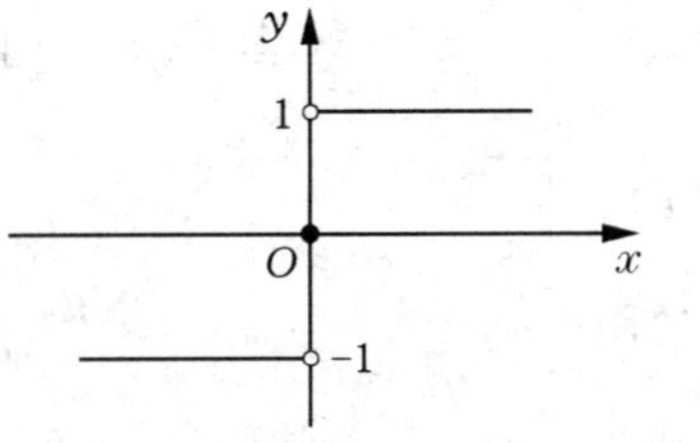

图 1—2

例 4　函数 $y-[x]$表示不超过 x 的最大整数，即 $y=[x]=n,n\leqslant x<n+1,n=0,\pm1,\pm2\cdots$，它的定义域为$(-\infty,+\infty)$，函数的图像如图 1—3 所示，称该函数为取整函数.

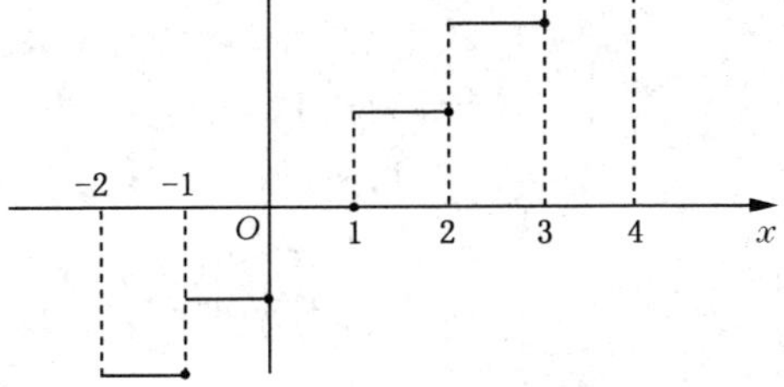

图 1—3

例 5 函数 $y=D(x)=\begin{cases}1,x\in Q\\0,x\in R-Q\end{cases}$，称该函数为狄利克雷(Dirichlet)函数. 该函数图形不能简单地表示成直接或曲线的形式。

五、函数的特性

1. 函数的有界性

定义 1.3 如果对属于某一区间 I 的所有 x 值总有 $|f(x)|\leqslant M$ 成立，其中 M 是一个与 x 取值无关的常数，那么我们就称 $|f(x)|$ 在区间 I 有界，反之称为无界.

若函数在其整个定义域内有界，则称为有界函数.

例 6 函数 $\sin x$、$\cos x$ 在定义域 $(-\infty,+\infty)$ 内是有界的.

2. 函数的单调性

定义 1.4 如果函数 $f(x)$ 在区间 (a,b) 内随着 x 增大而增大，即：对于 (a,b) 内任意两点 x_1 及 x_2，当 $x_1<x_2$ 时，有 $f(x_1)<f(x_2)$，则称函数 $f(x)$ 在区间 (a,b) 内是单调增加的.

如果函数 $f(x)$ 在区间 (a,b) 内随着 x 增大而减小，即：对于 (a,b) 内任意两点 x_1 及 x_2，当 $x_1<x_2$ 时，有 $f(x_1)>f(x_2)$，则称函数 $f(x)$ 在区间 (a,b) 内是单调减小的.

例 7 函数 $f(x)=x^2$ 在区间 $(-\infty,0)$ 上是单调减小的，在区间 $(0,+\infty)$ 上是单调增加的.

3. 函数的奇偶性

定义 1.5 如果函数 $f(x)$ 对于定义域内的任意 x 都满足 $f(-x)=f(x)$，则 $f(x)$ 叫做偶函数；如果函数 $f(x)$ 对于定义域内的任意 x 都满足 $f(-x)=-f(x)$，则 $f(x)$ 叫做奇函数.

偶函数的图形关于 y 轴对称，奇函数的图形关于原点对称。

例 8 判断下列函数的奇偶性：

(1) $f(x)=\dfrac{1}{a^x+1}-\dfrac{1}{2}$，其中 $a>0$ 且 $a\neq 0$；

(2) $f(x)=\begin{cases}-x^3+3,x<0\\x^3+1,x\geqslant 0\end{cases}$.

解 (1) 由于

$$\begin{aligned}f(-x)&=\frac{1}{a^{-x}+1}-\frac{1}{2}=\frac{a^x+1-1}{1+a^x}-\frac{1}{2}\\&=1-\frac{1}{1+a^x}-\frac{1}{2}=-\frac{1}{1+a^x}+\frac{1}{2}\\&=-f(x)\end{aligned}$$

因此，$f(x)$ 是奇函数。

(2) 由于

$$\begin{aligned}f(-x)&=\begin{cases}-(-x^3)+1,-x<0\\(-x)^3+1,-x\geqslant 0\end{cases}\\&=\begin{cases}x^3+1,x>0\\-x^3+1,x\leqslant 0\end{cases}\\&=\begin{cases}x^3+1,x\geqslant 0\\-x^3+1,x<0\end{cases}\\&=f(x)\end{aligned}$$

因此，$f(x)$是偶函数。

4. 函数的周期性

定义 1.6　对于函数 $f(x)$，若存在一个不为零的数 T，使得关系式 $f(x+T)=f(x)$对于定义域内任何 x 值都成立，则 $f(x)$叫做周期函数，T 是 $f(x)$的周期.

在无特殊说明情况下，本书所指周期函数的周期是指最小正周期.

例 9　函数 $y=\sin x$、$y=\cos x$ 是以 2π 为周期的周期函数，函数 $y=\tan x$ 是以π 为周期的周期函数。

第二节　初等函数

一、反函数与复合函数

定义 2.1　设有函数 $y=f(x)$，若变量 y 在函数的值域内任取一值 y_0 时，变量 x 在函数的定义域内必有唯一值x_0 与之对应，即 $y_0=f(x_0)$，那么，变量 x 是变量 y 的函数.

这个函数用 $x=f^{-1}(y)$来表示，称为函数 $y=f(x)$的反函数. 由此定义可知，函数 $y=f(x)$也是函数 $x=f^{-1}(y)$的反函数.

例如，函数 $y=x^3$，对任意一个 $y_0\in R_f$，都存在唯一的 $x_0\in R$ 与之对应，所以，该函数存在反函数 $x=y^{\frac{1}{3}}$，$y\in R$.

由于习惯上自变量用 x 表示，因变量用 y 表示，所以，通常我们把反函数改写成：

$$y=f^{-1}(x),x\in f(D)$$

定理 2.1(反函数的存在定理)

若 $y=f(x)$在定义域 D_f 上严格单调递增(减)，则它的反函数 $y=f^{-1}(x)$必定存在，且 $y=f^{-1}(x)$在定义域 $f(D)$上严格单调递增(减).

证明:任取 $y_1,y_2\in f(D)$，且 $y_1<y_2$. 按函数 f 的定义，对 y_1，在 D 内存在唯一的原像 x_1，使得 $f(x_1)=y_1$，于是 $f^{-1}(y_1)=x_1$；对 y_2，在 D 内存在唯一的原像x_2，使得 $f(x_2)=y_2$，于是 $f^{-1}(y_2)=x_2$.

如果 $x_1>x_2$，则由 $f(x)$单调递增，必有 $y_1>y_2$；如果 $x_1=x_2$，则显然有 $y_1=y_2$. 这两种情形都与假设 $y_1<y_2$ 不符，故必有 $x_1<x_2$，即 $f^{-1}(y_1)<f^{-1}(y_2)$.

这就证明了 f^{-1}在 $f(D)$上是单调增加的。

例如，$y=x^2$，其定义域为$(-\infty,+\infty)$，值域为$[0,+\infty)$. 对于取定的 $y\geqslant 0$，可求得 $x=\pm\sqrt{y}$. 若我们不加条件，由 y 的值就不能唯一确定 x 的值，也就是在区间$(-\infty,+\infty)$上，函数不是严格单调递增(减)，故其没有反函数. 若我们确定定义域为 $x\in[0,+\infty)$，则对 $y\in[0,+\infty)$，$x=\sqrt{y}$就是 $y=x^2$ 在定义域$[0,+\infty)$内的反函数，即函数在$[0,+\infty)$内是严格单调递增(减)的.

在同一坐标平面内，$y=f(x)$与 $y=f^{-1}(x)$的图形是关于直线 $y=x$ 对称的.

例如，函数 $y=2^x$ 与函数 $y=\log_2 x$ 互为反函数，则它们的图形在同一直角坐标系中是关于直线 $y=x$ 对称的，如图 1—4 所示.

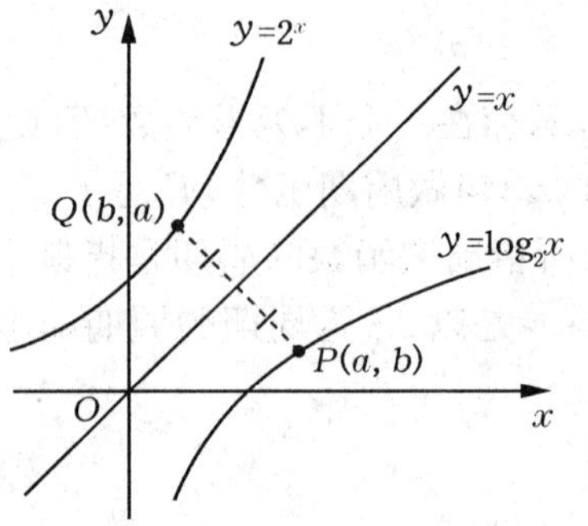

图 1—4

定义 2.2 若 y 是 u 的函数，$y=f(u)$ 的定义域为 D_f，而 u 又是 x 的函数，$u=g(x)$ 的定义域为 D_g，且 $u=g(x)$ 的值域 $R_g\subset D_f$，则 y 通过 u 联系也是 x 的函数，记为 $y=f[g(x)]$，$x\in D_g$. 我们称 $y=f[g(x)]$ 是由函数 $y=f(u)$ 及 $u=g(x)$ 复合而成的函数，简称复合函数，其中 u 叫做中间变量.

函数 g 与函数 f 构成的复合函数，即按"先 g 后 f"的次序复合的函数，通常记为 $f\circ g$，即：

$$(f\circ g)(x)=f[g(x)]$$

并不是任意两个函数就能复合，g 与 f 能够构成复合函数 $f\circ g$ 的条件是：函数 g 的值域 R_g 必须含在函数 f 的定义域 D_f 内，即 $R_g\subset D_f$；此外，复合函数还可以由更多函数构成.

例如，函数 $y=\arcsin u$ 与函数 $u=2+x^2$ 是不能复合成一个函数的，这是因为对于 $u=2+x^2$ 在定义域 $(-\infty,+\infty)$ 内值域为 $[2,+\infty)$，对于 $y=\arcsin u$ 都没有定义。

把几个作为中间变量的函数复合成一个函数，这个复合过程实际上是把中间变量依次代入的过程；反之，把一个复合函数分解为几个较简单的函数，这些较简单的函数往往是基本初等函数或基本初等函数与常数的四则运算所得到的函数.

例 1 设 $f(x)=x^2$，$g(x)=2^x$，求 $f[g(x)]$，$g[f(x)]$.

解 $f[g(x)]=[g(x)]^2=(2^x)^2=4^x$，$g[f(x)]=2^{f(x)}=2^{x^2}$.

例 2 设 $y=u^2$，$u=\tan v$，$v=\dfrac{x}{2}$，试把 y 表示为 x 的函数.

解 $y=u^2=\tan^2 v=\tan^2\dfrac{x}{2}$

例 3 函数 $y=e^{\sin x}$ 是由哪些简单函数复合而成的？

解 令 $u=\sin x$，则 $y=e^u$，故 $y=e^{\sin x}$ 是由 $y=e^u$，$u=\sin x$ 复合而成的.

例 4 将 $y=\sqrt{\ln\sin^2 x}$ 分解成基本初等函数的复合.

解 所给函数是由 $y=\sqrt{u}$，$u=\ln v$，$v=w^2$，$w=\sin x$ 四个函数复合而成的.

二、函数的基本运算

设函数 $f(x)$，$g(x)$ 的定义域依次为 D_1，D_2，$D=D_1\cap D_2\neq\varnothing$，则我们可以定义这两个函数的下列运算：

和(差) $f\pm g$：$(f\pm g)(x)=f(x)\pm g(x)$，$x\in D$

积　$f\cdot g:(f\cdot g)(x)=f(x)\cdot g(x),x\in D$

商　$\dfrac{f}{g}:\left(\dfrac{f}{g}\right)(x)=\dfrac{f(x)}{g(x)},x\in D\backslash\{x\,|\,g(x)=0,x\in D\}$

三、基本初等函数

微积分的研究对象主要为初等函数，而初等函数是由基本初等函数组成的。

在初等数学中，我们已经学习了以下几种基本初等函数：

常数函数：$y=c$；

幂函数：$y=x^{\alpha},\alpha\in R$；

指数函数：$y=a^{x},a>0$ 且 $a\neq1$；

对数函数：$y=\log_{a}x,a>0$ 且 $a\neq1$，特别当 $a=e$ 时，记为 $y=\ln x$；

三角函数：如 $y=\sin x,y=\cos x,y=\tan x,y=\cot x$，此外，还有 $y=\sec x=\dfrac{1}{\cos x},y=\csc x=\dfrac{1}{\sin x}$. 我们称 $y=\sec x$ 为“正割”，$y=\csc x$ 为“余割”；

反三角函数：$y=\arcsin x,y=\arccos x,y=\arctan x,y=\arccos x$.

以上函数统称为基本初等函数.

表 1—2 为基本初等函数的常用知识点：

表 1—2

函数名称	函数表示	函数的图像	函数的性质
指数函数	$y=a^{x},a>0$ 且 $a\neq1$	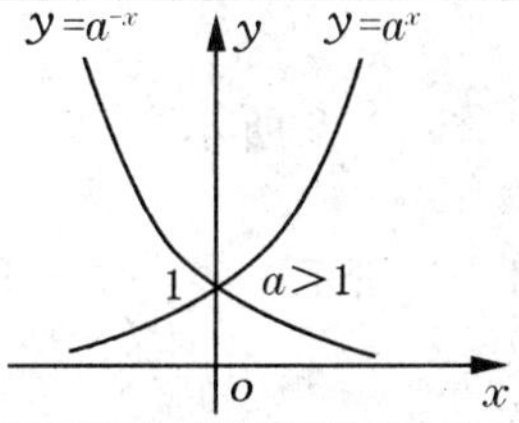	(1)$x\in R,y\in(0,+\infty)$； (2)当 $x=0$ 时，$y=1$.
对数函数	$y=\log_{a}x,a>0$ 且 $a\neq1$	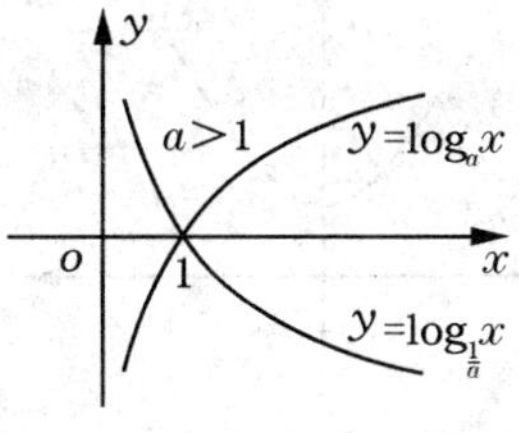	(1)$x\in(0,+\infty),y\in R$； (2)图像过(1,0)点； (3)当 $a>1$ 时，函数在定义域内单调递增； (4)当 $a<1$ 时，函数在定义域内单调递减.
幂函数	$y=x^{\alpha},\alpha\in R$	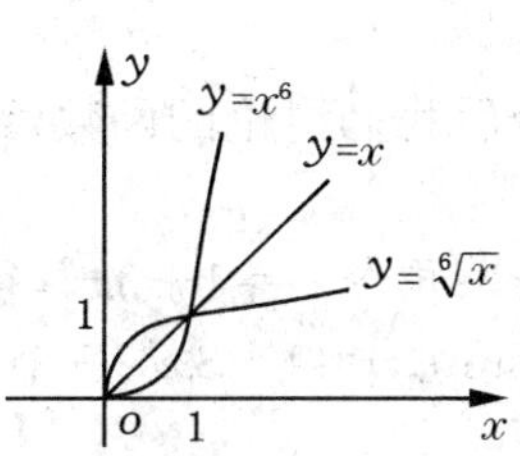 这里只画出函数图形的一部分。	令 $\alpha=\dfrac{m}{n}$： (1)当 m 为偶数，n 为奇数时，y 是偶函数； (2)当 m、n 为奇数时，y 是奇函数； (3)当 m 奇 n 偶时，y 在$(-\infty,0)$无意义.

续表

函数名称	函数表示	函数的图像	函数的性质
三角函数	$y=\sin x$（正弦函数）这里只写出了正弦函数	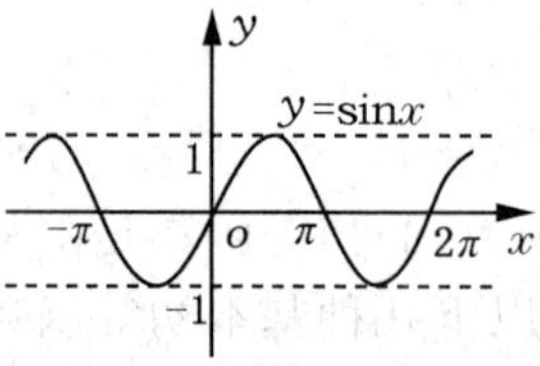	(1)正弦函数是以 2π 为周期的周期函数； (2)正弦函数是奇函数且 $\|\sin x\|\leqslant 1$.
反三角函数	$y=\arcsin x$（反正弦函数）这里只写出了反正弦函数	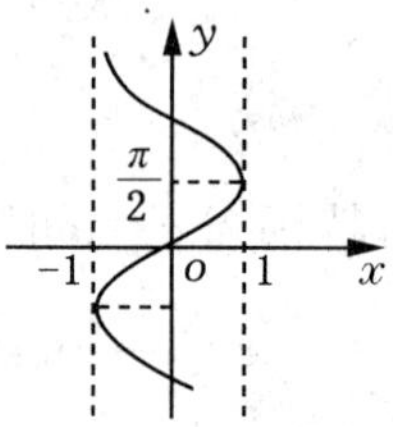	由于此函数为多值函数，因此我们将此函数值限制在 $[-\pi/2,\pi/2]$ 上，并称其为反正弦函数的主值.

四、初等函数

由基本初等函数，经过有限次四则运算及有限次复合而成的，并且能用一个解析式表示的函数，称为初等函数.

在工程技术上常用的初等函数有双曲函数，分别为：

双曲正弦函数：$\text{sh}x=\dfrac{e^x-e^{-x}}{2}$，如图 1—5 所示。

双曲余弦函数：$\text{ch}x=\dfrac{e^x+e^{-x}}{2}$，如图 1—6 所示。

双曲正切函数：$\text{th}x=\dfrac{\text{sh}x}{\text{ch}x}$，如图 1—7 所示。

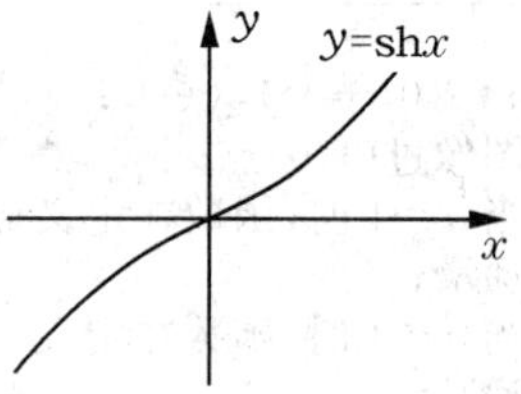

图 1—5

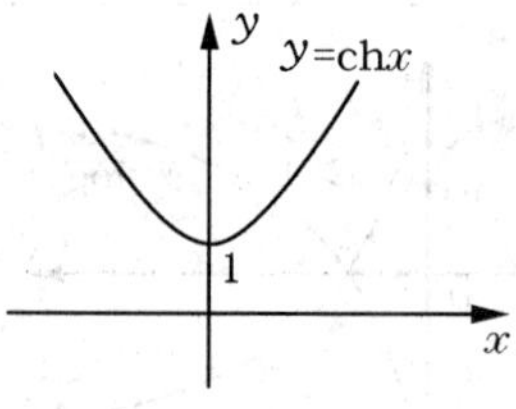

图 1—6

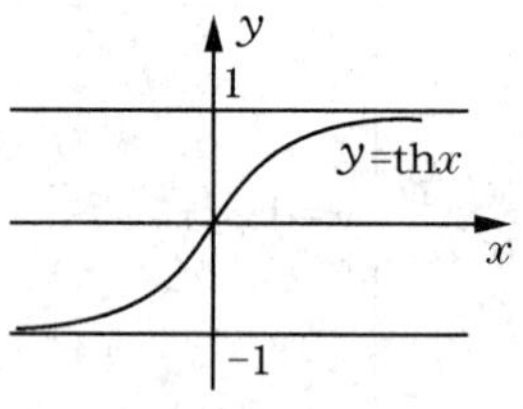

图 1—7

分段函数一般不是初等函数。今后我们讨论的函数，绝大多数是初等函数。

例 5 分解 $y=e^{\sin(1+3x^2)}$.

解 令 $u=\sin(1+3x^2)$，得 $y=e^u$；再令 $v=1+3x^2$，得 $u=\sin v$.

故 $y=e^{\sin(1+3x^2)}$ 是由 $y=e^u$，$u=\sin v$，$v=1+3x^2$ 三个基本函数复合而成的。

五、经济学常用的函数

经济学是研究如何利用有限的资源合理安排生产，并把生产出来的产品在消费者中合理分配，以达到人类现在和将来最大满足的科学. 为了实现经济学的目标，需要对经济变量进行定量分析。下面介绍经济学中几个常用概念和常用经济学函数．

1. 需求函数

需求被理解为购买者在一定时期内愿意并且有能力以一个可能的价格购买某种商品的数量。需求与购买的愿望和能力有关，如果不考虑购买者的收入、偏好等因素，则在一定时期内商品的需求量 q 主要依赖于商品的价格 p. 因此，商品的需求是价格的函数，称为需求函数，记为 $q=f(p)$. 有时把需求量作为自变量，价格作为因变量，取 $q=f(p)$ 的反函数，$p=f^{-1}(q)$，也称为需求函数．需求函数 $q=f(p)$ 通常是单调减函数，其图像如图 1－8 所示．

2. 成本函数

生产某产品时为消耗的生产要素所支付的费用，称为成本。总成本是生产特定产量所需要的成本总额，总成本 C 由固定成本 C_0 和可变成本 $C_1(q)$ 构成，即 $C=C_0+C_1(q)$。固定成本是在一定时期内不随产量变动的成本，如厂房、机器折旧费、一般管理费等；可变成本是随着产量而变动的费用，如原料、动力费用、劳动力支出等。平均成本为 $\overline{C}=\frac{C}{q}=\frac{C_0+C_1(q)}{q}$.

3. 收益函数

设某种商品的价格为 p，需求量（等于销售量）为 $q=f(p)$，则出售这些商品可获得的总收益为 $R=pq=pf(p)$。总收益也可写为：

$$R=p\cdot q=q\cdot f^{-1}(q)$$

其中，$p=f^{-1}(q)$ 是需求函数 $q=f(p)$ 的反函数．

4. 供给函数

卖方在一定时期内以任一可能价格愿意且能出售的某种商品的数量，称为供给。在不考虑投入成本、劳务价格等因素的情况下，供给量 q 主要与市场价格 p 有关，记为 $q=g(p)$，$g(p)$ 通常是单调增加函数，如图 1－9 所示．

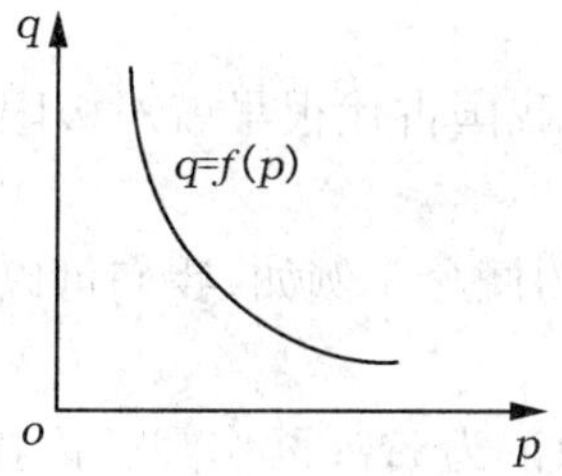

图 1－8　需求函数

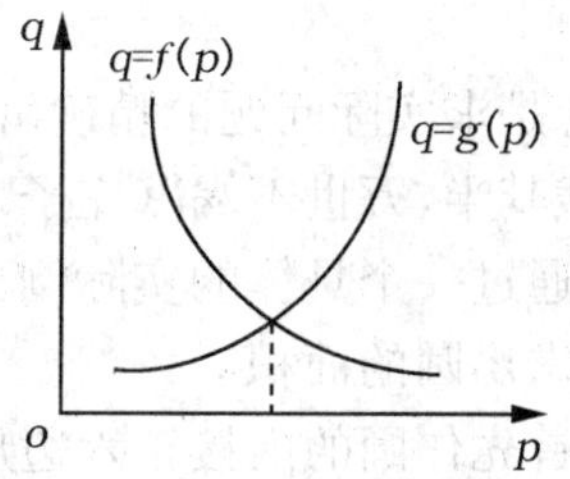

图 1－9　供给函数

使需求 $f(p)$ 与供给 $g(p)$ 相等的价格 p，即满足 $f(p)=g(p)$ 的 p_0，称为市场均衡价格，如图 1－9 所示。使利润等于零的生产量 q 称为保本产量，即满足 $R(q)=C(q)$ 的 q.

5. 利润函数

收益 R 与成本 C 的差，称为利润 L，即 $L(q)=R(q)-C(q)$.

例 6　某工厂生产某种产品，固定成本为 200 元，每多生产 1 件产品，成本增加 10 元，该产品的需求函数为 $q=50-2p$，试计算该产品的成本、平均成本、收益和利润．

解　成本函数为：

$C=200+10q$

平均成本函数为：

$$\overline{C}=\frac{C(q)}{q}=\frac{200}{q}+10$$

收益函数为：

$$R=qp=50p-2p^2$$

或者：

$$R=q\cdot\frac{50-q}{2}=25q-\frac{q^2}{2}$$

利润函数为：

$$L=R-C=(50p-2p^2)-(700-20p)=70p-2p^2-700$$

或者：

$$L=R-C=\left(25q-\frac{q^2}{2}\right)-(200+10q)=15q-\frac{q^2}{2}-200$$

第三节　数列极限

一、数列极限的定义

我们先来回忆一下初等数学中学习的数列的概念：

若按照一定的法则，有第一个数 a_1，第二个数 a_2，…，依次排列下去，使得任何一个正整数 n 对应着一个确定的数 a_n，那么，我们称这列有次序的数 $a_1,a_2,\cdots,a_n,\cdots$ 为数列，数列中的每一个数叫做数列的项，第 n 项 a_n 叫做数列的一般项或通项.

我们也可以把数列 $\{a_n\}$ 看作自变量为正整数 n 的函数，即：$a_n=f(n)$，它的定义域是全体正整数.

极限的概念是求实际问题的精确解答而产生的。我国古代很早就对极限有了认识，例如，"一尺之棰，日截其半，万世不竭"(庄子·天下).

下面，我们通过一个具体的实际例子来了解极限的概念．例如，我们可以通过作圆的内接正多边形，近似求出圆的面积．

设有一圆，首先作圆的内接正六边形，把它的面积记为 A_1；再作圆的内接正十二边形，其面积记为 A_2；再作圆的内接正二十四边形，其面积记为 A_3；依次循环下去(一般把内接正 $6\times2^{n-1}$ 边形的面积记为 A_n，$n\in N^+$)，可得一系列内接正多边形的面积：$A_1,A_2,A_3,\cdots,A_n\cdots$，它们就构成一列有序数列．我们可以发现，当内接正多边形的边数无限增加时，A_n 也无限接近某一确定的数值(圆的面积)，这个确定的数值在数学上被称为数列 $A_1,A_2,A_3,\cdots,A_n\cdots$ 当 $n\to\infty$(读作 n 趋近于无穷大)的极限．

上面这个例子就是我国古代数学家刘徽(公元 3 世纪)的割圆术．

定义 3.1　一般地，对于数列 $x_1,x_2,\cdots,x_n,\cdots$ 来说，若存在任意给定的正数 ε(不论其多么小)，总存在正整数 N，使得对于 $n>N$ 时的一切 x_n，不等式 $|x_n-a|<\varepsilon$ 都成立，那么，就称常数 a 是数列 $\{x_n\}$ 的极限，或者称数列 $\{x_n\}$ 收敛于 a.

记作：
$$\lim_{n\to\infty}x_n=a \text{ 或 } x_n\to a(n\to\infty)$$

如果不存在这样的常数 a，我们就称数列 $\{x_n\}$ 没有极限，或者说数列 $\{x_n\}$ 发散，习惯上也说 $\lim\limits_{n\to\infty}x_n$ 不存在.

此定义中的正数 ε 只有任意给定，不等式 $|x_n-a|<\varepsilon$ 才能表达出 x_n 与 a 无限接近的意思。且定义中的正整数 N 与任意给定的正数 ε 是有关的，它是随着 ε 的给定而选定的。

在此我们可能不易理解这个概念，下面我们再给出"数列 $\{x_n\}$ 的极限为 a"一个几何解释，以使我们能理解它：将常数 a 及数列 $x_1,x_2,\cdots,x_n,\cdots$ 在数轴上用它们的对应点表示出来，再在数轴上做点 a 的 ε 邻域即开区间 $(a-\varepsilon,a+\varepsilon)$，如图 1—10 所示.

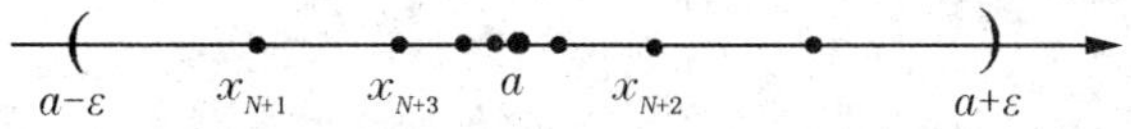

图 1—10

因不等式 $|x_n-a|<\varepsilon$ 与不等式 $a-\varepsilon<x_n<a+\varepsilon$ 等价，故当 $n>N$ 时，所有的点 x_n 都落在开区间 $(a-\varepsilon,a+\varepsilon)$ 内，而只有有限个（至多只有 N 个）在此区间以外。

至于如何求数列的极限，我们在以后会学习到，这里我们不做讨论，现只举例说明极限的概念。

例 1 用定义验证 $\lim\limits_{n\to\infty}\dfrac{10^n-1}{10^n}=1$.

证明 $\forall\varepsilon>0$，要使 $\left|\dfrac{10^n-1}{10^n}-1\right|<\varepsilon$ 成立，即 $10^n>\dfrac{1}{\varepsilon}$，得 $n>\lg\dfrac{1}{\varepsilon}$. 取 $N=\left[\lg\dfrac{1}{\varepsilon}\right]$，可见 $\forall\varepsilon>0$，$\exists N=\left[\lg\dfrac{1}{\varepsilon}\right]$. 当 $n>N$ 时，有 $\left|\dfrac{10^n-1}{10^n}-1\right|<\varepsilon$ 成立，所以 $\lim\dfrac{10^n-1}{10^n}=1$.

例 2 用定义验证 $\lim\limits_{n\to\infty}\dfrac{\sqrt{n^2+n}}{n}=1$.

证明 $\forall\varepsilon>0$，要使 $\left|\dfrac{\sqrt{n^2+n}}{n}-1\right|<\varepsilon$ 成立，可要求 $\left|\dfrac{\sqrt{n^2+n}-n}{n}\right|=\dfrac{1}{\sqrt{n^2+n}+n}<\dfrac{1}{2n}<\varepsilon$ 成立，即只要 $2n>\dfrac{1}{\varepsilon}$ 成立即可.

取 $N=\left[\dfrac{1}{2\varepsilon}\right]$，可见 $\forall\varepsilon>0$，$\exists N=\left[\dfrac{1}{2\varepsilon}\right]$，当 $n>N$ 时，有 $\left|\dfrac{\sqrt{n^2+n}}{n}-1\right|<\varepsilon$ 成立，所以 $\lim\limits_{n\to\infty}\dfrac{\sqrt{n^2+n}}{n}=1$.

二、收敛数列的性质

定理 3.1（极限的唯一性） 如果数列 $\{x_n\}$ 收敛，那么它的极限唯一.

例 3 证明数列 $x_n=(-1)^n\ (n=1,2,\cdots)$ 是发散的.

证 如果这个数列是收敛的，根据定理 3.1，它有唯一极限. 设极限为 a，即 $\lim\limits_{n\to\infty}x_n=a$. 按照数列极限的定义，对于 $\varepsilon=\dfrac{1}{2}$，$\exists$ 正整数 N，当 $n>N$ 时，$|x_n-a|<\dfrac{1}{2}$ 成立；即当 $n>N$ 时，$x_n=(-1)^n$ 都在开区间 $\left(a-\dfrac{1}{2},a+\dfrac{1}{2}\right)$ 内. 但这是不可能的，因为 $n\to\infty$ 时，x_n 无休止地重复

取1和-1两个值，而这两个数不可能同时属于长度为1的开区间$\left(a-\frac{1}{2},a+\frac{1}{2}\right)$. 所以，数列$x_n=(-1)^n(n=1,2,\cdots)$是发散的.

定理 3.2（收敛数列的有界性） 如果数列$\{x_n\}$收敛，那么数列$\{x_n\}$一定有界.

由此定理我们可知，如果一个数列$\{x_n\}$无界，那么它一定发散；但数列$\{x_n\}$有界是数列$\{x_n\}$收敛的必要条件，而非充要条件，不能由数列$\{x_n\}$有界推出数列$\{x_n\}$一定收敛。例如，数列$\{(-1)^n\}$，很显然数列有界，但这个数列是发散的。

定理 3.3（收敛数列与其子列的关系） 如果数列$\{x_n\}$收敛a，那么它的任一子列也收敛，且极限也是a.

例 4 数列$x_n=(-1)^n\frac{1}{n}(n=1,2,\cdots)$，显然$x_n\to 0$.

数列的奇偶子列为：

$$x_{2k-1}=-\frac{1}{2k-1}(k=1,2,\cdots) \qquad x_{2k}=\frac{1}{2k}(k=1,2,\cdots)$$

显然：$x_{2k-1}\to 0$，$x_{2k}\to 0$. 它们的极限与x_n极限相同.

由定理可知，如果数列$\{x_n\}$有两个子数列收敛于不同的极限，那么，数列$\{x_n\}$必定发散. 如例3中的数列$x_n=(-1)^n(n=1,2,\cdots)$，奇偶子列分别收敛于-1、1，因此，数列$x_n=(-1)^n(n=1,2,\cdots)$是发散的. 由此可知，一个发散数列也可能有收敛的子数列.

第四节　函数极限

一、函数极限的定义

前面我们学习了数列的极限，已经知道数列可以看作一类特殊的函数，即$x_n=f(n)$，$n\in N^+$，即：当自变量n取正整数而无限增大($n\to\infty$)时，$x_n=f(n)$无限接近于常数a. 若自变量不再限于正整数的顺序，而是连续变化的，就成为函数。下面我们来学习函数的极限.

函数的极值有以下两种情况：

(1)自变量x的绝对值$|x|$无限增大即趋向于无穷大（记作$x\to\infty$）时，对应函数值$f(x)$的变化情形；

(2)自变量x无限接近某一定点x_0（记作$x\to x_0$）时，对应函数值$f(x)$的变化情形.

如果在这时，函数值无限接近于某一常数A，就叫做函数存在极值。我们已经知道函数极值的情况，那么函数的极限如何呢？

下面我们结合数列的极限来学习一下函数极限的概念。

1. 自变量趋向无穷大时函数的极限

定义 4.1 设函数$y=f(x)$当$|x|$大于某一正数有定义，若存在常数A，对于任意给定的正数ε（不论其多么小），总存在着正数X，使得对于适合不等式$|x|>X$的一切x，所对应的函数值$f(x)$都满足不等式：

$$|f(x)-A|<\varepsilon$$

那么，常数A就叫做函数$y=f(x)$当$x\to\infty$时的极限，记作：

$$\lim_{x\to\infty}f(x)=A \text{ 或 } f(x)\to A(\text{当 } x\to\infty)$$

定义 4.1 可简单地表述为:

$\lim\limits_{x\to\infty}f(x)=A\Leftrightarrow\forall\varepsilon>0,\exists X>0$,当 $|x|>X$ 时,有 $|f(x)-A|<\varepsilon$.

从几何上来看,$\lim\limits_{x\to\infty}f(x)=A$ 的意义是:做直线 $y=A+\varepsilon$ 和 $y=A-\varepsilon$,则总有一个正数 X 存在,使得当 $x<-X$ 或 $x>X$ 时,函数 $y=f(x)$ 的图形位于这两条直线之间,如图 1—11 所示. 直线 $y=A$ 是函数 $y=f(x)$ 图形的水平渐近线.

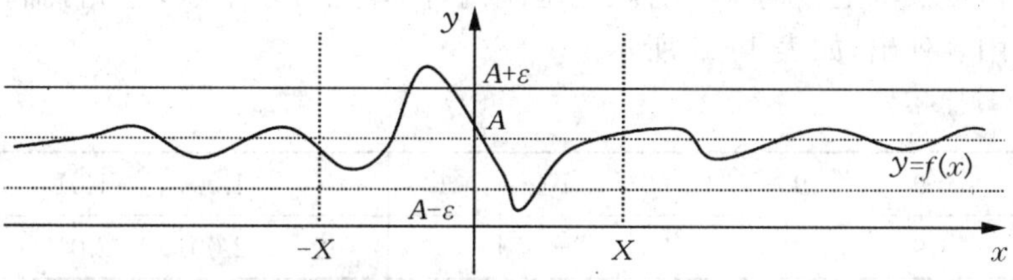

图 1—11

下面我们用表 1—3 把函数的极限与数列的极限做一下对比.

表 1—3

数列的极限的定义	函数的极限的定义
存在数列 $a_n=f(n)$ 与常数 A,任给一正数 $\varepsilon>0$,总可找到一正整数 N,对于 $n>N$ 的所有 a_n 都满足 $\lvert a_n-A\rvert<\varepsilon$,则称数列 a_n,当 $n\to\infty$ 时收敛于 A,记:$\lim\limits_{n\to\infty}a_n=A$.	存在函数 $y=f(x)$ 与常数 A,任给一正数 $\varepsilon>0$,存在一正数 X,对于 $\lvert x\rvert>X$ 的一切 x,都满足 $\lvert f(x)-A\rvert<\varepsilon$,函数 $y=f(x)$ 当 $x\to\infty$ 时的极限为 A,记:$\lim\limits_{x\to\infty}f(x)=A$.
	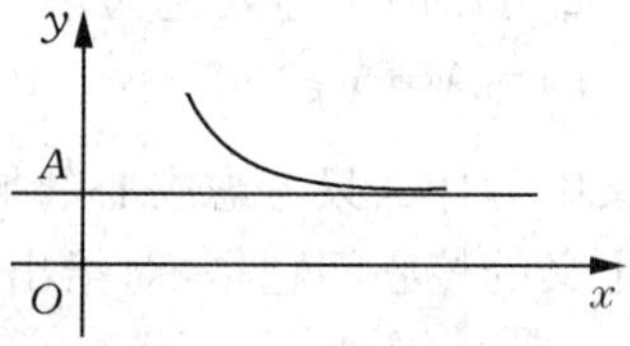

例 1　验证 $\lim\limits_{x\to\infty}\dfrac{x+3}{2x+5}=\dfrac{1}{2}$.

证明　$\forall\varepsilon>0$,要使 $\left|\dfrac{x+3}{2x+5}-\dfrac{1}{2}\right|<\varepsilon$ 成立,即 $\left|\dfrac{1}{2(2x+5)}\right|<\varepsilon$,即 $|2x+5|>\dfrac{1}{2\varepsilon}$. 由于 $|2x+5|\geqslant|2x|-5$,只要 $|2x|-5>\dfrac{1}{2\varepsilon}$,得 $|x|>\dfrac{1}{2}\left(\dfrac{1}{2\varepsilon}+5\right)$.

取 $X=\dfrac{1}{2}\left(\dfrac{1}{2\varepsilon}+5\right)$,当 $|x|>X$ 时,必有 $\left|\dfrac{x+3}{2x+5}-\dfrac{1}{2}\right|<\varepsilon$ 成立,所以 $\lim\limits_{x\to\infty}\dfrac{x+3}{2x+5}=\dfrac{1}{2}$.

例 2　验证 $\lim\limits_{x\to\infty}\left(\dfrac{1}{a}\right)^x=0(a>1)$.

证明　$\forall\varepsilon>0$,要使 $\left|\left(\dfrac{1}{a}\right)^x-0\right|=\left(\dfrac{1}{a}\right)^x<\varepsilon$ 成立,只要 $a^x>\dfrac{1}{\varepsilon}$,即 $x>\dfrac{\lg\frac{1}{\varepsilon}}{\lg a}$(假设

$0<\varepsilon<1$). 取 $X=\dfrac{\lg\frac{1}{\varepsilon}}{\lg a}$,则当$|x|>X$时,$\left|\left(\dfrac{1}{a}\right)^x-0\right|<\varepsilon$,所以$\lim\limits_{x\to\infty}\left(\dfrac{1}{a}\right)^x=0$.

2. 自变量趋向有限值时函数的极限

我们先来看一个例子.

函数 $f(x)=\dfrac{x^2-1}{x-1}$,当 $x\to1$ 时函数值的变化趋势如何？函数在 $x=1$ 处无定义.我们知道,对实数来讲,在数轴上任何一个有限的范围内,都有无穷多个点,为此我们把 $x\to1$ 时函数值的变化趋势用表列出,如表 1—4 所示。

表 1—4

x	…	0.9	0.99	0.999	…	1	…	1.001	1.01	1.1	…
$f(x)$	…	1.9	1.99	1.999	…	2	…	2.001	2.01	2.1	…

从中我们可以看出,$x\to1$ 时,$f(x)\to2$. 而且 x 与 1 有多接近,$f(x)$就与 2 有多接近. 或者说:只要 $f(x)$与 2 只差一个微小量 $\varepsilon>0$,就一定可以找到一个 $\delta>0$,当 $0<|x-1|<\delta$ 时满足$|f(x)-2|<\varepsilon$.

通过上述例子分析,我们可以给出 $x\to x_0$ 时函数的极限的定义如下:

定义 4.2 设函数 $y=f(x)$在某点 x_0 的某个去心邻域内有定义,且存在常数 A,对于任意给定的正数 ε(不论其多么小),总存在着正数 δ,当 $0<|x-x_0|<\delta$ 时,$|f(x)-A|<\varepsilon$ 则称函数 $y=f(x)$当 $x\to x_0$ 时存在极限,且极限为 A,记为:

$$\lim_{x\to x_0}f(x)=A \text{ 或者 } f(x)\to A(x\to x_0)$$

定义 4.2 可以简单地表述为:

$$\lim_{x\to x_0}f(x)=A\Leftrightarrow\forall\varepsilon>0,\exists\delta>0,\text{当 }0<|x-x_0|<\delta\text{ 时,有}|f(x)-A|<\varepsilon.$$

在定义中为什么只考虑去心邻域内？这是因为我们只讨论 $x\to x_0$ 的过程,与 $x=x_0$ 点处无关。此定义的核心问题是:对给出的 ε,是否存在正数 δ,使其在 x_0 的去心邻域内的 x 均满足不等式.

从几何图上看,函数 $y=f(x)$当 $x\to x_0$ 时的极限 A 即表示:任意给定一个正数 ε,做平行于 x 轴的两条直线 $y=A+\varepsilon$ 和 $y=A-\varepsilon$,介于两条直线之间的一横条区域. 根据定义,对于给定的 ε,存在着点 x_0 的一个 δ 邻域$(x_0-\delta,x_0+\delta)$,当 $y=f(x)$的图形上的点的横坐标 x 在邻域$(x_0-\delta,x_0+\delta)$内,但 $x\neq x_0$时,这些点的纵坐标 $f(x)$满足不等式:

$$|f(x)-A|<\varepsilon \qquad \text{或} \qquad A-\varepsilon<f(x)<A+\varepsilon$$

即这些点落在上面所做的横条区域内,如图 1—12 所示.

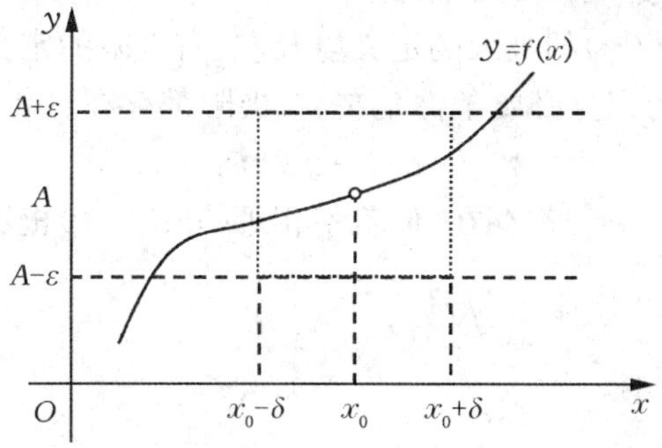

图 1—12

例 3　证明 $\lim\limits_{x\to 1}\dfrac{x^2-1}{x-1}=2$.

证明　这里，函数在点 $x=1$ 处是没有意义的，但是，函数当 $x\to 1$ 时的极限存在或不存在与它并无关系。事实上，$\forall\varepsilon>0$，将不等式

$$\left|\frac{x^2-1}{x-1}-2\right|<\varepsilon$$

约去非零因子 $x-1$ 后，就化为 $|x+1-2|=|x-1|<\varepsilon$.

因此，只要取 $\delta=\varepsilon$，那么当 $0<|x-1|<\delta$ 时，就有 $\left|\dfrac{x^2-1}{x-1}-2\right|<\varepsilon$.

所以：

$$\lim_{x\to 1}\frac{x^2-1}{x-1}=2$$

例 4　用定义验证 $\lim\limits_{x\to 1}\dfrac{2x^2-x-1}{x-1}=3$.

证明　$\forall\varepsilon>0$，要使 $\left|\dfrac{2x^2-x-1}{x-1}-3\right|<\varepsilon$，即 $|(2x+1)-3|<\varepsilon$，也即 $|2(x-1)|<\varepsilon$，于是 $\forall\varepsilon>0$，取 $\delta=\dfrac{\varepsilon}{2}$，当 $0<|x-1|<\delta$ 时，有 $|x-1|<\dfrac{\varepsilon}{2}$ 成立，即有 $\left|\dfrac{2x^2-x-1}{x-1}-3\right|<\varepsilon$. 所以，$\lim\limits_{x\to 1}\dfrac{2x^2-x-1}{x-1}=3$.

上述 $x\to x_0$ 时函数 $f(x)$ 的极限概念中，x 是既从 x_0 的左侧也从 x_0 的右侧趋向于 x_0. 但有时只能或只需考虑 x 仅从 x_0 的左侧趋向于 x_0（记作 $x\to x_0^-$）的情形，或 x 仅从 x_0 的右侧趋向于 x_0（记作 $x\to x_0^+$）的情形.

在 $x\to x_0^-$ 的情形，x 在 x_0 的左侧，$x<x_0$. 在 $\lim\limits_{x\to x_0}f(x)=A$ 的定义中，把 $0<|x-x_0|<\delta$ 改成 $x_0-\delta<x<x_0$，那么，A 就叫做函数 $f(x)$ 当 $x\to x_0$ 时的左极限，记作：

$$\lim_{x\to x_0^-}f(x)=A \qquad \text{或者} \qquad f(x_0^-)=A$$

类似地，在 $\lim\limits_{x\to x_0}f(x)=A$ 的定义中，把 $0<|x-x_0|<\delta$ 改成 $x_0<x<x_0+\delta$，那么，A 就叫做函数 $f(x)$ 当 $x\to x_0$ 时的右极限，记作：

$$\lim_{x\to x_0^+}f(x)=A \qquad \text{或者} \qquad f(x_0^+)=A$$

左、右极限统称为函数 $f(x)$ 的单侧极限.

根据 $x\to x_0$ 时函数 $f(x)$ 的极限的定义以及左、右极限的定义，我们容易证明：函数 $f(x)$ 当 $x\to x_0$ 时的极限存在的充分必要条件是左、右极限都存在且相等，即：

$$f(x_0^-)=f(x_0^+)=A$$

因此，即使 $f(x_0^-)$、$f(x_0^+)$ 都存在，但若不相等，$\lim\limits_{x\to x_0}f(x)$ 也不存在.

例 5 已知 $f(x)=\dfrac{|x|}{x}$，求 $\lim\limits_{x\to 0}f(x)$.

解 $\lim\limits_{x\to 0^+}f(x)=\lim\limits_{x\to 0^+}\dfrac{|x|}{x}=\lim\limits_{x\to 0^+}\dfrac{x}{x}=1$

$\lim\limits_{x\to 0^-}f(x)=\lim\limits_{x\to 0^-}\dfrac{|x|}{x}=\lim\limits_{x\to 0^-}\dfrac{-x}{x}=-1$

由于 $\lim\limits_{x\to 0^+}f(x)\neq\lim\limits_{x\to 0^-}f(x)$，因此 $\lim\limits_{x\to 0}f(x)$ 不存在.

例 6 设 $f(x)=\begin{cases}e^x, & x<0\\ \sqrt{2x+1}, & x>0\end{cases}$，求 $\lim\limits_{x\to 0}f(x)$ 与 $\lim\limits_{x\to 4}f(x)$.

解 因为 $\lim\limits_{x\to 0^+}f(x)=\lim\limits_{x\to 0^+}\sqrt{2x+1}=1$，$\lim\limits_{x\to 0^-}f(x)=\lim\limits_{x\to 0^-}e^x=1$，所以 $\lim\limits_{x\to 0}f(x)=1$，$\lim\limits_{x\to 4}f(x)=\lim\limits_{x\to 4}\sqrt{2x+1}=3$.

二、函数极限的性质

与数列收敛的性质相类似，函数极限同样存在相对应的性质. 函数极限的定义按自变量的变化过程不同有各种形式，下面仅以"$\lim\limits_{x\to x_0}f(x)$"这种形式为代表给出关于函数极限性质的一些定理.

定理 1（函数极限的唯一性） 如果 $\lim\limits_{x\to x_0}f(x)$ 存在，则它的极限必唯一.

定理 2（函数极限的局部有界性） 如果 $\lim\limits_{x\to x_0}f(x)=A$，则在 x_0 的某去心邻域内，函数 $f(x)$ 有界.

定理 3（函数极限的局部保号性） 如果 $\lim\limits_{x\to x_0}f(x)=A$，且 $A>0$（或 $A<0$），则存在 x_0 的某去心邻域，在此去心邻域内有 $f(x)>0$（或 $f(x)<0$）.

第五节 极限的运算

一、极限的运算法则

前面我们学习了数列极限、函数极限的概念，为了方便叙述，我们以 $x\to x_0$ 的情形为例，对于 $x\to\infty$，$n\to\infty$ 等其他各类情形，有相类似的结论.

定理 5.1 设 $\lim\limits_{x\to x_0}f(x)=A$，$\lim\limits_{x\to x_0}g(x)=B$，则有：

(1) $\lim\limits_{x\to x_0}[f(x)\pm g(x)]=\lim\limits_{x\to x_0}f(x)\pm\lim\limits_{x\to x_0}g(x)=A\pm B$；

(2) $\lim\limits_{x\to x_0}[f(x)\cdot g(x)]=\lim\limits_{x\to x_0}f(x)\cdot\lim\limits_{x\to x_0}g(x)=A\cdot B$；

(3)若 $B\neq 0$,则有 $\lim\limits_{x\to x_0}\dfrac{f(x)}{g(x)}=\dfrac{\lim\limits_{x\to x_0}f(x)}{\lim\limits_{x\to x_0}g(x)}=\dfrac{A}{B}$.

上述定理称为极限的四则运算法则,是计算极限的基础．有时往往需要先将函数进行适当的代数运算,才能使用法则.

例 1　求 $\lim\limits_{x\to 1}(2x^2-3x+1)$.

解　$\lim\limits_{x\to 1}(2x^2-3x+1)=\lim\limits_{x\to 1}2x^2-\lim\limits_{x\to 1}3x+\lim\limits_{x\to 1}1=2-3+1=0$

例 2　求 $\lim\limits_{x\to 1}\dfrac{x^2-2x+5}{x^2+6}$.

解　$\lim\limits_{x\to 1}\dfrac{x^2-2x+5}{x^2+6}=\dfrac{\lim\limits_{x\to 1}(x^2-2x+5)}{\lim\limits_{x\to 1}(x^2+6)}=\dfrac{4}{7}$

例 3　求 $\lim\limits_{x\to 4}\dfrac{x-4}{\sqrt{x+5}-3}$.

解

$$\begin{aligned}\lim_{x\to 4}\frac{x-4}{\sqrt{x+5}-3}&=\lim_{x\to 4}\frac{(x-4)(\sqrt{x+5}+3)}{(\sqrt{x+5}-3)(\sqrt{x+5}+3)}\\&=\lim_{x\to 4}\frac{(x-4)(\sqrt{x+5}+3)}{x-4}\\&=\lim_{x\to 4}(\sqrt{x+5}+3)=6\end{aligned}$$

例 4　求 $\lim\limits_{x\to\infty}\dfrac{5x^2+2x-8}{2x^3+6}$.

解　先用 x^3 除分母和分子,然后求极限,得:

$$\lim_{x\to\infty}\frac{5x^2+2x-8}{2x^2+6}=\lim_{x\to\infty}\frac{5x^2+2x-8}{2x^3+6}=\lim_{x\to\infty}\frac{\frac{5}{x}+\frac{2}{x^2}-\frac{8}{x^3}}{2+\frac{6}{x^3}}=\frac{0}{2}=0$$

例 5　求 $\lim\limits_{x\to\infty}\dfrac{2x^3+6}{5x^2+2x-8}$.

解　由上面例 4 可知:

$$\lim_{x\to\infty}\frac{2x^3+6}{5x^2+2x-8}=\frac{1}{\lim\limits_{x\to\infty}\frac{5x^2+2x-8}{2x^3+6}}$$

所以得:

$$\lim_{x\to\infty}\frac{2x^3+6}{5x^2+2x-8}=\infty$$

例 6　求 $\lim\limits_{x\to\infty}\dfrac{2x^3+6}{5x^3+2x-8}$.

解　先用 x^3 除分母和分子,然后求极限,得:

$$\lim_{x\to\infty}\frac{2x^3+6}{5x^3+2x-8}=\lim_{x\to\infty}\frac{2+\frac{6}{x^3}}{5+\frac{2}{x^2}-\frac{8}{x^3}}=\frac{2}{5}$$

例4、例5、例6是下列一般情形的特例，即当$a_0\neq 0$、$b_0\neq 0$，m和n为非负整数时，有：

$$\lim_{x\to\infty}\frac{a_0x^m+a_1x^{m-1}+\cdots+a_m}{b_0x^n+b_1x^{n-1}+\cdots+b_n}=\begin{cases}0, n>m\\ \dfrac{a_0}{b_0}, n=m\\ \infty, n<m\end{cases}$$

定理5.2(复合函数的极限运算法则) 设$y=f[g(x)]$是由函数$y=f(u)$及$u=g(x)$复合而成的函数，$f[g(x)]$在点x_0的某去心邻域内有定义，若$\lim\limits_{x\to x_0}g(x)=u_0$，$\lim\limits_{u\to u_0}f(u)=A$，且存在$\delta_0>0$，当$x\in U(x_0,\delta_0)$时，有$g(x)\neq u_0$，则：

$$\lim_{x\to x_0}f[g(x)]=\lim_{u\to u_0}f(u)=A$$

在定理5.2中，把$\lim\limits_{x\to x_0}g(x)=u_0$换成$\lim\limits_{x\to x_0}g(x)=\infty$或$\lim\limits_{x\to\infty}g(x)=\infty$，而把$\lim\limits_{u\to u_0}f(u)=A$换成$\lim\limits_{u\to\infty}f(u)=A$，可得类似的定理.

如果函数$g(x)$和$f(u)$满足该定理的条件，那么作代换$u=g(x)$，可把求$\lim\limits_{x\to x_0}f[g(x)]$化为求$\lim\limits_{u\to u_0}f(u)$，这里$u_0=\lim\limits_{x\to x_0}g(x)$.

例7 计算$\lim\limits_{x\to 0}\sin 2x$.

解 令$u=2x$，则函数$y=\sin 2x$可视为由$y=\sin u$，$u=2x$构成的复合函数.

因为$x\to 0$，$u=2x\to 0$，且$u\to 0$时$\sin u\to 0$，所以：

$$\lim_{x\to 0}\sin 2x=\lim_{u\to 0}\sin u=0$$

二、极限存在准则、两个重要极限

准则1 如果数列$\{x_n\}$、$\{y_n\}$及$\{z_n\}$满足下列条件：

(1)从某项起，有$y_n\leqslant x_n\leqslant z_n$；

(2)$\lim\limits_{n\to\infty}y_n=a$，$\lim\limits_{n\to\infty}z_n=a$，

则数列$\{x_n\}$的极限存在，且$\lim\limits_{n\to\infty}x_n=a$.

准则1′ 设在点x_0的某一邻域内(点x_0可除外)，有$g(x)\leqslant f(x)\leqslant h(x)$，且$\lim\limits_{x\to x_0}g(x)=\lim\limits_{x\to x_0}h(x)=A$，则$\lim\limits_{x\to x_0}f(x)=A$.

准则1及准则1′通常用来判定函数极限存在. 有时我们也称该准则为极限的“夹逼准则”.

作为准则1′的应用，下面介绍一个重要的极限：$\lim\limits_{x\to 0}\dfrac{\sin x}{x}=1$.

证明 先证明$x\to 0^+$时，有$\dfrac{\sin x}{x}\to 1$.

做单位圆(见图1－13)，设圆心角$\angle AOB=x\left(0<x<\dfrac{\pi}{2}\right)$，并过$A$点做圆的切线，由于$\triangle AOB$的面积＜扇形$AOB$的面积＜$\triangle AOC$的面积，即得：

$$\frac{1}{2}\times 1\times 1\times\sin x<\frac{1}{2}\times 1\times x<\frac{1}{2}\times 1\times\tan x$$

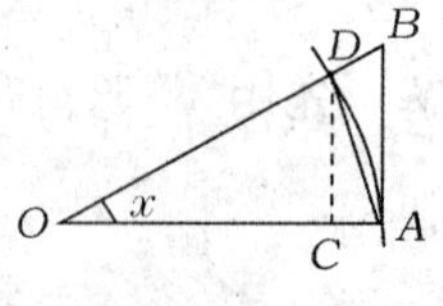

图1－13

不等式各边同除以$\dfrac{1}{2}\sin x$，得：

$$1<\frac{x}{\sin x}<\frac{1}{\cos x}$$

即得：

$$1>\frac{\sin x}{x}>\cos x$$

由 $\lim\limits_{x\to 0^+}\cos x=1$ 以及夹逼准则，得出 $\lim\limits_{x\to 0^+}\frac{\sin x}{x}=1$ 成立.

接下来证明 $x\to 0^-$ 时，$\frac{\sin x}{x}\to 1$ 也成立. 因为 $\lim\limits_{x\to 0^-}\frac{\sin x}{x}=\lim\limits_{t\to 0^+}\frac{\sin(-t)}{-t}=\lim\limits_{t\to 0^+}\frac{\sin t}{t}=1$（令 $x=-t$），于是，$\lim\limits_{x\to 0}\frac{\sin x}{x}=1$ 得证.

图 1－14 即函数 $f(x)=\frac{\sin x}{x}$ 的图像.

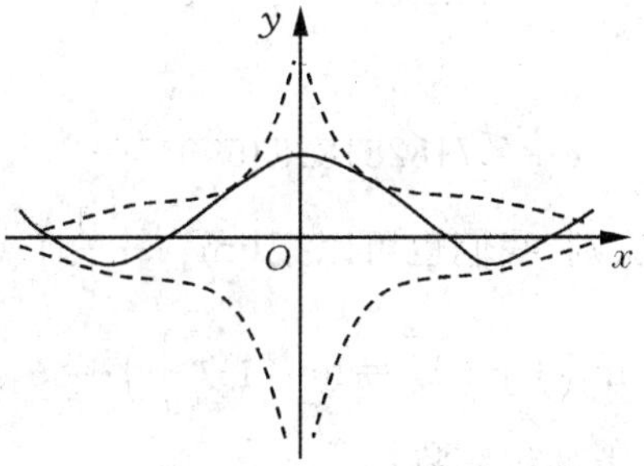

图 1－14

利用复合函数的极限运算法则，我们容易证明：$\lim\limits_{\varphi(x)\to 0}\frac{\sin\varphi(x)}{\varphi(x)}=1$，故由此公式还得出：

$$\lim_{x\to 0}\frac{\sin ax}{ax}=1(a\neq 0)\qquad 或\qquad \lim_{x\to 0}\frac{ax}{\sin ax}=1(a\neq 0)$$

例 8　求 $\lim\limits_{x\to 0}\frac{\tan x}{x}$.

解

$$\lim_{x\to 0}\frac{\tan x}{x}=\lim_{x\to 0}\frac{\frac{\sin x}{\cos x}}{x}=\lim_{x\to 0}\frac{\sin x}{x}\cdot\frac{1}{\cos x}$$

$$=\lim_{x\to 0}\frac{\sin x}{x}\cdot\lim_{x\to 0}\frac{1}{\cos x}=1\cdot 1=1$$

例 9　求 $\lim\limits_{x\to 0}\frac{\sin 3x}{x}$.

解

$$\lim_{x\to 0}\frac{\sin 3x}{x}=\lim_{x\to 0}\frac{3\sin 3x}{3x}\overset{(令\ 3x=t)}{=\!=\!=}3\lim_{t\to 0}\frac{\sin t}{t}=3$$

例 10　求 $\lim\limits_{x\to 0}\frac{1-\cos x}{x^2}$.

解

$$\lim_{x\to 0}\frac{1-\cos x}{x^2}=\lim_{x\to 0}\frac{2\sin^2\frac{x}{2}}{x^2}=\lim_{x\to 0}\frac{\sin^2\frac{x}{2}}{2\left(\frac{x}{2}\right)^2}$$

$$=\lim_{x\to 0}\frac{1}{2}\cdot\frac{\sin\frac{x}{2}}{\frac{x}{2}}\cdot\frac{\sin\frac{x}{2}}{\frac{x}{2}}=\frac{1}{2}$$

例 11 求$\lim\limits_{x\to 0}\frac{\tan x-\sin x}{x^3}$.

解 $$\lim_{x\to 0}\frac{\tan x-\sin x}{x^3}=\lim_{x\to 0}\frac{\frac{\sin x}{\cos x}-\sin x}{x^3}=\lim_{x\to 0}\frac{\sin x\cdot\frac{1-\cos x}{\cos x}}{x^3}$$
$$=\lim_{x\to 0}\frac{\sin x}{x}\cdot\lim_{x\to 0}\frac{1}{\cos x}\cdot\lim_{x\to 0}\frac{1-\cos x}{x^2}=\frac{1}{2}$$

准则 2 单调有界数列必有极限.

由准则 2,我们可以得到第二个重要极限:

$$\lim_{x\to\infty}\left(1+\frac{1}{x}\right)^x=e$$

其中,e 为无理数,它的值为:

$$e=2.718281828459045\cdots$$

利用复合函数的极限运算法则,我们也可以把$\lim\limits_{x\to\infty}\left(1+\frac{1}{x}\right)^x=e$ 改写成另一形式:

$$\lim_{x\to 0}(1+x)^{\frac{1}{x}}=\lim_{x\to\infty}\left(1+\frac{1}{x}\right)^x=e$$

更为一般地,我们还可以将上述极限推广:

$$\lim_{\varphi(x)\to 0}\left(1+\varphi(x)\right)^{\frac{1}{\varphi(x)}}=e$$

对第二个重要极限不加以证明. 只需牢记这两个重要极限,在今后的解题中会经常用到它们.

例 12 求$\lim\limits_{x\to\infty}\left(1+\frac{1}{x}\right)^{x+3}$.

解 $$\lim_{x\to\infty}\left(1+\frac{1}{x}\right)^{x+3}=\lim_{x\to\infty}\left[\left(1+\frac{1}{x}\right)^x\cdot\left(1+\frac{1}{x}\right)^3\right]$$
$$=\lim_{x\to\infty}\left(1+\frac{1}{x}\right)^x\cdot\lim_{x\to\infty}\left(1+\frac{1}{x}\right)^3=e\cdot 1=e$$

例 13 求 $\lim\limits_{x\to\infty}\left(1-\frac{1}{x}\right)^x$.

解 $$\lim_{x\to\infty}\left(1-\frac{1}{x}\right)^x=\lim_{x\to\infty}\left(1+\frac{1}{-x}\right)^x$$
$$=\lim_{x\to\infty}\left[\left(1+\frac{1}{-x}\right)^{-x}\right]^{-1}=e^{-1}=\frac{1}{e}$$

例 14 求 $\lim\limits_{x\to\infty}\left(\frac{3+x}{2+x}\right)^{2x}$.

解 $$\lim_{x\to\infty}\left(\frac{3+x}{2+x}\right)^{2x}=\lim_{x\to\infty}\left[\left(1+\frac{1}{x+2}\right)^x\right]^2$$
$$=\lim_{x\to\infty}\left[\left(1+\frac{1}{x+2}\right)^{x+2}\right]^2\cdot\left(1+\frac{1}{x+2}\right)^{-4}$$

$$=\left[\lim_{x\to\infty}\left(1+\frac{1}{x+2}\right)^{x+2}\right]^2\cdot\lim_{x\to\infty}\left(1+\frac{1}{x+2}\right)^{-4}=e^2$$

第六节　无穷大无穷小

一、无穷小量

定义 6.1　若函数 $f(x)$ 当 $x\to x_0$（或 $x\to\infty$）时的极限为零，则称函数 $f(x)$ 为当 $x\to x_0$（或 $x\to\infty$）时的无穷小，常用 α,β,γ 等表示.

特别地，以零为极限的数列 $\{x_n\}$ 称为 $n\to\infty$ 的无穷小.

例 1　$\lim\limits_{x\to 0}\sin x=0$，所以函数 $\sin x$ 为当 $x\to 0$ 时的无穷小；

$\lim\limits_{x\to 1}(x-1)^2=0$，所以函数 $(x-1)^2$ 为当 $x\to 1$ 时的无穷小；

$\lim\limits_{x\to\infty}\dfrac{1}{x+3}=0$，所以函数 $\dfrac{1}{x+3}$ 为当 $x\to 1$ 时的无穷小.

注意：

(1)无穷小是以零为极限的变量，是一个函数，不是一个数；

(2)0 是唯一可以作为无穷小量的常数；

(3)无穷小量是相对于自变量的某一变化过程而言的，必须注明自变量的变化趋势.

因此，不能简单地称某个函数是无穷小量. 例如，不能直接称 $\sin x$ 是无穷小量，因为 $\sin x$ 在 $x\to 0$ 时是无穷小，而在 $x\to\dfrac{\pi}{2}$ 时就不再是无穷小了.

(4)无穷小量定义对数列也适用.例如，数列 $\left\{\dfrac{1}{n^2}\right\}$ 当 $n\to\infty$ 时就是无穷小量.

定理 6.1（极限与无穷小量之间的关系）　函数 $f(x)$ 以 A 为极限的充分必要条件是：$f(x)$ 可以表示为 A 与一个无穷小 α 之和.即：

$$\lim_{x\to *}f(x)=A\Leftrightarrow f(x)=A+\alpha\qquad 其中,\lim_{x\to *}\alpha=0$$

例 2　当 $x\to\infty$ 时，将函数 $f(x)=\dfrac{x}{x+1}$ 写成其极限值与一个无穷小量之和的形式.

解　因为 $\lim\limits_{x\to\infty}f(x)=\lim\limits_{x\to\infty}\dfrac{x}{x+1}=1$，而 $f(x)$ 可写成 $\dfrac{x}{x+1}=1+\left(-\dfrac{1}{x+1}\right)$ 的形式。其中，$\left(-\dfrac{1}{x+1}\right)$ 就是当 $x\to\infty$ 时的无穷小量，所以 $f(x)=\dfrac{x}{x+1}=1+\left(-\dfrac{1}{x+1}\right)$ 为所求极限值与一个无穷小量之和的形式。

对于无穷小量，我们有如下性质：

定理 6.2　有限个无穷小量的代数和仍然是无穷小量.

特别要注意的是，无穷多个无穷小量的代数和不一定是无穷小量.

如当 $n\to\infty$ 时，$\dfrac{1}{n^2},\dfrac{2}{n^2},\cdots,\dfrac{n}{n^2}$ 均为无穷小，而

$$\lim_{n\to\infty}\left(\frac{1}{n^2}+\frac{2}{n^2}+\cdots+\frac{n}{n^2}\right)=\lim_{n\to\infty}\frac{n(n+1)}{2n^2}=\frac{1}{2}$$

定理 6.3 无穷小量与有界变量的乘积仍是无穷小量.

如当 $x\to 0$ 时，$\sin\dfrac{1}{x}$ 为有界函数(因 $\left|\sin\dfrac{1}{x}\right|\leqslant 1$)，所以有 $\lim\limits_{x\to 0}x\sin\dfrac{1}{x}=0$.

例 3 求 $\lim\limits_{x\to\infty}\dfrac{1}{x^2+1}\cos x$.

解 因为 $\lim\limits_{x\to\infty}\dfrac{1}{x^2+1}=0$，$\cos x$ 为有界函数，所以 $\lim\limits_{x\to\infty}\dfrac{1}{x^2+1}\cos x=0$.

推论 1 常数乘以无穷小量仍然是无穷小量。

如当 $x\to\infty$ 时，$\dfrac{1}{x}$ 为无穷小量，则 $2\cdot\dfrac{1}{x}$，$\dfrac{1}{\sqrt{3}}\cdot\dfrac{1}{x}$，$a\cdot\dfrac{1}{x}$ 仍为无穷小量。

推论 2 有限个无穷小量之积(自变量为同一变化过程时)仍是无穷小量。

如当 $x\to\infty$ 时，$\dfrac{1}{x}$，$\dfrac{1}{x^4}$，$\dfrac{1}{\sqrt{x}}$ 均为无穷小量，则 $\lim\limits_{x\to\infty}\dfrac{1}{x}\cdot\dfrac{1}{x^4}\cdot\dfrac{1}{\sqrt{x}}=\lim\limits_{x\to\infty}\dfrac{1}{x^{\frac{11}{2}}}=0$.

二、无穷大量

定义 6.2 在自变量 x 的某个变化过程中，若函数的绝对值 $|f(x)|$ 无限增大，则称函数 $f(x)$ 为自变量 x 在该变化过程中的无穷大，记作：

$$\lim f(x)=\infty$$

例如，当 $x\to 0$ 时，$\dfrac{1}{x^3}$ 是无穷大量；当 $x\to 0^+$ 时，$\cot x$，$\dfrac{1}{\sqrt{x}}$ 是无穷大量；当 $x\to\infty$ 时，$x+3$，x^2 是无穷大量.

与无穷小量类似，理解无穷大量概念时也应注意把握几个关键：

(1)无穷大是一个变量，是一个函数，一个无论多么大的常数，都不能作为无穷大量.

(2)函数在变化过程中绝对值越来越大且可以无限增大时，才能称无穷大量.例如，当 $x\to+\infty$ 时，$f(x)=x\sin x$ 可以无限增大但不是越来越大，所以不是无穷大量.

(3)当我们说某个函数是无穷大量时，必须同时指出它的极限过程.

(4)无穷大量的定义对数列也适用.

(5)需要进一步说明的是，无穷大是函数极限不存在的一种情形，这里使用了极限记号 $\lim\limits_{x\to *}f(x)=\infty$，但并不表示函数 $f(x)$ 的极限存在 .

三、无穷小量与无穷大量的关系

定理 6.4(无穷大量与无穷小量的关系) 在自变量的同一变化过程中，

(1)如果 $f(x)$ 为无穷大，则 $\dfrac{1}{f(x)}$ 为无穷小；

(2)如果 $f(x)$ 为无穷小，且 $f(x)\neq 0$，则函数 $\dfrac{1}{f(x)}$ 为无穷大 .

即：

$$\lim_{x\to x_0}f(x)=\infty\Rightarrow\lim_{x\to x_0}\frac{1}{f(x)}=0$$

$$\lim_{x\to x_0}f(x)=0 \text{ 且 } f(x)\neq 0\Rightarrow\lim_{x\to x_0}\frac{1}{f(x)}=\infty$$

由此定理可知，当 $x\to0$ 时，x^3 是无穷小量，而$\frac{1}{x^3}$是无穷大量；当 $x\to\infty$时，x^3 是无穷大量，而$\frac{1}{x^3}$是无穷小量. 这说明无穷大量和无穷小量存在倒数关系.

例 4　函数 $f(x)=\frac{x^2-1}{x+1}$在自变量怎样变化时是无穷小？在自变量怎样变化时是无穷大？

解　当 $x\to+1$ 时，$f(x)$是无穷小；

当 $x\to-1$ 时，$f(x)$是无穷大；

当 $x\to\infty$时，$f(x)$是无穷大.

四、无穷小的比较

我们知道，两个无穷小的和、差、积仍是无穷小，无穷小的商却不一定是无穷小.例如，当 $x\to0$时，$3x$，x^2，$\sin x$ 都是无穷小，而极限

$$\lim_{x\to0}\frac{x^2}{3x}=0,\quad \lim_{x\to0}\frac{3x}{x^2}=\infty,\quad \lim_{x\to0}\frac{\sin x}{x}=1$$

根据两个无穷小之比的极限的各种不同情况，反映了不同的无穷小趋于零的快慢程度.下面就无穷小之比的极限，说明两个无穷小之间的联系.

定义 6.3　在自变量的同一变化过程中，设 α，β 为无穷小.

(1)如果 $\lim\frac{\beta}{\alpha}=0$，称 β 是比 α 高阶的无穷小，记 $\beta=o(\alpha)$；

(2)如果 $\lim\frac{\beta}{\alpha}=\infty$，称 β 是比 α 低阶的无穷小；

(3)如果 $\lim\frac{\beta}{\alpha}=c\neq0$，称 β 与 α 是同阶无穷小；

(4)如果 $\lim\frac{\beta}{\alpha^k}=c\neq0$，$k>0$，称 β 是关于 α 的 k 阶无穷小；

(5)如果 $\lim\frac{\beta}{\alpha}=1$，称 β 与 α 是等价无穷小，记 $\alpha\sim\beta$.

等价无穷小是同阶无穷小的特殊情况，即 $c=1$.

例如：因为$\lim\limits_{x\to0}\frac{3x^2}{x}=0$，所以当 $x\to0$ 时，$3x^2$ 是比 x 高阶的无穷小，即 $x^2-9=o(x-3)$；

因为$\lim\limits_{n\to\infty}\frac{1/n}{1/n^2}=\infty$，所以当 $n\to\infty$时，$\frac{1}{n}$是$\frac{1}{n^2}$的低阶无穷小；

因为$\lim\limits_{x\to3}\frac{x^2-9}{x-3}=6$，所以当 $x\to3$ 时，x^2-9 与 $x-3$ 是同阶无穷小，$3x^2=o(x)$；

因为$\lim\limits_{x\to0}\frac{1-\cos x}{x^2}=\frac{1}{2}$，所以当 $x\to0$ 时，$1-\cos x$ 是关于 x 的二阶无穷小；

因为$\lim\limits_{x\to0}\frac{\sin x}{x}=1$，所以当 $x\to0$ 时，$\sin x$ 与 x 是等价无穷小，$\sin x\sim x$.

定理 6.5　β 与 α 是等价无穷小的充分必要条件是$\beta=\alpha+o(\alpha)$.

例如，因为当 $x\to0$ 时，$\sin x\sim x$，$\tan x\sim x$，$1-\cos x\sim\frac{1}{2}x^2$，所以当 $x\to0$ 时，有 $\sin x=$

$x+o(x)$，$\tan x=x+o(x)$，$1-\cos x=\dfrac{1}{2}x^2+o(x^2)$.

定理 6.6 设 $\alpha,\alpha',\beta,\beta'$ 均为无穷小，又 $\alpha\sim\alpha'$，$\beta\sim\beta'$ 且 $\lim\dfrac{\beta'}{\alpha'}$ 存在，则：

$$\lim\frac{\beta}{\alpha}=\lim\frac{\beta'}{\alpha'}$$

证明 $\lim\dfrac{\beta}{\alpha}=\lim\left(\dfrac{\beta}{\beta'}\cdot\dfrac{\beta'}{\alpha'}\cdot\dfrac{\alpha'}{\alpha}\right)=\lim\dfrac{\beta}{\beta'}\cdot\lim\dfrac{\beta'}{\alpha'}\cdot\lim\dfrac{\alpha'}{\alpha}=\lim\dfrac{\beta'}{\alpha'}$.

在求极限时，分子、分母均可用它们的等价无穷小代替，而不改变极限值.

如 $\lim\limits_{x\to0}\dfrac{\tan2x}{3x}=\lim\limits_{x\to0}\dfrac{2x}{3x}=\dfrac{2}{3}$.

用等价无穷小代换时，一般只能用在函数是乘积运算关系时，否则易出错.

如 $\lim\limits_{x\to0}\dfrac{\tan x-\sin x}{x^3}\neq\lim\limits_{x\to0}\dfrac{x-x}{x^3}=0$，事实上前面已求过这个极限为$\dfrac{1}{2}$.

例 5 求极限$\lim\limits_{x\to0}\dfrac{\sin5x}{\tan2x}$.

解 因为当 $x\to0$ 时，$\sin5x\sim5x$，$\tan2x\sim2x$，所以：

$$\lim_{x\to0}\frac{\sin5x}{\tan2x}=\lim_{x\to0}\frac{5x}{2x}=\frac{5}{2}$$

例 6 求极限$\lim\limits_{x\to0}\dfrac{(x+1)\sin x}{\arcsin x}$.

解 因为当 $x\to0$ 时，$\sin x\sim x$，$\arcsin x\sim x$，所以：

$$\lim_{x\to0}\frac{(x+1)\sin x}{\arcsin x}=\lim_{x\to0}\frac{(x+1)x}{x}=\lim_{x\to0}(x+1)=1$$

一般常用的等价无穷小如下：

$$\sin x\sim x\sim\tan x\,(x\to0),\qquad \sqrt{1+x}-1\sim\frac{1}{2}x\,(x\to0),$$

$$1-\cos x\sim\frac{1}{2}x^2\,(x\to0),\qquad \ln(1+x)\sim x\,(x\to0),$$

$$(e^x-1)\sim x\,(x\to0),\qquad \arcsin x\sim x\sim\arctan x\,(x\to0).$$

第七节 函数的连续性

一、连续函数的概念

现实世界中，我们遇到的许多变量接连不断地变化着，如某地气温随着时间在接连不断地变化着，金属丝的长度随着温度在接连不断地变化着，等等．这些现象的共同特征的抽象，就是数学上的连续性．反映在函数关系上，就是自变量的微小改变，只能引起函数的微小变化．微小变化我们称为增量，我们利用增量的概念来描述连续性，并引出函数连续的概念.

设变量 u 从它的初值 u_0 变到终值 u_1，终值与初值的差 (u_1-u_0)，称为变量 u 的增量，或称为 u 的改变量，记作 Δu，即 $\Delta u=u_1-u_0$.

应当注意的是:Δu 是 u 的改变量,不是增加的量. Δu 可正,可负,也可以为零.

现假设函数 $y=f(x)$在点 x_0 的某一个邻域内是有定义的.当自变量 x 在这个邻域内从 x_0 变到 $x_0+\Delta x$ 时,函数 y 相应地从 $f(x_0)$变到 $f(x_0+\Delta x)$,因此,函数 y 的对应增量为:

$$\Delta y=f(x_0+\Delta x)-f(x_0)$$

其几何意义如图 1—15 所示 .

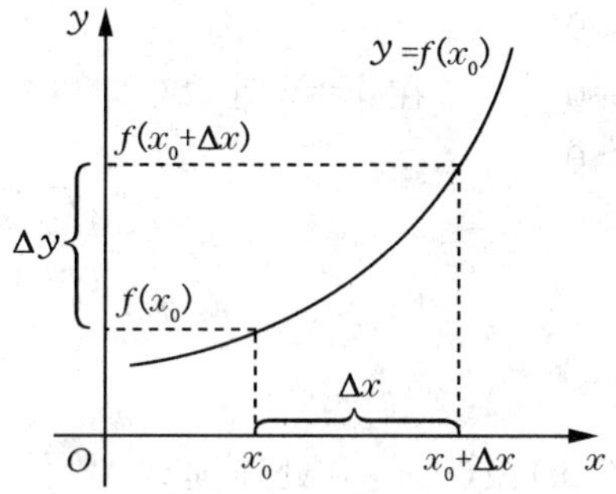

图 1—15

函数连续考察的就是自变量增量 Δx 与函数增量 Δy 之间的关系.当 Δx 趋向于零时,函数 y 的对应增量 Δy 也趋向于零,即:

$$\lim_{\Delta x\to 0}\Delta y=\lim_{\Delta x\to 0}f(x_0+\Delta x)-f(x_0)=0$$

那么就称函数 $y=f(x)$在点 x_0 处连续,即有下述定义:

定义 7.1　设函数 $y=f(x)$在点 x_0的某一个邻域内有定义,如果有:

$$\lim_{\Delta x\to 0}\Delta y=\lim_{\Delta x\to 0}f(x_0+\Delta x)-f(x_0)=0$$

那么就称函数 $y=f(x)$在点 x_0 处连续.

若设 $x=x_0+\Delta x$,则当 $\Delta x\to 0$ 时,就有 $x\to x_0$. 又因为 $\Delta y\to 0$,即为:

$$f(x_0+\Delta x)-f(x_0)=f(x)-f(x_0)\to 0$$

所以函数连续的定义又可叙述为:

定义 7.1′　设函数 $y=f(x)$在点 x_0 的某个领域内有定义,若

$$\lim_{x\to x_0}f(x)=f(x_0)$$

则称函数 $f(x)$在点 x_0 处连续.

由上式可知,要定义函数在 x_0 点连续,必须保证函数极限 $\lim\limits_{x\to x_0}f(x)$存在,而由极限的定义可知:

$$\lim_{x\to x_0}f(x)=f(x_0)\Leftrightarrow \lim_{x\to x_0^-}f(x)=\lim_{x\to x_0^+}f(x)=f(x_0)$$

所以函数 $y=f(x)$在点 x_0 处连续的充分必要条件为:

$$\lim_{x\to x_0^-}f(x)=\lim_{x\to x_0^+}f(x)=f(x_0)$$

若上式改成 $\lim\limits_{x\to x_0^-}f(x)=f(x_0^-)$存在且等于 $f(x_0)$,则称函数 $f(x)$在点 x_0 处左连续;若 $\lim\limits_{x\to x_0^+}f(x)=f(x_0^+)$存在且等于 $f(x_0)$,则称函数 $f(x)$在点 x_0 处右连续 . 因此,函数 $f(x)$在点 x_0 处连续即为:$f(x)$在点 x_0 处既是左连续,又是右连续 .

若函数 $y=f(x)$在开区间(a,b)上每一点都连续,则称 $y=f(x)$在区间(a,b)上连续;若

函数 $y=f(x)$ 在闭区间 $[a,b]$ 上连续，那么函数 $f(x)$ 在 $x=a$ 点连续指右连续，在 $x=b$ 点连续指左连续.

例 1 讨论下列函数在指定点处的连续性：

(1) $f(x)=\begin{cases}\dfrac{\sin x}{x}, & x\neq 0\\ 1, & x=0\end{cases}$ 在 $x=0$ 处

(2) $f(x)=\begin{cases}2x+1, & x<0\\ 0, & x=0\\ 2x-1, & x>0\end{cases}$ 在 $x=0$ 处

解

(1) $\lim\limits_{x\to 0}f(x)=\lim\limits_{x\to 0}\dfrac{\sin x}{x}=1$

$f(0)=1$

因此，$\lim\limits_{x\to 0}f(x)=f(0)$，所以 $f(x)$ 在点 $x=0$ 处连续.

(2) $\lim\limits_{x\to 0^-}f(x)=\lim\limits_{x\to 0^-}(2x+1)=1$

$\lim\limits_{x\to 0^+}f(x)=\lim\limits_{x\to 0^+}(2x-1)=-1$

因此，$\lim\limits_{x\to 0^-}f(x)\neq\lim\limits_{x\to 0^+}f(x)$，$\lim\limits_{x\to 0}f(x)$ 不存在，所以 $f(x)$ 在点 $x=0$ 处不连续.

例 2 设函数 $f(x)=\begin{cases}\dfrac{\cos x}{x+2}, & x\geqslant 0\\ \dfrac{\sqrt{a}-\sqrt{a-x}}{x}, & x<0\end{cases}$ $(a>0)$，当 a 为何值时，$f(x)$ 在 $x=0$ 处连续.

解

$$\begin{aligned}\lim_{x\to 0^-}f(x)&=\lim_{x\to 0^-}\frac{\sqrt{a}-\sqrt{a-x}}{x}\\&=\lim_{x\to 0^-}\frac{(\sqrt{a}-\sqrt{a-x})(\sqrt{a}+\sqrt{a-x})}{x(\sqrt{a}+\sqrt{a-x})}\\&=\lim_{x\to 0^-}\frac{1}{(\sqrt{a}+\sqrt{a-x})}=\frac{1}{2\sqrt{a}}\end{aligned}$$

$$\lim_{x\to 0^+}f(x)=\lim_{x\to 0^+}\frac{\cos x}{x+2}=\frac{1}{2}$$

因为 $f(x)$ 在 $x=0$ 处连续，所以 $\lim\limits_{x\to 0}f(x)$ 存在，即 $\lim\limits_{x\to 0^-}f(x)=\lim\limits_{x\to 0^+}f(x)$，所以 $a=1$.

二、函数的间断点

定义 7.2 设函数 $y=f(x)$ 在点 x_0 的某个邻域内有定义，若函数 $f(x)$ 在 x_0 点不连续，则称 x_0 为 $f(x)$ 的一个间断点或不连续点。函数的间断点(不连续点)包含以下三种情形：

(1) 函数 $f(x)$ 在 $x=x_0$ 处没有定义；

(2) $f(x)$ 在 $x=x_0$ 处有定义，但函数 $f(x)$ 当 $x\to x_0$ 时极限不存在；

(3) $f(x)$ 在 $x=x_0$ 处有定义，且 $\lim\limits_{x\to x_0}f(x)$ 存在，但 $\lim\limits_{x\to x_0}f(x)\neq f(x_0)$.

例 3 函数 $f(x)=\dfrac{x^2-4}{x-2}$ 在 $x=2$ 处无定义，所以，$x=2$ 是该函数的间断点.

如果补充定义：令 $x=2$ 时 $y=4$，则所给的函数在 $x=2$ 点处连续．所以，$x=2$ 称为该函数的可去间断点．

例 4　函数 $f(x)=\begin{cases} x+1, & x\leqslant 0 \\ \dfrac{1}{x}, & x>0 \end{cases}$ 在 $x=0$ 处函数有定义，但

$$\lim_{x\to 0^-} f(x)=1 \qquad \lim_{x\to 0^+} f(x)=+\infty$$

所以 $\lim\limits_{x\to 0} f(x)$ 不存在，$x=0$ 是 $f(x)$ 的间断点．

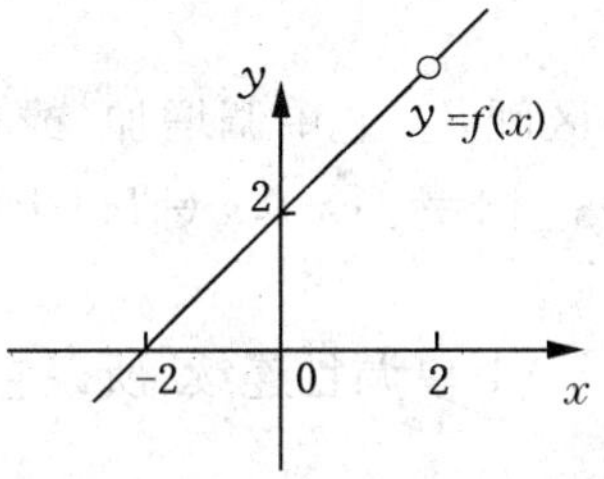

图 1—16

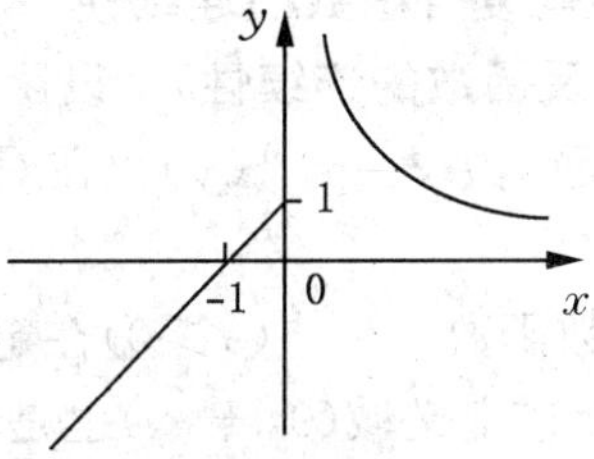

图 1—17

例 5　函数 $f(x)=\dfrac{1}{x-1}$ 在 $x=1$ 点处没有定义，所以 $x=1$ 是 $f(x)$ 的间断点．又因为 $\lim\limits_{x\to 1} f(x)=\infty$ 存在，所以我们称 $x=1$ 是 $f(x)$ 的无穷间断点．

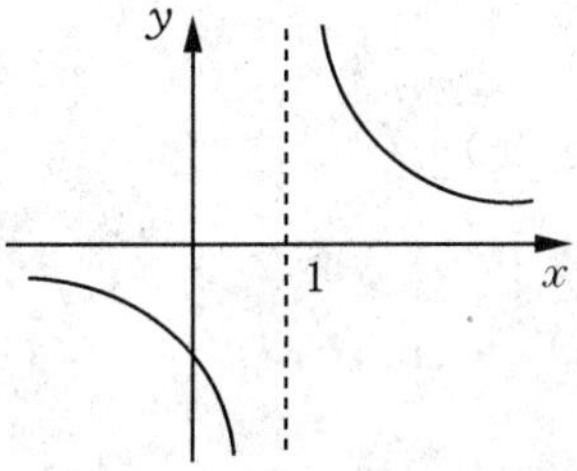

图 1—18

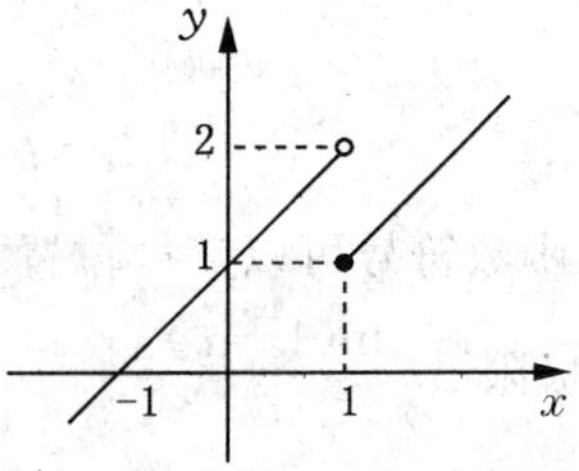

图 1—19

例 6　函数 $f(x)=\begin{cases} x+1, x<1 \\ x, \quad x\geqslant 1 \end{cases}$ 在 $x=1$ 点处有 $\lim\limits_{x\to 1^-} f(x)=2$，$\lim\limits_{x\to 1^+} f(x)=1$，$\lim\limits_{x\to 1^-} f(x)\neq \lim\limits_{x\to 1^+} f(x)$，所以 $x=1$ 是 $f(x)$ 的间断点．从图可以看出，函数图像在 $x=1$ 处产生了跳跃，我们称 $x=1$ 为函数 $f(x)$ 的跳跃间断点．

从上述例子中，我们可以将间断点分成两类：若 x_0 是 $f(x)$ 的间断点，但左、右极限 $f(x_0^-)$、$f(x_0^+)$ 都存在，那么 x_0 称为函数 $f(x)$ 的第一类间断点．例如，例 3、例 6 中函数的间断点．不是第一类间断点的任何间断点，称为第二类间断点．在第一类间断点中，左、右极限相等的称为可去间断点，不相等的称为跳跃间断点．

三、连续函数的运算与初等函数的连续性

1. 连续函数的四则运算

由函数连续的定义和极限的四则运算法则，我们可以得到连续函数的四则运算性质．

定理 7.1 设函数 $f(x)$ 和 $g(x)$ 都在点 x_0 处连续，则：

(1) $f(x)\pm g(x)$ 在点 x_0 处连续；

(2) $f(x)\cdot g(x)$ 在点 x_0 处连续；

(3) $\dfrac{f(x)}{g(x)}$ 在点 x_0 处连续($g(x_0)\neq 0$).

例 7 三角函数 $\sin x$、$\cos x$ 在定义域内是连续的，所以函数 $\cot x=\dfrac{\cos x}{\sin x}$、$\tan x=\dfrac{\sin x}{\cos x}$ 在它们的定义域内也是连续的.

2. 反函数与复合函数的连续性

定理 7.2(反函数的连续性) 设函数 $y=f(x)$ 在区间 I_x 上单调增加(或单调减少)且连续，那么它的反函数 $x=f^{-1}(y)$ 也在对应的区间 $I_y=\{y\mid y=f(x),x\in I_x\}$ 上单调增加(或单调减少)且连续.

例 8 指数函数 $y=a^x(a>0)$ 在定义域 $(-\infty,+\infty)$ 上单调且连续，所以它的反函数对数函数 $y=\log_a x$ 在定义域 $(0,+\infty)$ 也是单调连续的.

同理，三角函数的反函数 $\arcsin x$、$\arccos x$、$\arctan x$、$\text{arccot}\, x$ 在它们的定义域内也是连续的.

定理 7.3 设函数 $y=f(u)$ 在 u_0 处连续，函数 $u=g(x)$ 在点 x_0 处连续，且 $u_0=g(x_0)$，则复合函数 $y=f[g(x)]$ 在点 x_0 处连续.

所以：

$$\lim_{x\to x_0} f[g(x)]=f[g(x_0)],\text{且}\lim_{x\to x_0} g(x)=g(x_0)$$

即：

$$\lim_{x\to x_0} f[g(x)]=f[\lim_{x\to x_0} g(x)]$$

即极限符号与函数符号可以交换位置.

例 9 求极限 $\lim\limits_{x\to 0}\dfrac{\ln(1+x)}{x}$.

解 我们知道 $\dfrac{\ln(1+x)}{x}=\ln(1+x)^{\frac{1}{x}}$ 是由函数 $y=\ln u$，$u=(1+x)^{\frac{1}{x}}$ 复合而成的，而由重要极限Ⅱ知 $\lim\limits_{x\to 0}(1+x)^{\frac{1}{x}}=e$，并且 $y=\ln u$ 在 $u=e$ 点连续，因此有：

$$\lim_{x\to 0}\frac{\ln(1+x)}{x}=\lim_{x\to 0}\ln(1+x)^{\frac{1}{x}}=\ln\lim_{x\to 0}(1+x)^{\frac{1}{x}}=\ln e=1$$

例 10 求极限 $\lim\limits_{x\to 3}\sqrt{\dfrac{x-3}{x^2-x-6}}$.

解 $y=\sqrt{\dfrac{x-3}{x^2-x-6}}$ 可看作 $y=\sqrt{u}$，$u=\dfrac{x-3}{x^2-x-6}$ 复合而成. 因为 $\lim\limits_{x\to 3}\dfrac{x-3}{x^2-x-6}=\dfrac{1}{5}$，而函数 $y=\sqrt{u}$ 在点 $u=\dfrac{1}{5}$ 连续，所以：

$$\lim_{x\to 3}\sqrt{\frac{x-3}{x^2-x-6}}=\sqrt{\lim_{x\to 3}\frac{x-3}{x^2-x-6}}=\sqrt{\frac{1}{5}}=\frac{\sqrt{5}}{5}$$

3. 初等函数的连续性

定理 7.4 一切初等函数在其定义区间内都是连续的.

所谓定义区间，是指包含在定义域内的区间。这是因为由高中数学知识可知，基本初等函数在其定义域内都是连续的。再由定理 7.1、定理 7.2、定理 7.3 可知，初等函数在其定义区间内也是连续的．

例 11　利用初等函数的连续性求下列极限：

(1) $\lim\limits_{x\to\frac{\pi}{6}}\ln(2\cos x)$

解

$$\lim_{x\to\frac{\pi}{6}}\ln(2\cos x)=\ln\left(2\cos\left(\frac{\pi}{6}\right)\right)=\ln 1=0$$

(2) $\lim\limits_{x\to 0}\dfrac{a^x-1}{x}$

解　令 $a^x-1=u$，则 $x=\log_a(1+u)$，且 $x\to 0$ 时，$u\to 0$，则：

$$\lim_{x\to 0}\frac{a^x-1}{x}=\lim_{u\to 0}\frac{u}{\log_a(1+u)}=\lim_{u\to 0}\frac{1}{\frac{1}{u}\log_a(1+u)}=\ln a$$

四、闭区间上连续函数的性质

定理 7.5（有界性与最大值最小值定理）　若函数 $f(x)$ 在闭区间 $[a,b]$ 上连续，则函数 $f(x)$ 在 $[a,b]$ 上必有界且一定能取到最大值和最小值．

关于此定理，我们需要注意以下两点：

该定理说明，如果函数 $f(x)$ 在闭区间 $[a,b]$ 上连续，那么至少有一点 $\xi_1\in[a,b]$，使 $m=f(\xi_1)$ 是 $f(x)$ 在 $[a,b]$ 上的最小值，且至少有一点 $\xi_2\in[a,b]$，使 $M=f(\xi_2)$ 是 $f(x)$ 在 $[a,b]$ 上的最大值.

推论（有界性定理）　闭区间上的连续函数一定是该区间上的有界函数.

注 1：如果函数在开区间内连续，或函数在闭区间上有间断点，那么函数在该区间上就不一定有最大值或最小值.

例如，开区间 (a,b) 上的函数 $y=x$.我们发现，函数 $y=x$ 在开区间 (a,b) 内既无最大值，又无最小值.

又如，在闭区间 $[0,2]$ 内考察函数：

$$f(x)=\begin{cases}-x+1, & 0\leqslant x<1\\ 1, & x=1\\ -x+3, & 1<x\leqslant 2\end{cases}$$

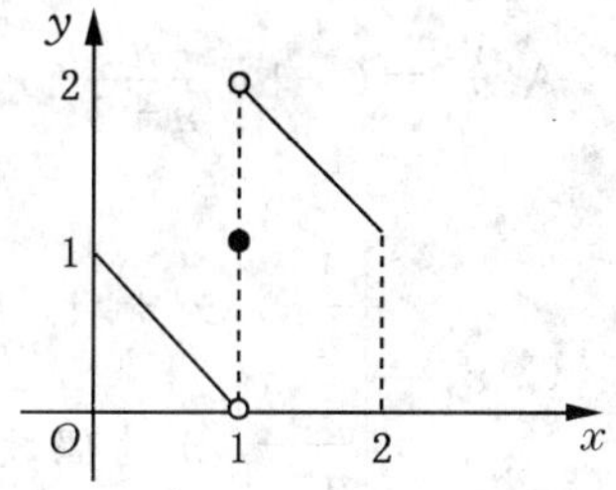

图 1－20

从图 1－20 中，我们很容易发现函数 $y=f(x)$ 在开区间 $[0,2]$ 内有间断点 $x=1$，函数既无最大值，又无最小值.

定理 7.6（零点定理）　设函数 $f(x)$ 在闭区间 $[a,b]$ 上连续，且 $f(a)$ 与 $f(b)$ 异号（即 $f(a)\cdot f(b)<0$），那么在开区间 (a,b) 内至少有一点 $\xi(a<\xi<b)$，使 $f(\xi)=0$.

证明　略.

从几何上看，定理 7.6 表示，如果连续曲线弧 $y=f(x)$ 的两个端点位于 x 轴的不同侧，那么，这段曲线弧与 x 轴至少有一个交点．零点定理常用于证明方程的根的存在性问题.

例 12　证明方程 $x^5-3x-1=0$ 在 $(1,2)$ 内至少有一个实根.

证明　设 $f(x)=x^5-3x-1$，则 $f(x)$ 在 $[1,2]$ 上连续，且 $f(1)\cdot f(2)=-3\times 25<0$.由

零点定理知，在(1,2)内至少有一点ξ，使$f(\xi)=0$，即ξ是方程$x^5-3x-1=0$在(1,2)内的一个根.

由定理7.6可推得下面更一般的情形.

定理7.7(介值定理) 设函数$f(x)$在闭区间$[a,b]$上连续，那么它在$[a,b]$上能取到介于其最大值M与最小值m之间的任何值.

证明 因$f(x)$在闭区间$[a,b]$上连续，由定理7.6知，必存在ξ_1,ξ_2，使$f(\xi_1)=M,f(\xi_2)=m$，设$m\neq M$，c为M与m之间的任意一个数，即$m<c<M$.做辅助函数$\varphi(x)=f(x)-c$，则$\varphi(x)$在$[\xi_1,\xi_2]$(或$[\xi_2,\xi_1]$)上连续：

$$\varphi(\xi_1)\cdot\varphi(\xi_2)=(m-c)\cdot(M-c)<0$$

由定理7.6得，至少有一点ξ(ξ在ξ_1与ξ_2之间)，使$\varphi(\xi)=0$.而$\varphi(\xi)=f(\xi)-c$，所以$f(\xi)=c$(ξ在ξ_1与ξ_2之间).因$\xi_1,\xi_2\in[a,b]$，故$\xi\in(a,b)$.

例13 方程$x^5-3x=1$至少有一个根介于1和2之间.

证明 令$f(x)=x^5-3x-1$，则$f(1)=-3<0$，$f(2)=25>0$，根据零点定理，至少存在一点$\xi\in(1,2)$，使得$f(\xi)=0$，即方程$x^5-3x=1$至少有一个根介于1和2之间.

习题一

1. 选择题.

(1)下列数列$\{x_n\}$中收敛的是(　　).

A. $x_n=(-1)^n\dfrac{n+1}{n}$　　B. $x_n=(-1)^{n+1}\dfrac{1}{n}$

C. $x_n=2^{(-1)^n}$　　D. $x_n=(-1)^n+\dfrac{1}{10^n}$

(2)下列数列$\{x_n\}$中收敛的是(　　).

A. $x_n=(-1)^n\dfrac{n}{n+1}$　　B. $x_n=\begin{cases}\dfrac{1}{n}+1, & n\text{ 为奇数}\\ \dfrac{1}{n}-1, & n\text{ 为偶数}\end{cases}$

C. $x_n=\begin{cases}\dfrac{1}{n}, & n\text{ 为奇数}\\ \dfrac{1}{n+1}, & n\text{ 为偶数}\end{cases}$　　D. $x_n=\begin{cases}\dfrac{1+2^n}{2^n}, & n\text{ 为奇数}\\ \dfrac{1-2^n}{2^n}, & n\text{ 为偶数}\end{cases}$

(3)若数列$\{x_n\}$有极限a，则在a的$\varepsilon(\varepsilon>0)$邻域之外，数列中的点(　　).

A. 有无穷多个　　B. 可以有有限个，也可以有无穷多个

C. 必不存在　　D. 至多有有限个

(4)若$\lim\limits_{x\to a}f(x)=\infty$，$\lim\limits_{x\to a}g(x)=\infty$，则必有(　　).

A. $\lim\limits_{x\to a}[f(x)+g(x)]=\infty$　　B. $\lim\limits_{x\to a}[f(x)-g(x)]=0$

C. $\lim\limits_{x\to a}\dfrac{1}{f(x)+g(x)}=0$　　D. $\lim\limits_{x\to a}kf(x)=\infty(k\neq 0)$

(5)当$x\to 0$时，若$f(x)$为无穷大量，则当$x\to 0$时，下列变量一定是无穷小量的是(　　).

A. $xf(x)$　　B. $\dfrac{x}{f(x)}$

C. $\dfrac{1}{f(x)}-\dfrac{1}{x}$　　D. $f(x)-\dfrac{1}{x}$

(6)当 $x\to 0$ 时，下列各组函数中，(　　)为同阶无穷小量．

A. $3x^2+x^4$ 与 x　　B. $3x^2+x^4$ 与 x^2

C. $3x^2+x^4$ 与 x^3　　D. $3x^2+x^4$ 与 x^4

2. 求下列函数的定义域：

(1) $y=\dfrac{1}{x}\ln(x+1)$

(2) $y=\lg\dfrac{x}{x-2}+\arcsin\dfrac{x}{3}$

(3)设函数 $f(x)$ 的定义域是 $(0,1)$，求 $f(x^2)$、$f(\log_2 x)$ 的定义域．

3. 设函数 $f(x)=\dfrac{1-x}{1+x}$，求 $f(0)$，$f(-x)$，$f(x)+1$，$f\left(\dfrac{1}{x}\right)$ 和 $\dfrac{1}{f(x)}$.

4. 若 $f(x+1)=x^2+2x-3$，求 $f(x-1)$.

5. 设

$$f(x)=\begin{cases}2\sqrt{x}, & 0\leqslant x\leqslant 1,\\ 1+x, & x>1.\end{cases}$$

求 $f\left(\dfrac{1}{2}\right)$，$f(1)$ 和 $f(3)$.

6. 判断下列函数的奇偶性：

(1) $f(x)=\dfrac{e^x+e^{-x}}{2}$　　(2) $f(x)=\lg(\sqrt{x^2+1}+x)$

(3) $f(x)=x^2-3x+1$　　(4) $f(x)=|\sin x|$

(5) $f(x)=x+\sin x$　　(6) $f(x)=x(x-1)(x+1)$

7. 设 $f(x)=\dfrac{2x}{1-x}$，求 $f[f(x)]$ 和 $f\{f[f(x)]\}$.

8. 函数 $y=5^{(2x-1)^2}$ 由哪几个函数复合而成？

9. $f(x)=\sin x$，$f[\varphi(x)]=1-x^2$，求 $\varphi(x)$ 及其定义域．

10. 求下列函数的反函数：

(1) $y=7x-5$　　(2) $y=1+\lg(x+2)$

11. 设 $f(\sin x)=\cos 2x+1$，求 $f(x)$.

12. 设 $f(x)=\begin{cases}|\sin x|, & x<1\\ 0, & x\geqslant 1\end{cases}$，求 $f(1)$，$f\left(\dfrac{\pi}{4}\right)$，$f\left(\dfrac{\pi}{8}\right)$.

13. 下列函数由哪些简单函数复合而成？

(1) $y=\cos 5x$　　(2) $y=\sin^3 x$

(3) $y=\sqrt{\ln\arcsin x^3}$　　(4) $y=\tan^2\ln\sqrt{x}$

14. 用定义验证下列极限成立：

(1) $\lim\limits_{n\to\infty}\dfrac{2n-1}{n}=2$　　(2) $\lim\limits_{n\to\infty}\dfrac{1}{\sqrt{n}}=0$

15. 举例说明：如果数列$\{|x_n|\}$有极限，但数列$\{x_n\}$未必有极限.

16. 设 $f(x)=\begin{cases}x, |x|\leqslant 1\\ 1, |x|>1\end{cases}$，则讨论下述问题：

(1) $\lim\limits_{x\to 1^+} f(x)$, $\lim\limits_{x\to 1^-} f(x)$, $\lim\limits_{x\to -1^+} f(x)$, $\lim\limits_{x\to -1^-} f(x)$;

(2) $\lim\limits_{x\to 1} f(x)$, $\lim\limits_{x\to -1} f(x)$.

17. 设 $f(x)=\begin{cases}\dfrac{1}{x+1}, & x<0\\ 0, & x=0\\ x^2-2x, & 0<x\leqslant 2\\ 3x-6, & 2<x\end{cases}$，讨论下述问题：

(1) 求极限 $\lim\limits_{x\to 0^+} f(x)$, $\lim\limits_{x\to 0^-} f(x)$, $\lim\limits_{x\to 0} f(x)$;

(2) 求极限 $\lim\limits_{x\to 2^+} f(x)$, $\lim\limits_{x\to 2^-} f(x)$, $\lim\limits_{x\to 2} f(x)$;

(3) 求极限 $\lim\limits_{x\to -\infty} f(x)$, $\lim\limits_{x\to +\infty} f(x)$.

18. 用函数极限的定义证明下列极限：

(1) $\lim\limits_{x\to\infty}\dfrac{2x+3}{x}=2$

(2) $\lim\limits_{x\to\infty}\dfrac{1}{e^x+1}=0$

(3) $\lim\limits_{x\to 2}(3x-2)=4$

(4) $\lim\limits_{x\to 1}\dfrac{x^2-3x+2}{x-1}=-1$

19. 设 $f(x)=\begin{cases}2x-1, x<1\\ 3x+2, x\geqslant 1\end{cases}$，做出 $f(x)$的函数图像，并讨论当 $x\to 1$ 时，$f(x)$的左右极限.

20. 设 $f(x)=\begin{cases}1+x^2, x\leqslant 1\\ 3ax, \quad x>1\end{cases}$，如果$\lim\limits_{x\to 1} f(x)$存在，则求 a 的值.

21. 计算下列极限：

(1) $\lim\limits_{x\to 0}\dfrac{x^3+2x+5}{x+1}$

(2) $\lim\limits_{x\to 2}\dfrac{x^2+x-6}{x^2-4}$

(3) $\lim\limits_{x\to 0}\dfrac{\sqrt{x^2+1}-1}{x}$

(4) $\lim\limits_{x\to 0}\dfrac{4x^3-2x^2+x}{3x^2+2x}$

(5) $\lim\limits_{x\to\infty}\left(1+\dfrac{1}{x}\right)\left(2-\dfrac{1}{x^2}\right)$

(6) $\lim\limits_{x\to +\infty}\dfrac{\cos x}{e^x+e^{-x}}$

22. 计算下列极限：

(1) $\lim\limits_{x\to 0}\dfrac{\sin kx}{x}$

(2) $\lim\limits_{x\to 0}\dfrac{\sin 5x}{3x}$

(3) $\lim\limits_{x\to 0}\dfrac{1-\cos 2x}{x\sin x}$

(4) $\lim\limits_{x\to 2}\dfrac{\sin(x-2)}{x^2-4}$

(5) $\lim\limits_{x\to a}\dfrac{\sin x-\sin a}{x-a}$

23. 计算下列极限：

(1) $\lim\limits_{x\to 0}\left(\dfrac{2+x}{2-x}\right)^{\frac{1}{x}}$

(2) $\lim\limits_{x\to\infty}\left(1+\dfrac{k}{x}\right)^x$

(3) $\lim\limits_{x\to\infty}\left(\frac{x+1}{x-1}\right)^{x}$　　(4) $\lim\limits_{x\to\infty}\left(1+\frac{2}{x}\right)^{3x}$

(5) $\lim\limits_{x\to\infty}\left(\frac{x-2a}{x+a}\right)^{x}$

24. 利用等价无穷小代换求下列极限：

(1) $\lim\limits_{x\to0}\frac{(\arcsin x)^3}{x(1-\cos x)}$　　(2) $\lim\limits_{x\to0}\frac{\tan x-\sin x}{\sin^3 x}$

(3) $\lim\limits_{x\to0}\frac{\ln(1+2x)}{e^{3x}-1}$　　(4) $\lim\limits_{x\to0}\frac{\ln(1-2\sin x)}{x}$

(5) $\lim\limits_{x\to0}\left(\frac{1}{\sin x}-\frac{1}{\tan x}\right)$

25. 判断函数 $f(x)=\begin{cases}x\sin\frac{1}{x}, & x>0\\ x^2, & x\leqslant0\end{cases}$ 在 $x=0$ 处的连续性.

26. 确定 a、b，使 $f(x)=\begin{cases}\frac{\sin x}{x}, & x<0\\ a, & x=0\\ x\sin\frac{1}{x}+b, & x>0\end{cases}$ 在 $x=0$ 处连续.

27. 求下列函数的连续区间：

(1) $f(x)=\frac{x+1}{x^2-3x+2}$　　(2) $f(x)=\begin{cases}\frac{\sin x}{x}, & x\neq0\\ 0, & x=0\end{cases}$

28. 求出下列函数的间断点，并指出是哪类间断点：

(1) $f(x)=\begin{cases}\frac{1}{x}, & x\neq0\\ 0, & x=0\end{cases}$　　(2) $f(x)=\frac{x^2-1}{x^2-3x+2}$

(3) $f(x)=\sin\frac{1}{x-1}$　　(4) $f(x)=\begin{cases}x-1, & x\leqslant1\\ 3-x^2, & x>1\end{cases}$

29. 求下列函数的极限：

(1) $\lim\limits_{x\to0}\sqrt{x^2+3x+9}$　　(2) $\lim\limits_{x\to+\infty}(\sqrt{x^2+x}-\sqrt{x^2-x})$

(3) $\lim\limits_{x\to0}\ln\frac{\sin x}{x}$　　(4) $\lim\limits_{x\to\infty}\left(1+\frac{1}{x}\right)^{2x}$

(5) $\lim\limits_{x\to\frac{\pi}{6}}\ln(2\cos 2x)$　　(6) $\lim\limits_{x\to\infty}x\ln\left(\frac{x-1}{x+1}\right)$

(7) $\lim\limits_{x\to1}\frac{\sqrt{3x-2}-\sqrt{x}}{x-1}$　　(8) $\lim\limits_{x\to1}\frac{\sin x-\sin1}{x-1}$

(9) 设 $f(x)=\lim\limits_{n\to\infty}\left(1-\frac{x}{n}\right)^n$，求 $\lim\limits_{t\to1^+}f\left(\frac{1}{t-1}\right)$.

30. 利用极限存在准则证明 $\lim\limits_{n\to\infty}n\left(\frac{1}{n^2+\pi}+\cdots\cdots+\frac{1}{n^2+n\pi}\right)=1$.

31. 旅客乘坐飞机可免费携带不超过 20 千克的行李，若超过 20 千克，每千克交运费 a

元，试建立运费 y 与行李重量 x 的函数关系.

32. 某工厂生产某种商品，年常量为 Q 台，每台定价为 100 元，当年产品超过 800 台时，超过的部分只能打九折销售，这样可以多售出 200 台，如果再多生产，本年内就销售不出去了.试写出销售总收益 R 与年产量 Q 的函数关系.

33. 已知某产品价格 P 和需求量 Q 有关系式 $3P+Q=60$，求：

(1)需求函数 $Q(P)$ 并做图；

(2)总收益函数 $R(Q)$ 并做图；

(3)需求量为多少时，总收益最大?

34. 某货运公司规定货物的每吨公里运价为：在 100 千米以内为 a 元，超过 100 千米时，超出部分为 $\frac{4}{5}a$ 元.试写出每吨货物运价 P 与里程(单位：千米)之间的函数关系式.

35. 证明：方程 $x\cdot 2^x=1$ 至少有一个小于 1 的正根.

第二章

导数与微分

微分学是微积分的重要组成部分，其基本概念是导数与微分。本章主要介绍导数和微分的概念及其计算方法。

第一节 导数的概念

一、引例

在实际生活中，经常需要描述函数相对于自变量的变化而变化的快慢问题，即函数的变化率。我们先从变速直线运动的速度问题、曲线的切线出发，引出导数的概念。

1. 变速直线运动的瞬时速度

一个质点在一条直线上运动，所经过的路程 s 是时间 t 的函数 $s=f(t)$.

如果质点是做匀速直线运动，则质点的运动速度 v 等于路程 s 与时间 t 之比，即：

$$v=\frac{s}{t}$$

如果质点是做变速直线运动，则质点的速度随时间变化而变化. 现讨论质点在某一时刻 $t=t_0$ 时的速度 $v(t)=v(t_0)$ 即瞬时速度.

从时刻 t_0 到 $t_0+\Delta t$ 这段时间间隔内，质点从位置 $s=f(t_0)$ 移动到 $s=f(t_0+\Delta t)$，质点经过的路程为：

$$\Delta s=f(t_0+\Delta t)-f(t_0)$$

质点的平均速度为：

$$\bar{v}=\frac{f(t_0+\Delta t)-f(t_0)}{\Delta t}$$

当 Δt 较小时，平均速度 $\bar{v}$ 可近似地表示质点在时刻 t_0 的速度.且 Δt 越小，这种近似程度也越好.

令 $\Delta t \to 0$，如果 $\lim\limits_{\Delta t \to 0}\dfrac{f(t_0+\Delta t)-f(t_0)}{\Delta t}$ 存在，则称平均速度 $\bar{v}$ 的极限为质点在时刻 t_0 的瞬时速度，即 $v(t_0)=\lim\limits_{\Delta t \to 0}\dfrac{f(t_0+\Delta t)-f(t_0)}{\Delta t}$.

2. 平面曲线的切线问题

切线的一般定义：设有曲线 C：$y=f(x)$ 及 C 上的一点 M（图 2—1），在点 M 外另取 C 上一点 N，做割线 MN，当点 N 沿曲线 C 逐渐趋于点 M 时，割线 MN 绕点 M 旋转，而逐渐趋于极限位置 MT，直线 MT 就称为曲线 C 在点 M 处的切线.

这里极限位置的含义是，只要弦长 $|MN|$ 趋于零，$\angle NMT$ 也趋于零.

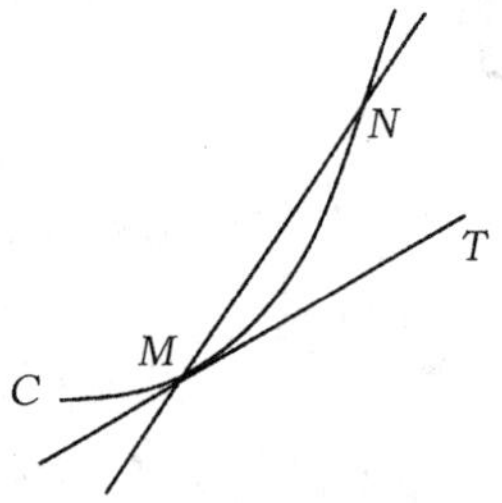

图 2—1

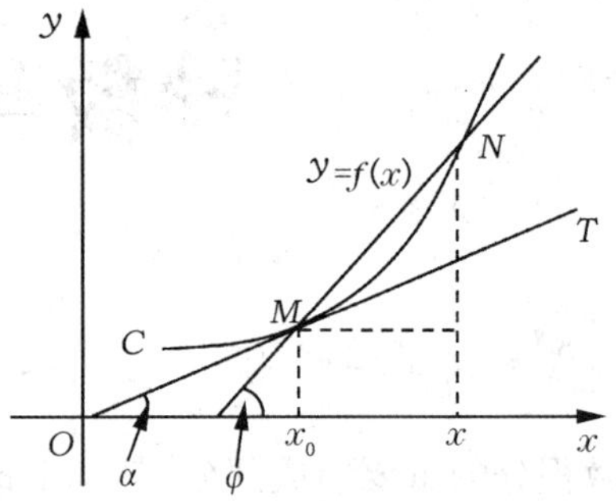

图 2—2

设 $M(x_0, y_0)$ 是曲线 C 上的一点（图 2—2），则 $y_0=f(x_0)$.在点 M 外另取 C 上一点 $N(x, y)$，割线 MN 的斜率为：

$$k_{MN}=\tan\varphi=\frac{y-y_0}{x-x_0}=\frac{f(x)-f(x_0)}{x-x_0}$$

其中，φ 为割线 MN 的倾角，当点 N 沿曲线 C 趋于点 M 时，$x \to x_0$，如果 $\lim\limits_{x \to x_0}\dfrac{f(x)-f(x_0)}{x-x_0}$ 存在，则此极限就是切线 MT 的斜率 $k=\tan\alpha$，其中 α 是切线 MT 的倾角.

上面两个实际问题，虽然其实际意义不同，但解决问题的方法相同，都归结为求函数增量与自变量增量之比的极限：

$$\lim_{x \to x_0}\frac{f(x)-f(x_0)}{x-x_0}$$

或

$$\lim_{\Delta x \to 0}\frac{f(x_0+\Delta x)-f(x_0)}{\Delta x}$$

其中，$\Delta x=x-x_0$，称为自变量增量；$\Delta y=f(x)-f(x_0)=f(x_0+\Delta x)-f(x_0)$，称为相应于自变量增量 Δx 的函数增量.在物理学、化学、生物学、经济学等科学领域中，还有许多实际问题，如线密度、电流、反应速度等，都可归结为函数对于自变量的变化率即函数的导数.

二、导数的定义

定义 2.1 设函数 $y=f(x)$在点 x_0 的某一邻域内有定义，当自变量 x 在 x_0 处有增量 Δx（$x_0+\Delta x$ 也在该邻域内）时，相应地函数有增量 $\Delta y=f(x_0+\Delta x)-f(x_0)$，若 Δy 与 Δx 之比当 $\Delta x\to 0$ 时极限存在，则称函数 $y=f(x)$在点 x_0 处可导，这个极限值为 $y=f(x)$在 x_0 处的导数。记为：$f'(x_0)$，即：

$$f'(x_0)=\lim_{\Delta x\to 0}\frac{\Delta y}{\Delta x}=\lim_{\Delta x\to 0}\frac{f(x_0+\Delta x)-f(x_0)}{\Delta x}$$

还可记为：

$$y'\big|_{x=x_0},\quad \left.\frac{\mathrm{d}y}{\mathrm{d}x}\right|_{x=x_0} \text{或} \left.\frac{\mathrm{d}f(x)}{\mathrm{d}x}\right|_{x=x_0}$$

反之，若 $\lim\limits_{\Delta x\to 0}\dfrac{f(x_0+\Delta x)-f(x_0)}{\Delta x}$ 极限不存在，就称函数 $y=f(x)$在点 x_0 处不可导．若函数 $f(x)$在区间(a,b)内每一点都可导，就称函数 $f(x)$在区间(a,b)内可导．这时函数 $y=f(x)$对于区间(a,b)内的每一个确定的 x 值，都对应着一个确定的导数，这就构成一个新的函数，我们称这个函数为原来函数 $y=f(x)$的导函数，记作 y'，$f'(x)$，$\dfrac{\mathrm{d}y}{\mathrm{d}x}$或 $\dfrac{\mathrm{d}f(x)}{\mathrm{d}x}$.

导函数的定义式即为：

$$f'(x)=\lim_{\Delta x\to 0}\frac{f(x+\Delta x)-f(x)}{\Delta x}$$

注意 导函数的定义式可取不同的形式，常见的有：

$$f'(x)=\lim_{h\to 0}\frac{f(x+h)-f(x)}{h}$$

在上述两式中，虽然 x 可以取区间内的任何数值，但在极限过程中，x 是常量，Δx 或 h 是变量.

此外，函数 $y=f(x)$在点 x_0 处的导数 $f'(x_0)$即为导函数 $f'(x)$在点 $x=x_0$ 处的函数值，即：

$$f'(x_0)=f'(x)\big|_{x=x_0}$$

导函数 $f'(x)$简称导数，而 $f'(x_0)$是 $f(x)$在点 x_0 处的导数或导数 $f'(x)$在 x_0 处的值.

根据函数 $f(x)$在点 x_0 处的导数 $f'(x_0)$的定义，导数

$$f'(x_0)=\lim_{\Delta x\to 0}\frac{f(x_0+\Delta x)-f(x_0)}{\Delta x}$$

是一个极限，而极限存在的充分必要条件是左、右极限都存在且相等，因此，$f'(x_0)$存在即 $y=f(x)$在点 x_0 处可导的充分必要条件是左、右极限

$$\lim_{\Delta x\to 0^-}\frac{f(x_0+\Delta x)-f(x_0)}{\Delta x} \quad \text{及} \quad \lim_{\Delta x\to 0^+}\frac{f(x_0+\Delta x)-f(x_0)}{\Delta x}$$

都存在且相等。这两个极限分别称为函数 $f(x)$在点 x_0 处的左导数和右导数，记为 $f'_-(x_0)$和 $f'_+(x_0)$，即：

$$f'_-(x_0)=\lim_{\Delta x\to 0^-}\frac{f(x_0+\Delta x)-f(x_0)}{\Delta x},\quad f'_+(x_0)=\lim_{\Delta x\to 0^+}\frac{f(x_0+\Delta x)-f(x_0)}{\Delta x}$$

由此可知，函数 $f(x)$在点 x_0 处可导的充分必要条件是左导数 $f'_-(x_0)$和右导数 $f'_+(x_0)$

都存在且相等.

左导数和右导数统称为单侧导数.

需要说明的是,如果称函数 $f(x)$ 在闭区间 $[a,b]$ 内可导,指的是 $f(x)$ 在区间 (a,b) 内可导,且 $f'_{+}(a)$ 与 $f'_{-}(b)$ 都存在.

根据导数的定义求 $y=f(x)$ 的导数,一般可分为下面三个步骤:

(1)求函数的增量 $\Delta y=f(x+\Delta x)-f(x)$;

(2)求两个增量的比值 $\dfrac{\Delta y}{\Delta x}$;

(3)求极限 $\lim\limits_{\Delta x\to 0}\dfrac{\Delta y}{\Delta x}$.

例 1 求函数 $f(x)=C$(C 为常数)的导数.

解 (1) $\Delta y=f(x+\Delta x)-f(x)=C-C=0$;

(2) $\dfrac{\Delta y}{\Delta x}=0$;

(3) $y'=\lim\limits_{\Delta x\to 0}\dfrac{\Delta y}{\Delta x}=0$.

即
$$(C)'=0$$

这就是说,常数的导数等于零.

例 2 求函数 $f(x)=x^3$ 的导数.

解 (1) $\Delta y=f(x+\Delta x)-f(x)=(x+\Delta x)^3-(x)^3=3x^2\Delta x+3x(\Delta x)^2+(\Delta x)^3$;

(2) $\dfrac{\Delta y}{\Delta x}=\dfrac{3x^2\Delta x+3x(\Delta x)^2+(\Delta x)^3}{\Delta x}=3x^2+3x(\Delta x)+(\Delta x)^2$;

(3) $f'(x)=\lim\limits_{\Delta x\to 0}[3x^2+3x(\Delta x)+(\Delta x)^2]=3x^2$.

即
$$(x^3)'=3x^2$$

对于一般的幂函数 $y=x^{\alpha}(\alpha\in R)$,有下面的求导公式:
$$(x^{\alpha})'=\alpha x^{\alpha-1}$$

例 3 求下列函数的导数:

(1) $y=\sqrt{x}$; (2) $y=\dfrac{1}{x}$; (3) $y=\dfrac{\sqrt{x}}{\sqrt[3]{x}}$.

解 (1) $y'=(\sqrt{x})'=(x^{\frac{1}{2}})'=\dfrac{1}{2}x^{-\frac{1}{2}}=\dfrac{1}{2\sqrt{x}}$;

(2) $y'=\left(\dfrac{1}{x}\right)'=(x^{-1})'=-1x^{-2}=-\dfrac{1}{x^2}$;

(3) $y'=\left(\dfrac{\sqrt{x}}{\sqrt[3]{x}}\right)'=(x^{\frac{1}{6}})'=\dfrac{1}{6}x^{-\frac{5}{6}}=\dfrac{1}{6\sqrt[6]{x^5}}$.

上例中两个函数的导数:$(\sqrt{x})'=\dfrac{1}{2\sqrt{x}}$,$\left(\dfrac{1}{x}\right)'=-\dfrac{1}{x^2}$,今后常要用到,应熟记.

例 4 求函数 $f(x)=a^x$ 的导数.

解 (1) $\Delta y=f(x+\Delta x)-f(x)=a^{x+\Delta x}-a^x=a^x(a^{\Delta x}-1)$;

(2) $\dfrac{\Delta y}{\Delta x}=\dfrac{a^x(a^{\Delta x}-1)}{\Delta x}=a^x\,\dfrac{(a^{\Delta x}-1)}{\Delta x}$;

$$(3) f'(x)=\lim_{\Delta x\to 0} a^x \frac{(a^{\Delta x}-1)}{\Delta x}=a^x \lim_{\Delta x\to 0}\frac{(a^{\Delta x}-1)}{\Delta x}=a^x \ln a.$$

[利用第一章第七节例 11(2)]

即
$$(a^x)'=a^x \ln a$$

特别地，当 $a=e$ 时，因 $\ln e=1$，故有 $(e^x)'=e^x$.

上式表明，以 e 为底的指数的导数就是它自己，这是以 e 为底的指数函数的一个重要特性.

例 5 求 $f(x)=\log_a x$ 的导数.

解 $(1)\Delta y=\log_a(x+\Delta x)-\log_a x=\log_a\left(1+\frac{\Delta x}{x}\right)$;

$$(2)\frac{\Delta y}{\Delta x}=\frac{\log_a\left(1+\frac{\Delta x}{x}\right)}{\Delta x}=\frac{1}{x}\log_a\left(1+\frac{\Delta x}{x}\right)^{\frac{x}{\Delta x}};$$

$$(3) y'=\lim_{\Delta x\to 0}\frac{\Delta y}{\Delta x}=\lim_{\Delta x\to 0}\left[\frac{1}{x}\log_a\left(1+\frac{\Delta x}{x}\right)^{\frac{x}{\Delta x}}\right]=\frac{1}{x}\log_a e=\frac{1}{x\ln a}.$$

即
$$(\log_a x)'=\frac{1}{x\ln a}$$

特别地，当 $a=e$ 时，得 $(\ln x)'=\frac{1}{x}$.

例 6 求 $f(x)=\sin x$ 的导数.

解 $(1)\Delta y=\sin(x+\Delta x)-\sin x=2\cos\left(x+\frac{\Delta x}{2}\right)\sin\frac{\Delta x}{2}$;

$$(2)\frac{\Delta y}{\Delta x}=\frac{2\cos\left(x+\frac{\Delta x}{2}\right)\sin\frac{\Delta x}{2}}{\Delta x}=\cos\left(x+\frac{\Delta x}{2}\right)\frac{\sin\frac{\Delta x}{2}}{\frac{\Delta x}{2}};$$

$$(3) y'=\lim_{\Delta x\to 0}\frac{\Delta y}{\Delta x}=\lim_{\Delta x\to 0}\cos\left(x+\frac{\Delta x}{2}\right)\frac{\sin\frac{\Delta x}{2}}{\frac{\Delta x}{2}}$$

$$=\lim_{\Delta x\to 0}\cos\left(x+\frac{\Delta x}{2}\right)\cdot\lim_{\Delta x\to 0}\frac{\sin\frac{\Delta x}{2}}{\frac{\Delta x}{2}}=\cos x.$$

即
$$(\sin x)'=\cos x$$

同理可得
$$(\cos x)'=-\sin x$$

三、导数的几何意义

由平面曲线的切线斜率问题的讨论和导数的定义知，函数 $y=f(x)$ 在 x_0 处的导数 $f'(x_0)$ 在几何上表示曲线 $y=f(x)$ 在点 $M(x_0,y_0)$ 处的切线的斜率。即：

$$\tan\alpha=f'(x_0)$$

由此得，曲线 $y=f(x)$ 在点 $M(x_0,y_0)$ 处的切线方程为：

$$y-y_0=f'(x_0)(x-x_0)$$

法线方程为：

$$y-y_0=-\frac{1}{f'(x_0)}(x-x_0)\ (f'(x_0)\neq 0)$$

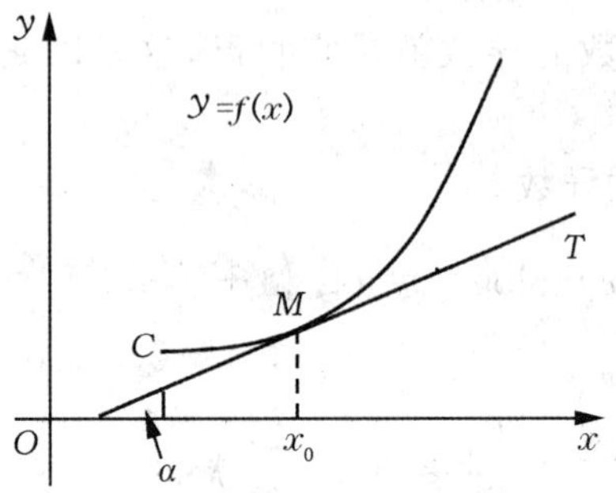

图 2—3

当 $f'(x_0)=0$ 时，切线为平行于 x 轴的直线 $y=f(x_0)$，法线为垂直于 x 轴的直线 $x=x_0$；当 $f'(x_0)=\infty$ 时，切线为垂直于 x 轴的直线 $x=x_0$，法线为平行于 x 轴的直线 $y=f(x_0)$；当 $f'(x_0)$ 不存在且又不是无穷大时，没有切线。

例 7 求抛物线 $y=x^2$ 在点(1,1)处的切线方程和法线方程。

解 切点的坐标为 $x_0=1, y_0=1$，切线的斜率为 $k=y'|_{x=1}=2x|_{x=1}=2$，因此，所求的切线方程为：

$$y-1=2(x-1)\text{，即 } y=2x-1$$

法线方程为：

$$y-1=-\frac{1}{2}(x-1)\text{，即 } y=-\frac{1}{2}x+\frac{3}{2}$$

四、函数可导性与连续的关系

连续和可导都是用极限定义的概念，所有的初等函数在其定义区间内都是连续的，那么函数的连续性与可导性有什么联系呢？可以证明，如果函数 $f(x)$ 在点 x_0 处可导，那么 $f(x)$ 在点 x_0 处连续；反之，若函数 $f(x)$ 在点 x_0 处连续，则 $f(x)$ 在点 x_0 处不一定可导。这里介绍一个今后要用到的例子．

例 8 函数 $y=|x|=\begin{cases} x, & x\geqslant 0 \\ -x, & x<0 \end{cases}$ 在 $x=0$ 处连续但不可导．

显然，$y=|x|$ 在 $x=0$ 处连续，下面说明它在 $x=0$ 处不可导，这是因为：

$$\Delta y=|0+\Delta x|-|0|=|\Delta x|$$

$$\lim_{\Delta x\to 0^+}\frac{\Delta y}{\Delta x}=\lim_{\Delta x\to 0^+}\frac{|\Delta x|}{\Delta x}=\lim_{\Delta x\to 0^+}\frac{\Delta x}{\Delta x}=1$$

$$\lim_{\Delta x\to 0^-}\frac{\Delta y}{\Delta x}=\lim_{\Delta x\to 0^-}\frac{|\Delta x|}{\Delta x}=\lim_{\Delta x\to 0^-}\frac{-\Delta x}{\Delta x}=-1$$

即当 $\Delta x\to 0$ 时，左、右极限存在但不相等，所以极限 $\lim\limits_{\Delta x\to 0}\frac{\Delta y}{\Delta x}$ 不存在，也就是说，函数 $y=|x|$ 在 $x=0$ 处不可导．

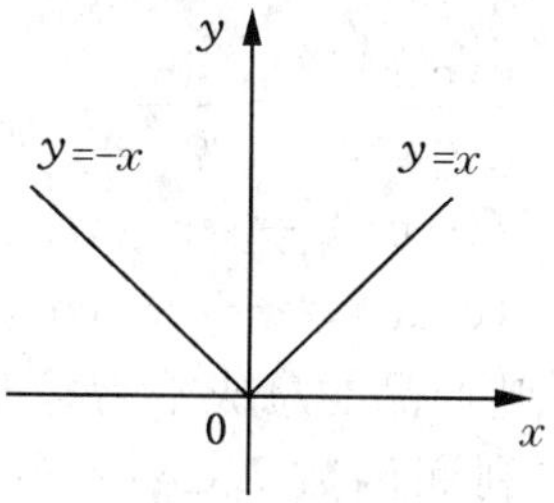

图 2—4

由于导数不存在且又不是无穷大，故在原点没有切线，如图 2－4 所示，这时函数 $y=|x|$ 的图形在原点 O 处出现“尖点”. 如果函数在一个区间内可导，则其图形不出现“尖点”，是一条连续的光滑曲线.

第二节　函数的求导法则和基本求导公式

在本节中，将介绍求导的几个基本法则以及前一节中未讨论过的几个基本初等函数的导数公式. 利用这些法则和基本初等函数的导数公式，就能比较方便地求出常见的初等函数的导数.

一、函数的和、差、积、商的求导法则

定理 2.1　设函数 $u=u(x)$ 和 $v=v(x)$ 在点 x 处可导，则它们的和、差、积、商（分母不为零）在点 x 处也可导，且

(1) $[u(x)\pm v(x)]'=u(x)'\pm v(x)'$；

(2) $[u(x)v(x)]'=u(x)'v(x)+u(x)v(x)'$，特别地，$(Cu)'=Cu'$（$C$ 为常数）；

(3) $\left[\dfrac{u(x)}{v(x)}\right]'=\dfrac{u(x)'v(x)-u(x)v(x)'}{v(x)^2}(v(x)\neq0)$，特别地，$\left(\dfrac{1}{v(x)}\right)'=-\dfrac{v(x)'}{v(x)^2}$.

证明从略.

定理 2.1 中法则 (1)、(2) 均可以推广到有限多个函数的情形 . 例如，设 $u=u(x)$、$v=v(x)$、$w=w(x)$ 均可导，则有：

$$(u\pm v\pm w)'=u'\pm v'\pm w',(uvw)'=u'vw+uv'w+uvw'$$

但法则 3 不能推广到有限多个函数的情形，特别要注意负号.

例 1　设 $f(x)=x^3+2^x+2\sin x$，求 $f'(x)$.

解　$f'(x)=(x^3)'+(2^x)'+(2\sin x)'=3x^2+2^x\ln2+2\cos x$

例 2　求 $y=\tan x$ 的导数.

解　$y'=(\tan x)'=\left(\dfrac{\sin x}{\cos x}\right)'=\dfrac{(\sin x)'\cos x-\sin x\,(\cos x)'}{\cos^2 x}$

$$=\frac{\cos^2 x+\sin^2 x}{\cos^2 x}=\sec^2 x$$

即

$$(\tan x)'=\sec^2 x$$

同理可得

$$(\cot x)'=-\csc^2 x$$

例 3 求 $y=\sec x$ 的导数.

解 $y'=(\sec x)'=\left(\dfrac{1}{\cos x}\right)'=-\dfrac{(\cos x)'}{\cos^2 x}=\dfrac{\sin x}{\cos^2 x}=\sec x\tan x$

即
$$(\sec x)'=\sec x\tan x$$
同理可得
$$(\csc x)'=-\csc x\cot x$$

例 4 已知某企业每月生产 x 吨产品的总成本为 C 千元，$C=C(x)=x^2-10x+20$.如果每吨产品的销售价格为 2 万元，求利润函数 $L(x)$ 及其导数 $L'(x)$，以及 $L'(8)$，$L'(15)$，$L'(20)$，并对结果进行说明.

解 利润＝收入－成本，所以利润函数为：
$$L(x)=20x-(x^2-10x+20)=-x^2+30x-20$$
从而
$$L'(x)=-2x+30$$
$$L'(8)=-2\times 8+30=14(\text{千元/吨})$$
$$L'(15)=-2\times 15+30=0(\text{千元/吨})$$
$$L'(20)=-2\times 20+30=-10(\text{千元/吨})$$

在经济分析中，通常把导数叫做“边际”，利润函数 $L(x)$ 的导数 $L'(x)$ 在经济学中称为边际利润，边际利润 $L'(x)$ 的经济意义是，在产量为 x 时，每增加或减少一个单位产品而使利润变动的数值.

说明：当月产量为 8 吨时，再生产 1 吨，利润将增加 1.4 万元；当月产量为 15 吨时，再生产 1 吨，利润将不会增加；当月产量为 20 吨时，再生产 1 吨，利润将减少 1 万元；也就是说，该企业不能单靠增加产量来提高利润.

二、反函数的求导法则

定理 2.2 设函数 $x=f(y)$ 单调、可导且 $f'(y)\neq 0$，则它的反函数 $y=f^{-1}(x)$ 也可导，且
$$[f^{-1}(x)]'=\frac{1}{f'(y)}\text{或}\frac{\mathrm{d}y}{\mathrm{d}x}=\frac{1}{\dfrac{\mathrm{d}x}{\mathrm{d}y}}$$
上式可简单说成：反函数的导数等于直接函数导数的倒数.

证明从略.

上述结论可以简单地表述成：反函数的导数等于直接函数导数的倒数.

例 5 求 $y=\ln x$ 的导数.

解 $y=\ln x$ 的反函数为 $x=e^y$，且 $x=e^y$ 满足定理 2.2 的条件，所以：
$$(\ln x)'=\frac{1}{(e^y)'}=\frac{1}{e^y}=\frac{1}{x}$$
即
$$(\ln x)'=\frac{1}{x}$$

例 6 求 $y=\arcsin x\,(-1<x<1)$ 的导数.

解 $y=\arcsin x\,(-1<x<1)$ 的反函数为 $x=\sin y\left(-\dfrac{\pi}{2}<y<\dfrac{\pi}{2}\right)$，且 $x=\sin y$ 满足定理 2.2 的条件，所以：
$$(\arcsin x)'=\frac{1}{(\sin y)'}=\frac{1}{\cos y}=\frac{1}{\sqrt{1-\sin^2 y}}=\frac{1}{\sqrt{1-x^2}}$$

即
$$(\arcsin x)'=\frac{1}{\sqrt{1-x^2}}$$
类似地，可求得：
$$(\arccos x)'=-\frac{1}{\sqrt{1-x^2}}$$
$$(\arctan x)'=\frac{1}{1+x^2}$$
$$(\operatorname{arccot} x)'=-\frac{1}{1+x^2}$$

三、复合函数的求导法则

定理 2.3 设函数 $u=\varphi(x)$在 x 点可导，函数 $y=f(u)$在相应的 u 点可导，则复合函数 $y=f[\varphi(x)]$在 x 点可导，且其导数为：
$$\frac{dy}{dx}=\frac{dy}{du}\cdot\frac{du}{dx}\quad 或\quad \frac{dy}{dx}=f'(u)\cdot\varphi'(x)$$
即复合函数的导数等于函数对中间变量的导数乘以中间变量对自变量的导数.

证明从略.

上式中，我们也可把$\frac{dy}{dx}=\frac{dy}{du}\cdot\frac{du}{dx}$写成 $y'_x=y'_u\cdot u'_x$.

例 7 求 $y=\sin(ax^2+1)$的导数.

解 $y=\sin(ax^2+1)$由 $y=\sin u$，$u=ax^2+1$ 复合而成，因为：
$$y'_u=\cos u,u'_x=2ax$$
所以：
$$y'_x=y'_u\cdot u'_x=\cos u\cdot 2ax=2ax\cos(ax^2+1)$$

例 8 设 $y=e^{\tan x}$，求$\frac{dy}{dx}$.

解 $y=e^{\tan x}$由 $y=e^u$，$u=\tan x$ 复合而成，因为：
$$\frac{dy}{du}=e^u,\frac{du}{dx}=\sec^2 x$$
所以：
$$\frac{dy}{dx}=\frac{dy}{du}\cdot\frac{du}{dx}=e^u\cdot\sec^2 x=e^{\tan x}\sec^2 x$$

复合函数的求导法则可以推广到多个中间变量的情形.例如，设 $y=f(u)$，$u=\varphi(v)$，$v=\psi(x)$均可导，则复合函数 $y=f\{\varphi[\psi(x)]\}$的导数为：
$$\frac{dy}{dx}=\frac{dy}{du}\cdot\frac{du}{dv}\cdot\frac{dv}{dx}\quad 或\quad \frac{dy}{dx}=f'(u)\cdot\varphi'(v)\cdot\psi'(x)$$

例 9 求 $y=\ln\cos e^x$ 的导数.

解 $y=\ln\cos e^x$ 由 $y=\ln u$，$u=\cos v$，$v=e^x$ 复合而成，因为：
$$y'_u=\frac{1}{u},u'_v=-\sin v,v'_x=e^x$$
所以：
$$y'_x=y'_u\cdot u'_v\cdot v'_x=\frac{1}{\cos e^x}\cdot(-\sin e^x)\cdot e^x=-e^x\tan e^x.$$

从上面三个例子看出，求复合函数的导数时，首先要分析所给函数是由哪些函数复合形成的，然后求出函数对中间变量的导数以及中间变量对自变量的导数，最后应用复合函数的求导法则，就可以求出所给函数的导数.

对复合函数的分解比较熟练后，可以不写出中间变量，而把中间变量看在眼里，记在心上，由外到内，逐层求导，“层层求导，注意对象”.

例 10 求 $y=[\sin(\omega x+\varphi)]^n$ 的导数.

解
$$\begin{aligned} y' &= \{[\sin(\omega x+\varphi)]^n\}' = n[\sin(\omega x+\varphi)]^{n-1}\cdot\sin(\omega x+\varphi)' \\ &= n[\sin(\omega x+\varphi)]^{n-1}\cdot\cos(\omega x+\varphi)\cdot(\omega x+\varphi)' \\ &= n\omega[\sin(\omega x+\varphi)]^{n-1}\cdot\cos(\omega x+\varphi) \end{aligned}$$

例 11 求 $y=\sqrt{x^2+1}$ 的导数.

解
$$y'=(\sqrt{x^2+1})'=\frac{1}{2\sqrt{x^2+1}}\cdot(x^2+1)'=\frac{1}{2\sqrt{x^2+1}}\cdot 2x=\frac{x}{\sqrt{x^2+1}}$$

例 12 求 $y=(\arctan 2x)^2$ 的导数.

解
$$\begin{aligned} y' &= [(\arctan 2x)^2]' = 2\arctan 2x\cdot(\arctan 2x)' \\ &= 2\arctan 2x\cdot\frac{1}{1+(2x)^2}\cdot(2x)' \\ &= 2\arctan 2x\cdot\frac{1}{1+4x^2}\cdot 2=\frac{4\arctan 2x}{1+4x^2} \end{aligned}$$

第三节 高阶导数

在上一节中，我们知道函数 $y=f(x)$ 的导函数 $y'=f'(x)$ 仍为 x 的函数. 若我们将导函数再对 x 求导，就得到了二阶导数，即有如下定义：

定义 3.1 如果函数 $y=f(x)$ 的导数 $f'(x)$ 在点 x 处可导，即
$$(f'(x))'=\lim_{\Delta x\to 0}\frac{f'(x+\Delta x)-f'(x)}{\Delta x}$$
存在，则称 $(f'(x))'$ 为函数 $f(x)$ 在点 x 处的二阶导数，记为：
$$y'',\ f''(x),\ \frac{\mathrm{d}^2 y}{\mathrm{d}x^2} \quad 或 \quad \frac{\mathrm{d}^2 f(x)}{\mathrm{d}x^2}$$

类似地，二阶导数的导数称为三阶导数，记为：
$$y''',\ f'''(x),\ \frac{\mathrm{d}^3 y}{\mathrm{d}x^3} \quad 或 \quad \frac{\mathrm{d}^3 f(x)}{\mathrm{d}x^3}$$

一般地，$f(x)$ 的 $n-1$ 阶导数的导数称为 $f(x)$ 的 n 阶导数，记为：
$$y^{(n)},\ f^{(n)}(x),\ \frac{\mathrm{d}^n y}{\mathrm{d}x^n} \quad 或 \quad \frac{\mathrm{d}^n f(x)}{\mathrm{d}x^n}$$

函数 $f(x)$ 具有 n 阶导数，也称为函数 $f(x)$ n 阶可导. 若 $f(x)$ 在点 x 处 n 阶可导，那么 $f(x)$ 在点 x 处必定具有一切低于 n 阶的导数. 二阶及二阶以上的导数统称高阶导数.

例 1 设 $y=ax+b$，求 y''.

解 $y'=a$，$y''=0$.

例 2 设 $y=x\ln x$，求 $y''|_{x=2}$.

解
$$y'=x'\ln x+x(\ln x)'=\ln x+1$$
$$y''=(\ln x+1)'=\frac{1}{x}$$
$$y''|_{x=2}=\frac{1}{2}$$

例 3　求 $y=e^x$ 的 n 阶导数。

解　$y'=e^x$，$y''=e^x\cdots$显然对任意正整数 n，有 $y^{(n)}=e^x$.

例 4　求 $y=\sin x$ 的 n 阶导数 .

解

$$y'=\cos x=\sin\left(\frac{1\cdot\pi}{2}+x\right)$$
$$y''=-\sin x=\sin\left(\frac{2\cdot\pi}{2}+x\right),y'''=-\cos x=\sin\left(\frac{3\cdot\pi}{2}+x\right)$$
$$y^{(4)}=\sin x=\sin\left(\frac{4\cdot\pi}{2}+x\right),y^{(5)}=-\cos x=\sin\left(\frac{5\cdot\pi}{2}+x\right)$$
$$\cdots y^{(n)}=\sin\left(\frac{n\cdot\pi}{2}+x\right)$$

同理可得：

$$(\cos x)^{(n)}=\cos\left(\frac{n\pi}{2}+x\right)$$

例 5　求函数 $y=\ln x$ 的 n 阶导数.

解

$$y'=\frac{1}{x}=(-1)^0\ \frac{1}{x}$$
$$y''=-\frac{1}{x^2}=(-1)^1\ \frac{1}{x^2}$$
$$y'''=\frac{2}{x^3}=(-1)^2\ \frac{2!}{x^3}$$
$$y^{(4)}=(-1)^3\ \frac{3!}{x^4}$$
$$\cdots$$

一般地，对任意正整数 n，有 $y^{(n)}=(-1)^{n-1}\dfrac{(n-1)!}{x^n}$.

通常规定 $0!=1$，所以，上式中当 $n=1$ 时也成立.

例 6　求幂函数 $y=x^u$（u 是任意常数）的 n 阶导数公式.

解　$y=x^\mu$，$y'=\mu x^{\mu-1}$，$y''=\mu(\mu-1)x^{\mu-2}$，$y'''=\mu(\mu-1)(\mu-2)x^{\mu-3}$，
$y^{(4)}=\mu(\mu-1)(\mu-2)(\mu-3)x^{\mu-4}$

以此类推，可得：

$$y^{(n)}=\mu(\mu-1)(\mu-2)\cdots(\mu-n+1)x^{\mu-n}$$

即：

$$(x^\mu)^{(n)}=\mu(\mu-1)(\mu-2)\cdots(\mu-n+1)x^{\mu-n}$$

当 $\mu=n$ 时：

$$(x^n)^{(n)}=n(n-1)(n-2)\cdots 3\cdot 2\cdot 1=n!$$

而
$$(x^n)^{(n+1)}=0$$

由此可见，求高阶导数就是多次接连地求导数. 因此，上一节所学的求导法在高阶导数中相类似.

设函数 $u=u(x)$ 及 $v=v(x)$ 都在点 x 处具有 n 阶导数，那么，显然 $u(x)\pm v(x)$ 也在点 x 处具有 n 阶导数，且 $(u\pm v)^{(n)}=u^{(n)}\pm v^{(n)}$.

但值得注意的是，两个函数乘积 $u(x)\cdot v(x)$ 的 n 阶导数并不能简单类推.

$u(x)\cdot v(x)$ 的 n 阶导数满足下式：

$$(uv)^{(n)}=u^{(n)}v^{(0)}+C_n^1u^{(n-1)}v^{(1)}+C_n^2u^{(n-2)}v^{(2)}+\cdots+C_n^ku^{(n-k)}v^{(k)}+\cdots+u^{(o)}v^{(n)}$$
$$=\sum_{K=0}^{n}C_n^ku^{(n-k)}v^{(k)}$$

其中，$u^{(0)}=u$，$v^{(0)}=v$.

上式称为莱布尼兹(Leibniz)公式. 这个公式与二项式展开做一比较可见：

$$(u+v)^n=u^nv^0+C_n^1u^{n-1}v^1+\cdots C_n^ku^{n-k}v^k+\cdots+u^ov^n=\sum_{k=0}^{n}C_n^ku^{n-k}v^k$$

两者在形式上有相似之处. 把 k 次幂换成 k 阶导数(零阶导数理解成函数本身)，再把左端的 $u+v$ 换成 uv 即可.

例 7 $y=x^2e^x$，求 $y^{(n)}$.

解 设 $u=e^x$，$v=x^2$，则：

$$u^{(k)}=e^x, v'=2x, v''=2, v^{(k)}=0(k\geqslant 3)$$

由莱布尼兹公式，得：

$$y^{(n)}=(x^2e^x)^{(n)}=x^2\cdot e^x+n\cdot 2x\cdot e^x+\frac{n(n-1)}{2}\cdot 2\cdot e^x=e^x(x^2+2nx+n^2-n)$$

第四节 隐函数及由参数方程所确定的函数的导数

一、隐函数的导数

函数 $y=f(x)$ 表示两个变量 y 与 x 之间的对应关系，这种对应关系可以用各种不同的方式表达.前面我们遇到的函数，如 $y=(\arctan 2x)^2$，$y=\ln\cos e^x$ 等，这种函数表达式的特点是：等号左端是因变量的符号，右端是含有自变量的式子，当自变量取定义域内任一值时，由这个式子能确定对应的函数值.用这种方式表达的函数叫做显函数.但是，有些函数的表达式却不是这样，如方程 $y-x^3+2^x+2\sin x=0$ 表示一个函数，因为当自变量 x 在$(-\infty,+\infty)$内取值时，变量 y 有唯一确定的值与之对应，这样的函数称为隐函数.

一般地，如果变量 x，y 之间的函数关系是由某一个方程 $F(x,y)=0$ 所确定，那么这种函数就叫做由方程所确定的隐函数.

把一个隐函数化成显函数，叫做隐函数的显化。例如，从方程 $x^2+y^3-1=0$ 解出 $y=\sqrt[3]{1-x^2}$，就把隐函数化成了显函数，我们可按前面介绍的方法求出它的导数。若不把隐函数显化，怎样求隐函数的导数呢(有很多隐函数是显化不了的)？下面举例说明.

例 1　求由方程 $xy^2+\ln y=1$ 所确定的隐函数 y 的导数 y'.

解　方程两边对 x 求导,得:

$$(xy^2+\ln y)'=(1)'$$

$$y^2+x\cdot 2yy'+\frac{1}{y}\cdot y'=0$$

整理得:

$$(2xy^2+1)y'=-y^3$$

解出 y'得:

$$y'=-\frac{y^3}{2xy^2+1}$$

这就是所要求的隐函数的导数,结果中除了含有 x 外,还含有 y,这是允许的。

从上例看到,求隐函数的导数时,由于 y 不能或不必解出,为了求 y',由方程两边对 x 求导,应用求导法则(包括四则运算法则和复合函数求导法则)后,对常数项或只含 x 的项,直接应用求导公式;对只含 y 的项 $f(y)$,由于 y 是 x 的函数,故 $f(y)$是 x 的复合函数,y 是中间变量。由 $f(y)$对 x 求导时,根据复合函数的求导法则,应先由 $f(y)$对 y 求导,再乘以 y 对 x 的导数即 y',这样得到一个关于 y'的方程,然后从中解出 y'即可。

例 2　求由方程$\sqrt[y]{x}=\sqrt[x]{y}$所确定的隐函数 y 的导数 y'.

解　对方程两边直接求导无法求解,因此需要对方程变形. 方程两边取对数,得:

$$\frac{1}{y}\ln x=\frac{1}{x}\ln y,\text{即 } x\ln x=y\ln y$$

方程两边对 x 求导,得:

$$\ln x+x\cdot\frac{1}{x}=y'\ln y+y\cdot\frac{1}{y}\cdot y'$$

于是:

$$y'=\frac{1+\ln x}{1+\ln y}$$

例 3　求曲线 $y^3+y^2=2x$ 在横坐标为 1 的点处的切线和法线方程.

解　由导数的几何意义,所求切线的斜率为:

$$k=y'|_{x=1}$$

方程两端分别对 x 求导,有:

$$3y^2y'+2yy'=2$$

从而:

$$y'=\frac{2}{3y^2+2y}$$

当 $x=1$ 时,$y=1$,代入上式,得:

$$y'\Big|_{\substack{x=1\\y=1}}=\frac{2}{5}$$

于是所求的切线方程为:

$$y-1=\frac{2}{5}(x-1)$$

即:

$$2x-5y+3=0$$

法线方程为:

$$y-1=-\frac{5}{2}(x-1)$$

即：
$$5x+2y-7=0$$

二、对数求导法

有些函数，直接求导是很繁杂的，但若先在等式两边同取对数，变成隐函数，再利用隐函数求导法求导数，则可使求导问题变得容易，这种求导方法叫对数求导法。一般地，幂指函数 $y=[u(x)]^{v(x)}$ 以及多因子之积(商)，可以用对数求导法来求导。如例 2 所用方法即为对数求导法.

例 4 求 $y=x^{\tan x}\ (x>0)$ 的导数.

解 对于 $y=x^{\tan x}$ 两边取对数，得：
$$\ln y=\tan x\ln x$$
两边对 x 求导，得：
$$\frac{1}{y}y'=\sec^2 x\ln x+\frac{\tan x}{x}$$
于是：
$$y'=y\left(\sec^2 x\ln x+\frac{\tan x}{x}\right)=x^{\tan x}\left(\sec^2 x\ln x+\frac{\tan x}{x}\right).$$

例 5 求 $y=x^2\sqrt{\dfrac{(x-1)(x-2)}{(x-3)(x-4)}}$ 的导数.

解 先在两边取对数(假定 $x>4$)，得：
$$\ln y=2\ln x+\frac{1}{2}[\ln(x-1)+\ln(x-2)-\ln(x-3)-\ln(x-4)]$$
上式两边对 x 求导，注意到 y 是 x 的函数，得：
$$\frac{1}{y}y'=\frac{2}{x}+\frac{1}{2}\left(\frac{1}{x-1}+\frac{1}{x-2}-\frac{1}{x-3}-\frac{1}{x-4}\right)$$
于是：
$$y'=x^2\sqrt{\frac{(x-1)(x-2)}{(x-3)(x-4)}}\left[\frac{2}{x}+\frac{1}{2}\left(\frac{1}{x-1}+\frac{1}{x-2}-\frac{1}{x-3}-\frac{1}{x-4}\right)\right]$$

当 $x<1$ 时，$y=x^2\sqrt{\dfrac{(1-x)(2-x)}{(3-x)(4-x)}}$；当 $2<x<3$ 时，$y=x^2\sqrt{\dfrac{(x-1)(x-2)}{(3-x)(4-x)}}$，用同样的方法可得与上面相同的结果.

三、由参数方程所确定的函数的导数

一般地，如果参数方程
$$\begin{cases}x=\varphi(t)\\ y=\psi(t)\end{cases},(t\ 为参数)$$
确定 y 与 x 之间的函数关系，则称此函数关系所表示的函数为由参数方程所确定的函数.

对于参数方程所确定的函数，通常也并不需要由参数方程消去参数 t 化为 y 与 x 之间的直接函数关系后再求导.

如果函数 $x=\varphi(t)$，$y=\psi(t)$ 都可导，且 $\varphi'(t)\neq 0$，又 $x=\varphi(t)$ 具有单调连续的反函数 $t=\varphi^{-1}(x)$，则由参数方程所确定的函数可以看成 $y=\psi(t)$ 与 $t=\varphi^{-1}(x)$ 复合而成的函数

$y=\psi[\varphi^{-1}(x)]$，根据复合函数与反函数的求导法则，有：

$$\frac{dy}{dx}=\frac{dy}{dt}\cdot\frac{dt}{dx}=\frac{dy}{dt}\cdot\frac{1}{\frac{dx}{dt}}=\frac{\psi'(t)}{\phi'(t)}$$

即：

$$\frac{dy}{dx}=\frac{\psi'(t)}{\phi'(t)}$$

也可写成：

$$\frac{dy}{dx}=\frac{\frac{dy}{dt}}{\frac{dx}{dt}}$$

例 6　求摆线$\begin{cases}x=a(t-\sin t)\\y=a(1-\cos t)\end{cases}$在$t=\frac{\pi}{2}$处的切线方程.

解　摆线在任意点的切线斜率为：

$$\frac{dy}{dx}=\frac{[a(1-\cos t)]'}{[a(t-\sin t)]'}=\frac{a\sin t}{a(1-\cos t)}=\frac{\sin t}{1-\cos t}$$

$t=\frac{\pi}{2}$时，摆线上对应点为$\left(a\left(\frac{\pi}{2}-1\right),a\right)$，在此点的切线斜率为：

$$k=\frac{dy}{dx}\bigg|_{t=\frac{\pi}{2}}=\frac{\sin t}{1-\cos t}\bigg|_{t=\frac{\pi}{2}}=1$$

于是，切线方程为：

$$y-a=x-a\left(\frac{\pi}{2}-1\right)$$

即：

$$y=x+a\left(2-\frac{\pi}{2}\right)$$

例 7　求方程$\begin{cases}x=3e^{-t}\\y=2e^{t}\end{cases}$所确定的函数的二阶导数$\frac{d^2y}{dx^2}$.

解

$$\frac{dy}{dx}=\frac{(2e^t)'}{(3e^{-t})'}=\frac{2e^t}{-3e^{-t}}=-\frac{2}{3}e^{2t}$$

$$\frac{d^2y}{dx^2}=\frac{d}{dx}\left(\frac{dy}{dx}\right)=\frac{d}{dx}\left(-\frac{2}{3}e^{2t}\right)=\frac{d}{dt}\left(-\frac{2}{3}e^{2t}\right)\cdot\frac{dt}{dx}$$

$$=-\frac{4}{3}e^{2t}\frac{1}{\frac{dx}{dt}}=\frac{-\frac{4}{3}e^{2t}}{-3e^{-t}}=\frac{4}{9}e^{3t}$$

第五节　函数的微分

在理论研究和实际应用中，常常会遇到这样的问题：当自变量在点 x 处有微小增量 Δx

时，求函数 $y=f(x)$ 相应的微小增量：

$$\Delta y=f(x+\Delta x)-f(x)$$

这个问题初看起来简单，然而，对于较复杂的函数 $f(x)$，增量 Δy 的值不易求出．这时我们可以考虑求 Δy 的近似值，怎样求 Δy 的近似值呢？微分就是在这种背景下产生的一个概念．

一、微分的定义

先分析一个具体问题。一个正方形的铁片，受热后均匀膨胀，边长由 x_0 变为 $x_0+\Delta x$，问铁片的面积大体改变了多少？

如图 2—5 所示，设正方形铁片的边长为 x，面积为 A，则：

$$A=x^2$$

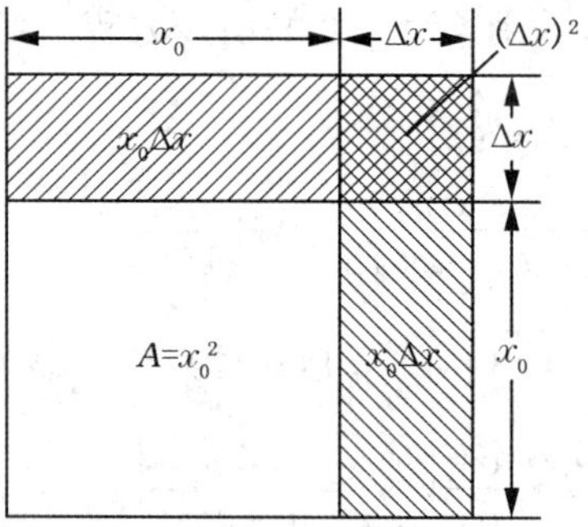

图 2—5

当边长 x 由 x_0 变为 $x_0+\Delta x$ 时，面积的改变量为：

$$\Delta A=(x_0+\Delta x)^2-x_0^2=2x_0\Delta x+(\Delta x)^2$$

上式包含两个部分：第一部分是 $2x_0\Delta x$，即图中带有斜线的两个矩形面积之和，是 Δx 的线性函数，是 ΔA 的主要部分；第二部分是 $(\Delta x)^2$，即图中带有交叉斜线的小正方形的面积，当 $\Delta x\to 0$ 时，$(\Delta x)^2$ 是比 Δx 高阶的无穷小，是 ΔA 的次要部分．

由此可见，边长有微小改变（即 $|\Delta x|$ 很小）时，我们可以将第二部分 $(\Delta x)^2$ 忽略，而用第一部分 $2x_0\Delta x$ 近似地表示 ΔA，即 $\Delta A\approx 2x_0\Delta x$．因为 $A'(x_0)=2x_0$，所以 $\Delta A\approx A'(x_0)\Delta x$，即面积的增量近似等于面积函数的导数与边长增量之积。由此我们引入微分的定义．

定义 5.1 设函数 $y=f(x)$ 在点 x_0 处可导，自变量 x 由 x_0 变到 $x_0+\Delta x$，则把 $f'(x_0)\Delta x$ 叫做函数 $y=f(x)$ 在点 x_0 处相应于自变量增量 Δx 的微分，记作 $\mathrm{d}y\Big|_{x=x_0}$ 或 $\mathrm{d}f(x)\Big|_{x=x_0}$，即：

$$\mathrm{d}y\Big|_{x=x_0}=f'(x_0)\Delta x \quad 或 \quad \mathrm{d}f(x)\Big|_{x=x_0}=f'(x_0)\Delta x$$

此时，也称函数 $y=f(x)$ 在点 x_0 处可微．

函数 $y=f(x)$ 在任意点 x 的微分，叫做函数 $y=f(x)$ 的微分，记作 $\mathrm{d}y$ 或 $\mathrm{d}f(x)$，即：

$$\mathrm{d}y=f'(x)\Delta x \quad 或 \quad \mathrm{d}f(x)=f'(x)\Delta x$$

例 1 求函数 $y=x^2$ 当 $x=2$，$\Delta x=0.01$ 时的增量和微分．

解 函数的增量为：

$$\Delta y=(2+0.01)^2-2^2=0.0401$$

函数的微分为 $dy=(x^2)'\cdot\Delta x=2x\cdot\Delta x$，将 $x=2,\Delta x=0.01$ 代入，得：

$$dy=2\times2\times0.01=0.04$$

由上例结果可看出，$\Delta y\approx dy$，误差是 0.0001.

对于函数 $y=x$，它的微分是 $dy=dx=x'\cdot\Delta x=\Delta x$，即：

$$dx=\Delta x$$

即自变量的微分等于自变量的增量.

于是，函数的微分可以写成：

$$dy=f'(x)dx$$

即函数的微分等于函数的导数与自变量微分的乘积．从而有 $\frac{dy}{dx}=f'(x)$，即函数微分与自变量微分的商等于函数的导数，因此，导数通常也叫做微商.

从上看到，若函数可导，则函数必可微；反之，若函数可微，则函数必可导．因此，导数与微分是一致的，通常把导数和微分统称为微分.

二、微分的几何意义

如图 2—6 所示，设曲线 $y=f(x)$ 在点 M 的坐标为 $(x_0,f(x_0))$，过点 M 做切线 MT，它的倾角为 α，当自变量 x 有微小的增量 Δx 时，相应的曲线上纵坐标有增量 Δy，由图 2—6 可看出：

$$dy=f'(x_0)\cdot\Delta x=\tan\alpha\cdot\Delta x=QP$$

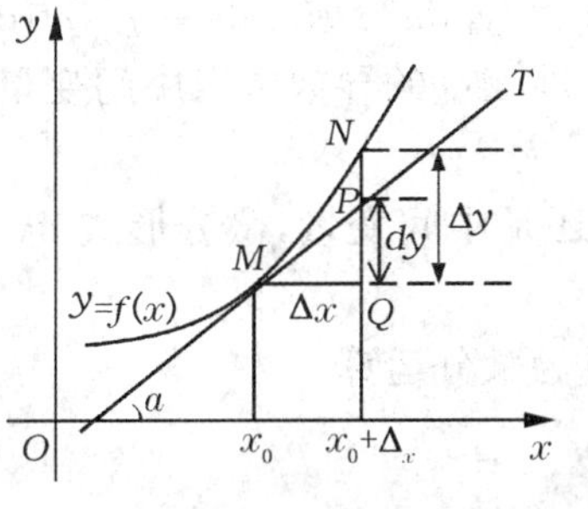

图 2—6

因此，函数 $y=f(x)$ 在点 x_0 处微分就是曲线 $y=f(x)$ 在点 $(x_0,f(x_0))$ 的切线上纵坐标的增量.

由图 2—5 还可以看出，当 $|\Delta x|$ 很小时：(1) $\Delta y\approx dy$；(2) 在点 M 的附近，可以用切线段来近似代替曲线段，即所谓的“以直代曲”.

三、微分的基本公式与运算法则

从微分的定义 $dy=f'(x)dx$ 可知，求函数的微分就是所给函数的导数乘以 dx，所以从导数的基本公式和运算法则就可以得到微分的基本公式和运算法则。

1. 微分的基本公式

(1) $d(C)=0$（C 为常数）；　　(2) $d(x^\alpha)=\alpha x^{\alpha-1}dx$；

(3) $d(a^x)=a^x\ln a\,dx$；　　(4) $d(e^x)=e^x dx$；

(5)$d(\log_a x)=\dfrac{1}{x\ln a}dx$；

(6)$d(\ln x)=\dfrac{1}{x}dx$；

(7)$d(\sin x)=\cos x\,dx$；

(8)$d(\cos x)=-\sin x\,dx$；

(9)$d(\tan x)=\sec^2 x\,dx$；

(10)$d(\cot x)=-\csc^2 x\,dx$；

(11)$d(\sec x)=\sec x\tan x\,dx$；

(12)$d(\csc x)=-\csc x\cot x\,dx$；

(13)$d(\arcsin x)=\dfrac{1}{\sqrt{1-x^2}}dx$；

(14)$d(\arccos x)=-\dfrac{1}{\sqrt{1-x^2}}dx$；

(15)$d(\arctan x)=\dfrac{1}{1+x^2}dx$；

(16)$d(\text{arccot}\, x)=-\dfrac{1}{1+x^2}dx$.

2. 微分的四则运算法则

设 u、v 都是 x 的可微函数，则有：

(1)$d(u\pm v)=du\pm dv$；

(2)$d(uv)=v\,du+u\,dv$，特别地 $d(Cu)=C\,du$（C 是常数）；

(3)$d\left(\dfrac{u}{v}\right)=\dfrac{v\,du-u\,dv}{v^2}$.

3.复合函数的微分法则

设 $y=f(u)$，$u=\varphi(x)$均可导，按定义，复合函数 $y=f[\varphi(x)]$的微分为：

$$dy=y'_x\cdot dx=f'(u)\varphi'(x)dx$$

即复合函数的微分等于复合函数的导数乘以自变量的微分.

因为 $\phi'(x)dx=du$，所以上式又可写成：

$$dy=y'_u du \quad 或 \quad dy=f'(u)du$$

即复合函数的微分等于函数对中间变量的导数乘以中间变量的微分，这就是复合函数的微分法则.

由此可见，无论 u 是自变量还是中间变量，微分形式 $dy=f'(u)du$ 保持不变. 这一性质称为微分形式不变性.

求导数与求微分的运算统称为微分运算.

例 2 求下列函数的微分：

(1)$y=2x^2+3x+\sqrt{x}$；

(2)$y=\arcsin e^x$；

(3)$y=\ln(1+e^{x^2})$；

(4)$y=\ln x\cdot\sin x$.

解 (1)利用微分的定义，得：

$$dy=(2x^2+3x+\sqrt{x})'dx=\left(4x+3+\frac{1}{2\sqrt{x}}\right)dx$$

(2)解法 1，利用微分的定义，得：

$$dy=(\arcsin e^x)'dx=\frac{1}{\sqrt{1-e^{2x}}}\cdot(e^x)'dx=\frac{e^x}{\sqrt{1-e^{2x}}}\cdot dx$$

解法 2，利用复合函数的微分法则，得：

$$dy=\frac{1}{\sqrt{1-e^{2x}}}\cdot d(e^x)=\frac{1}{\sqrt{1-e^{2x}}}\cdot(e^x)'dx=\frac{e^x}{\sqrt{1-e^{2x}}}\cdot dx$$

(3)用公式 $dy=f'(x)dx$，得：

$$dy=[\ln(1+e^{x^2})]'dx=\frac{2xe^{x^2}}{1+e^{x^2}}dx$$

(4)利用乘积的微分法则,得:

$$dy = d(\ln x \cdot \sin x) = \sin x\, d(\ln x) + \ln x\, d(\sin x)$$
$$= \frac{\sin x}{x} dx + \ln x \cdot \cos x\, dx$$
$$= \left(\frac{\sin x}{x} + \ln x \cdot \cos x\right) dx$$

例 3　在括号里填上适当的函数,使下列等式成立:

(1)$d(\quad) = 2x\,dx$;　(2)$d(\quad) = \csc^2 x\,dx$.

解　与 $df(x) = f'(x)dx$ 比较可知,这是已知函数的导数,求原来的函数的问题。

(1)已知函数的导数为 x,因为 $(x^2)' = 2x$,所以 $d(x^2) = 2x\,dx$.

此外,$(x^2+1)' = 2x$,$(x^2-2)' = 2x$,…….

一般地,有 $d(x^2+C) = 2x\,dx$(C 为任意常数).

(2)已知函数的导数为$\csc^2 x$,因为 $(-\cot x)' = \csc^2 x$,所以 $d(-\cot x) = \csc^2 x\,dx$.

此外,$d(-\cot x + 2) = \csc^2 x\,dx$,$d(-\cot x - 1) = \csc^2 x\,dx$,…….

一般地,有 $d(-\cot x + C) = \csc^2 x\,dx$($C$ 为任意常数).

例 4　在括号里填上适当的常数,使下列等式成立:

(1)$\cos 5x\,dx = (\quad)d(\sin 5x)$;　　(2)$x^2 dx = (\quad)d(a-5x^3)$.

解　(1)因为 $d(\sin 5x) = (\sin 5x)'dx = 5\cos 5x\,dx$,所以 $\cos 5x\,dx = \left(\frac{1}{5}\right)d(\sin 5x)$.

(2)因为 $d(a-5x^3) = -15x^2 dx$,所以 $x^2 dx = \left(-\frac{1}{15}\right)d(a-5x^3)$.

四、微分在近似计算中的应用

由微分的概念可知,当函数 $f(x)$在点 x_0 的导数 $f'(x_0) \neq 0$ 且当$|\Delta x|$很小时,有:

$$\Delta y \approx dy = f'(x_0)\Delta x \tag{1}$$

即:

$$\Delta y = f(x_0+\Delta x) - f(x_0) \approx f'(x_0)\Delta x$$

变形得:

$$f(x_0+\Delta x) \approx f(x_0) + f'(x_0)\Delta x \tag{2}$$

利用(1)式可以求函数增量 Δy 的近似值,利用(2)式可以求函数 $f(x)$在 x_0 附近的近似值.

例 5　计算 $\cos 60°30'$的近似值.

解　设 $f(x) = \cos x$,有 $f'(x) = -\sin x$(x 为弧度). 令 $x_0 = \frac{\pi}{3}$,$\Delta x = \frac{\pi}{360}$,有 $f\left(\frac{\pi}{3}\right) = \frac{1}{2}$,$f'\left(\frac{\pi}{3}\right) = -\frac{\sqrt{3}}{2}$.所以得:

$$\cos 60°30' = \cos\left(\frac{\pi}{3} + \frac{\pi}{360}\right) \approx \cos\frac{\pi}{3} - \sin\frac{\pi}{3} \cdot \frac{\pi}{360} = \frac{1}{2} - \frac{\sqrt{3}}{2} \cdot \frac{\pi}{360} \approx 0.4924$$

例 6　一个半径为 1 厘米的球,为了提高表面的光洁度,需要镀上一层铜,镀层厚度为 0.01 厘米. 估计每只球需要用铜多少克?(铜的密度为 8.9g/cm^3)

解　需用铜的质量等于镀层的体积乘以铜的密度.

镀层的体积等于两个球体体积之差，由球的体积 $V=\frac{4}{3}\pi r^3$ 得镀层的体积为：

$$\Delta V=\frac{4}{3}\pi\left[(r+\Delta r)^3-r^3\right]$$

利用近似计算公式(1)，得：

$$\Delta V\approx V'\Delta r=4\pi r^2\Delta r$$

依题意，$r=1$，$\Delta r=0.01$，得：

$$\Delta V\approx 4\pi r^2\Delta r\approx 0.13\ (\mathrm{cm})^3$$

因此，每只球需要用铜约为 $0.13\times 8.9=1.16$(克).

在公式 $f(x_0+\Delta x)\approx f(x_0)+f'(x_0)\Delta x$ 中，令 $x_0=0$，$\Delta x=x$，得：

$$f(x)\approx f(0)+f'(0)x \tag{3}$$

当 $|x|$ 很小时，利用(3)式可以求函数 $f(x)$ 在点 $x=0$ 附近的近似值.

根据(3)式，可以得到几个工程上常用的近似计算公式($|x|$ 很小)：

(1)$(1+x)^\alpha\approx 1+\alpha x$；

(2)$e^x\approx 1+x$；

(3)$\ln(1+x)\approx x$；

(4)$\sin x\approx x$(x 用弧度作单位来表达)；

(5)$\tan x\approx x$(x 用弧度作单位来表达).

证明从略.

习题二

1. 填空题.

(1)若 $f'(x_0)$ 存在，则 $\lim\limits_{\Delta x\to 0}\frac{f(x_0-\Delta x)-f(x_0)}{\Delta x}=$________________.

(2)若 $f'(x_0)$ 存在，$\lim\limits_{h\to 0}\frac{f(x_0+h)-f(x_0-h)}{h}=$________________，

$\lim\limits_{\Delta x\to 0}\frac{f(x_0+3\Delta x)-f(x_0)}{\Delta x}=$________________.

(3)设 $f'(x_0)=-2$，则 $\lim\limits_{x\to 0}\frac{x}{f(x_0-2x)-f(x_0)}=$________________.

(4)曲线 $y=\cos x$ 上点 $\left(\frac{\pi}{3},\frac{1}{2}\right)$ 处的切线方程为________________，法线方程为________________.

(5)用箭头 $\Leftarrow$ 或 $\Rightarrow$ 表示在一点处函数极限存在、连续、可导、可微之间的关系，可微__________可导__________连续__________极限存在.

2.选择题.

(1)$f'(a)\neq$(   ).

A. $\lim\limits_{x\to a}\frac{f(x)-f(a)}{x-a}$ B. $\lim\limits_{\Delta x\to 0}\frac{f(a)-f(a-\Delta x)}{\Delta x}$

C. $\lim\limits_{t\to 0}\dfrac{f(t-a)-f(a)}{t}$

D. $\lim\limits_{S\to 0}\dfrac{f\left(a+\frac{s}{2}\right)-f\left(a-\frac{s}{2}\right)}{s}$

(2)设函数 $f(x)=\begin{cases}x\sin\dfrac{1}{x}, & x\neq 0\\ 0, & x=0\end{cases}$,则 $f(x)$ 在 $x=0$ 处(　　).

A. 不连续

B. 连续,但不可导

C. 可导,但不连续

D. 可导,且导数也连续

(3)设 $f(0)=0$,且 $f'(0)$ 存在,则 $\lim\limits_{x\to 0}\dfrac{f(x)}{x}=$(　　).

A. $f'(x)$

B. $f'(0)$

C. $f(0)$

D. $\dfrac{1}{2}f(0)$

(4)设 $f(x)$ 在 x 处可导,a,b 为常数,则 $\lim\limits_{\Delta x\to 0}\dfrac{f(x+a\Delta x)-f(x-b\Delta x)}{\Delta x}=$(　　).

A. $f'(x)$

B. $(a+b)f'(x)$

C. $(a-b)f'(x)$

D. $\dfrac{a+b}{2}f'(x)$

(5)　函数在点 x_0 处连续是在该点 x_0 处可导的(　　)条件.

A. 充分但不是必要

B. 必要但不是充分

C. 充分必要

D. 既非充分也非必

3. 求下列函数的一阶导数:

(1) $y=x^3\sqrt{x}$

(2) $y=\dfrac{1}{\sqrt[3]{x}}$

(3) $y=\dfrac{\sqrt{x}}{x^2}$

(4) $y=x^3\,(x^2-1)^2$

(5) $y=\dfrac{\sin x}{x}$

(6) $y=e^{ax}\sin bx$

(7) $y=2x\sqrt{x^2-a^2}+\ln 2$

(8) $y=\dfrac{1+x}{\sqrt{1-x^2}}$

(9) $y=\ln^3\arcsin\sqrt{x}$

(10) $y=\ln(x+\sqrt{x^2+a^2})$

(11) $y=\arctan\dfrac{x+1}{x-1}$

(12) $y=\dfrac{x\sin x}{1+\tan x}$

(13) $y=2^{\frac{x}{\ln x}}$

(14) $y=\cos(x-\cos\sqrt{x})$

4.求下列函数的一阶导数:

(1) $y=\left(\dfrac{x}{1+x}\right)^x$

(2) $y=\dfrac{(2x+3)^4\cdot\sqrt{x+6}}{\sqrt[3]{2x+1}}$

(3) $y=\left(\dfrac{x}{1+x^2}\right)^x$

(4) $y=(\ln x)^{\arcsin x}$

5. 求下列隐函数的一阶导数:

(1) $y\sin x-\cos x\,(x-y)=0$

(2) $y=\tan(x+y)$

(3) $x^2+y^2=1+e^{xy}$ (4) $e^{x+y}+\cos(xy)=0$

(5) 已知 $e^y+xy=e$，求 $y'(0)$.

(6) $y^2f(x)+xf(y)-x^2=0$，其中 $f(u)$ 可导.

6. 求下列函数的二阶导数：

(1) $y=x^3\ln x$ (2) $y=\cos^2x\cdot\ln x$

(3) $y=\ln(1-x^2)$ (4) $y=e^{-x}\cdot\sin x$

(5) 设 $y=y(x)$ 由方程 $e^y+xy=e$ 所确定，求 y''；

(6) 设 $f''(x)$ 存在，求函数 $y=f(x^2)$ 的二阶导数 $\frac{d^2y}{dx^2}$.

7. 求函数 $y=\sin x$ 在点 $\left(\frac{\pi}{6},\frac{1}{2}\right)$ 处的切线方程与法线方程.

8. 求双曲线 $\frac{x^2}{a^2}-\frac{y^2}{b^2}=1$ 在点 $(2a,\sqrt{3}b)$ 处的切线方程与法线方程.

9. 设函数 $f(x)=\begin{cases}x^2, & x\leqslant 1\\ ax+b, & x>1\end{cases}$，为了使函数 $f(x)$ 在 $x=1$ 处连续且可导，a,b 应取什么值。

10. 已知 $f(x)=\begin{cases}x^2, & x\geqslant 0\\ -x, & x<0\end{cases}$，求 $f'_+(0)$、$f'_-(0)$，又 $f'(0)$ 是否存在？

11. 用定义求 $f'(0)$，其中 $f(x)=\begin{cases}x^2\sin\frac{1}{x}, & x\neq 0\\ 0, & x=0\end{cases}$，并讨论导函数的连续性.

12. 求参数方程 $\begin{cases}x=a(t-\sin t)\\ y=a(1-\cos t)\end{cases}$ $(a>0)$ 所确定函数的一阶导数 $\frac{dy}{dx}$ 与二阶导数 $\frac{d^2y}{dx^2}$.

13. 求下列函数的高阶导数：

(1) $y=x^\alpha$，求 $y^{(n)}$ (2) $y=x^2\sin 2x$，求 $y^{(50)}$

14. 求下列函数的微分：

(1) $y=x^x$，$(x>0)$ (2) $y=\frac{\arcsin x}{\sqrt{1-x^2}}$

15. 计算 $\sqrt{1.05}$ 的近似值.

第三章

微分中值定理与导数的应用

在第二章中，我们学习了微分学的两个基本概念——导数和微分，并讨论了导数的计算方法. 本章中，我们将利用导数和微分来研究函数及其曲线的一些性质，并利用这些知识解决一些实际问题。为此，我们先介绍微分学的几个中值定理，它们反映了函数在某区间上的整体性质与函数在该区间内某一点的导数之间的关系。

第一节　微分中值定理

一、罗尔(Rolle)定理

首先，观察图 3－1. 设曲线弧$\widehat{AB}$是函数 $y=f(x)(x\in[a,b])$的图形. 这是一条连续的曲线弧，除端点外处处具有不垂直于 x 轴的切线，且两个端点的纵坐标相等，即 $f(a)=f(b)$. 可以发现，在曲线的最高点或最低点 C 处，曲线有水平的切线. 如果记 C 点的横坐标为 ξ，那

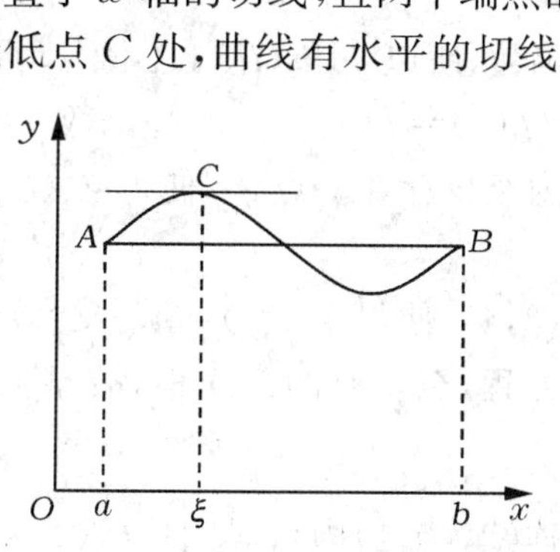

图 3－1

么就有 $f'(\xi)=0$.现在用数学语言把这个几何现象描述出来，就是下面的罗尔定理.

为了应用方便，先介绍费马(Fermat)引理.

定理 1.1(费马引理) 设函数 $f(x)$ 在点 x_0 的某邻域 $U(x_0)$ 内有定义，并且在 x_0 处可导，如果对任意的 $x\in U(x_0)$，有 $f(x)\leqslant f(x_0)$（或 $f(x)\geqslant f(x_0)$），那么 $f'(x_0)=0$.

证明 不妨设 $x\in U(x_0)$ 时，$f(x)\leqslant f(x_0)$（如果 $f(x)\geqslant f(x_0)$，可以类似地证明）.于是，对于 $x_0+\Delta x\in U(x_0)$，有 $f(x_0+\Delta x)\leqslant f(x_0)$，从而当 $\Delta x>0$ 时：

$$\frac{f(x_0+\Delta x)-f(x_0)}{\Delta x}\leqslant 0$$

当 $\Delta x<0$ 时：
$$\frac{f(x_0+\Delta x)-f(x_0)}{\Delta x}\geqslant 0$$

根据函数 $f(x)$ 在 x_0 可导的条件及极限的保号性，便得到：

$$f'(x_0)=f'_+(x_0)=\lim_{\Delta x\to 0^+}\frac{f(x_0+\Delta x)-f(x_0)}{\Delta x}\leqslant 0$$

$$f'(x_0)=f'_-(x_0)=\lim_{\Delta x\to 0^-}\frac{f(x_0+\Delta x)-f(x_0)}{\Delta x}\geqslant 0$$

所以，$f'(x_0)=0$.证毕.

通常称导数等于零的点为函数的驻点（或稳定点，临界点）.

定理 1.2(罗尔定理) 如果函数 $y=f(x)$ 在闭区间 $[a,b]$ 上连续，在开区间 (a,b) 内可导，且有 $f(a)=f(b)$，那么在 (a,b) 内至少在一点 x，使得 $f'(\xi)=0$.

证明 由于 $f(x)$ 在闭区间 $[a,b]$ 上连续，根据闭区间上连续函数的最大值和最小值定理，$f(x)$ 在闭区间 $[a,b]$ 上必定取得它的最大值 M 和最小值 m.这样，只有两种可能情形：

(1) $M=m$.这时 $f(x)$ 在区间 $[a,b]$ 上必然取相同的数值 M：$f(x)=M$.由此，$\forall x\in(a,b)$，有 $f'(x)=0$.因此，任取 $\xi\in(a,b)$，有 $f'(\xi)=0$.

(2) $M>m$.因为 $f(a)=f(b)$，所以，M 和 m 这两个数中至少有一个不等于 $f(x)$ 在区间 $[a,b]$ 的端点处的函数值.为确定起见，不妨设 $M\neq f(a)$（如果设 $m\neq f(a)$，证明完全类似），那么必定在开区间 (a,b) 内有一点 ξ 使 $f(\xi)=M$.因此，$\forall x\in[a,b]$，有 $f(x)\leqslant f(\xi)$，从而由费马引理可知 $f'(\xi)=0$.定理证毕.

注：证明方程有根，一是用零点定理，二是用罗尔定理.

例 1 不求导数，判断函数 $f(x)=(x-1)(x-2)(x-3)(x-4)-2$ 的导数有几个根，并指出它们所在的区间.

解 由于 $f(x)$ 为多项式函数，所以 $f(x)$ 在 $[1,2]$、$[2,3]$、$[3,4]$ 上连续，在 $(1,2)$、$(2,3)$、$(3,4)$ 内可导，且 $f(1)=f(2)=f(3)=f(4)=-2$，即函数 $f(x)$ 满足罗尔定理条件.

由罗尔定理可得，在 $(1,2)$ 内至少存在一点 ξ_1，使得 $f'(\xi_1)=0$，即 ξ_1 为 $f'(x)=0$ 的一个实根，$\xi_1\in(1,2)$.

同理存在 $\xi_2\in(2,3)$，$\xi_3\in(3,4)$，使得 $f'(\xi_2)=0$，$f'(\xi_3)=0$.

又因为 $f'(x)=0$ 为三次方程，至多有两个实根，故 $f'(x)=0$ 有三个实根，它们分别在 $(1,2)$、$(2,3)$、$(3,4)$ 内.

例 2 设 $f(x)$ 在 $[0,1]$ 上连续，$(0,1)$ 内可导，且 $f(0)=f(1)=0$，$f\left(\frac{1}{2}\right)=1$，试证：至少存在一个 $\xi\in(0,1)$，使 $f'(\xi)=1$.

证明　令 $F(x)=f(x)-x$，则 $F(0)=0$，$F\left(\frac{1}{2}\right)=\frac{1}{2}$，$F(1)=-1$.由闭区间上连续函数的零点定理可知，存在 $\eta\in\left(\frac{1}{2},1\right)$，使 $F(\eta)=0$.再由罗尔定理得，至少存在一个 $\xi\in(0,\eta)\subset(0,1)$，使 $F'(\xi)=0$，即 $f'(\xi)=1$.

二、拉格朗日中值定理

罗尔定理中 $f(a)=f(b)$ 这个条件是相当特殊的，它使罗尔定理的应用受到限制.如果把 $f(a)=f(b)$ 这个条件取消，但仍保留其余两个条件，并相应地改变结论，就得到微分学中十分重要的拉格朗日中值定理.

定理 1.3（拉格朗日中值定理）　如果函数 $f(x)$ 在闭区间 $[a,b]$ 上连续，在开区间 (a,b) 内可导，则在 (a,b) 内至少有一点 ξ，使得等式

$$f(b)-f(a)=f'(\xi)(b-a) \tag{1}$$

成立.

在证明之前，先看一下定理的几何意义. 如果把(1)式改写成：

$$\frac{f(b)-f(a)}{b-a}=f'(\xi)$$

由图 3—2 可看出，$\frac{f(b)-f(a)}{b-a}$ 为弦 AB 的斜率，而 $f'(\xi)$ 为曲线在点 C 处的切线的斜率.因此，拉格朗日中值定理的几何意义是：如果连续曲线 $y=f(x)$ 的弦 AB 上除端点外处处具有不垂直于 x 轴的切线，那么这弧上至少有一点 C，使曲线在 C 点处的切线平行于弦 AB.

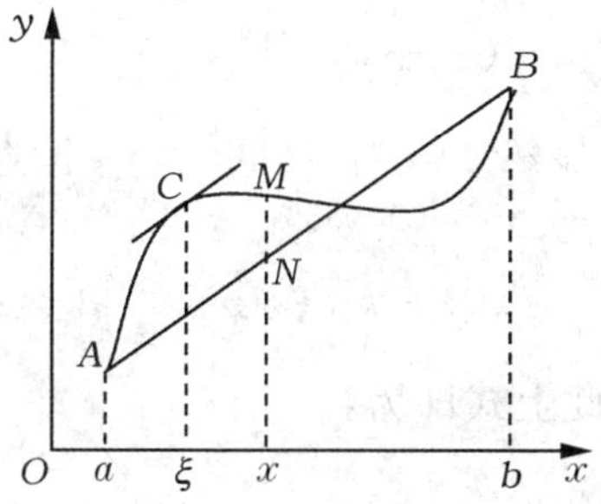

图 3—2

从罗尔定理的几何意义(图 3—1)可以看出，由于 $f(a)=f(b)$，弦 AB 是平行于 x 轴的，因此点 C 处的切线实际上也平行于弦 AB.由此可见，罗尔定理是拉格朗日中值定理的特殊情形.

证明　略.

拉格朗日中值公式的其他形式：

设 x 为区间 $[a,b]$ 内一点，$x+\Delta x$ 为区间内的另一点（$\Delta x>0$ 或 $\Delta x<0$），则在 $[x,x+\Delta x]$（$\Delta x>0$）或 $[x+\Delta x,x]$（$\Delta x<0$）应用拉格朗日中值公式，得：

$$f(x+\Delta x)-f(x)=f'(\xi)\Delta x,\xi\in(x,x+\Delta x)$$

有时我们也可以记为：

$$f(x+\Delta x)-f(x)=f'(x+\theta\Delta x)\Delta x,0<\theta<1$$

如果记 $f(x)$ 为 y，则上式又可写为：

$$\Delta y=f'(x+\theta\Delta x)\Delta x,0<\theta<1$$

试与微分 $dy=f'(x)\Delta x$ 进行比较：$dy=f'(x)\Delta x$ 是函数增量 Δy 的近似表达式，而 $f'(x+\theta\Delta x)\Delta x$ 是函数增量 Δy 的精确表达式.

定理 1.4 如果函数 $f(x)$ 在区间 I 上的导数恒为零，那么 $f(x)$ 在区间 I 上恒等于一个常数.

证明 在区间 I 上任取两点 x_1、$x_2(x_1<x_2)$，应用(1)式，得：

$$f(x_2)-f(x_1)=f'(\xi)(x_2-x_1)(x_1<\xi<x_2)$$

由已知得：$f'(\xi)=0$，所以 $f(x_2)-f(x_1)=0$，即：

$$f(x_2)=f(x_1)$$

又因为 x_1、x_2 是区间 I 上的任意两点，所以 $f(x)$ 在区间 I 上恒等于一个常数.

推论 如果函数 $f(x)$ 与 $g(x)$ 在区间 I 内每一点的导数 $f'(x)$ 与 $g'(x)$ 都相等，则这两个函数在区间 I 内至多相差一个常数，即：

$$f(x)=g(x)+C,C\text{ 为一个确定的常数}$$

例 3 验证函数 $f(x)=x^3-3x^2+x-1$ 在区间 $[0,1]$ 上满足拉格朗日中值定理的条件，并求定理中 ξ 的值.

解 显然 $f(x)$ 在区间 $[0,1]$ 上连续，$f'(x)=3x^2-6x+1$ 在 $(0,1)$ 有意义，即 $f(x)$ 在 $(0,1)$ 可导，故 $f(x)$ 在区间 $[0,1]$ 上满足拉格朗日中值定理的条件. 根据拉格朗日中值定理，得：

$$f(1)-f(0)=f'(\xi)(1-0)=3\xi^2-6\xi+1$$

所以 $3\xi^2-6\xi+1=-1$，解得 $\xi=1-\frac{\sqrt{3}}{3}\in[0,1]$.

例 4 证明当 $x>0$ 时，$\frac{x}{1+x}<\ln(1+x)<x$.

证明 设 $f(x)=\ln(1+x)$，显然 $f(x)$ 在区间 $[0,x]$ 上满足拉格朗日中值定理的条件，根据定理，就有：

$$f(x)-f(0)=f'(\xi)(x-0),0<\xi<x$$

由于 $f(0)=0,f'(x)=\frac{1}{1+x}$，因此上式即为：

$$\ln(1+x)=\frac{x}{1+\xi}$$

又由 $0<\xi<x$，有：

$$\frac{x}{1+x}<\ln(1+x)<x$$

注：利用拉格朗日中值定理证明不等式时，选择与所要证明的问题相近的函数与区间，再利用拉格朗日中值定理即得结论. 如证明：$|\arctan a-\arctan b|\leqslant|a-b|$，则选 $f(x)=\arctan x$，区间为 $[a,b]$.

三、柯西中值定理

设曲线弧 C 由参数方程

$$\begin{cases}X=F(x)\\Y=f(x)\end{cases}\quad(a<x<b)$$

表示,其中 x 为参数.如果曲线 C 上除端点外处处具有不垂直于横轴的切线,那么在曲线 C 上必有一点 $x=\xi$,使曲线上该点的切线平行于连结曲线端点的弦 AB,曲线 C 上点 $x=\xi$ 处的切线的斜率为 $\frac{dY}{dX}=\frac{f'(\xi)}{F'(\xi)}$,弦 AB 的斜率为 $\frac{f(b)-f(a)}{F(b)-F(a)}$. 于是 $\frac{f(b)-f(a)}{F(b)-F(a)}=\frac{f'(\xi)}{F'(\xi)}$.

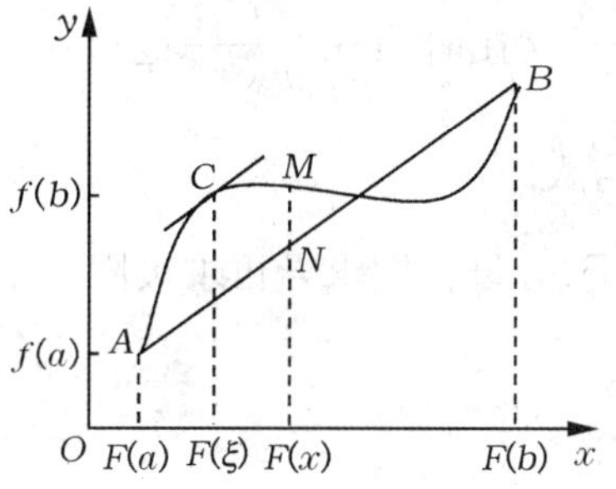

图 3—3

定理 1.4(柯西中值定理)　如果函数 $f(x)$ 及 $F(x)$ 在闭区间 $[a,b]$ 上连续,在开区间 (a,b) 内可导,且 $F'(x)$ 在 (a,b) 内的每一点处均不为零,那么在 (a,b) 内至少有一点 ξ,使等式 $\frac{f(b)-f(a)}{F(b)-F(a)}=\frac{f'(\xi)}{F'(\xi)}$ 成立.

证明　从略.

显然,若取 $F(x)=x$,那么 $F(b)-F(a)=b-a$,$F'(x)=1$,$\frac{f(b)-f(a)}{F(b)-F(a)}=\frac{f'(\xi)}{F'(\xi)}$ 就可以改写成:$f(b)-f(a)=f'(\xi)(b-a)(a<\xi<b)$. 由此可知,拉格朗日中值定理是柯西中值定理的一个特殊情形.

第二节　洛必达法则

在求函数的极限时,常会遇到两个函数 $f(x)$、$F(x)$ 都是无穷小或都是无穷大时,求它们比值的极限,此时极限 $\lim\frac{f(x)}{F(x)}$ 可能存在,也可能不存在.通常把这种极限叫做未定式,并分别简称为 $\frac{0}{0}$ 型或 $\frac{\infty}{\infty}$ 型.例如,$\lim\limits_{x\to0}\frac{\sin x}{x}$ 就是 $\frac{0}{0}$ 型的未定式,而极限 $\lim\limits_{x\to+\infty}\frac{\ln x}{x}$ 就是 $\frac{\infty}{\infty}$ 型的未定式.我们容易知道,对于未定式的极限求法,是不能应用“商的极限等于极限的商”这个法则来求解的,那么我们应该如何求这类问题的极限呢?

计算未定式的极限往往需要经过适当的变形,转化成可利用极限运算法则或重要极限的形式进行计算. 这种变形没有一般方法,需视具体问题而定,属于特定的方法. 本节将用导数作为工具,给出计算未定式极限的一般方法,即洛必达法则. 本节的几个定理所给出的求极限的方法,统称为洛必达法则.

一、$\frac{0}{0}$ 型未定式

定理 1　设函数 $f(x)$、$F(x)$ 满足下列条件:

(1) $\lim\limits_{x\to x_0} f(x)=0$，$\lim\limits_{x\to x_0} F(x)=0$；

(2) $f(x)$ 与 $F(x)$ 在 x_0 的某一去心邻域内可导，且 $F'(x)\neq 0$；

(3) $\lim\limits_{x\to x_0}\dfrac{f'(x)}{F'(x)}$ 存在(或为无穷大)，则 $\lim\limits_{x\to x_0}\dfrac{f(x)}{F(x)}=\lim\limits_{x\to x_0}\dfrac{f'(x)}{F'(x)}$.

这个定理说明：当 $\lim\limits_{x\to x_0}\dfrac{f'(x)}{F'(x)}$ 存在时，$\lim\limits_{x\to x_0}\dfrac{f(x)}{F(x)}$ 也存在且等于 $\lim\limits_{x\to x_0}\dfrac{f'(x)}{F'(x)}$；当 $\lim\limits_{x\to x_0}\dfrac{f'(x)}{F'(x)}$ 为无穷大时，$\lim\limits_{x\to x_0}\dfrac{f(x)}{F(x)}$ 也是无穷大.

这种在一定条件下通过分子、分母分别求导再求极限来确定未定式的极限值的方法，称为洛必达(L'Hospital)法则.

例 1 计算极限 $\lim\limits_{x\to 0}\dfrac{e^x-1}{x}$.

解 该极限属于"$\dfrac{0}{0}$"型不定式，于是由洛必达法则，得：

$$\lim_{x\to 0}\frac{e^x-1}{x}=\lim_{x\to 0}\frac{e^x}{1}=1$$

例 2 计算极限 $\lim\limits_{x\to 0}\dfrac{\sin ax}{\sin bx}$.

解 该极限属于"$\dfrac{0}{0}$"型不定式，于是由洛必达法则，得：

$$\lim_{x\to 0}\frac{\sin ax}{\sin bx}=\lim_{x\to 0}\frac{a\cos ax}{b\cos bx}=\frac{a}{b}$$

注：若 $f'(x)$，$g'(x)$ 仍满足定理的条件，则可以继续应用洛必达法则，即：

$$\lim_{x\to a}\frac{f(x)}{g(x)}=\lim_{x\to a}\frac{f'(x)}{g'(x)}=\lim_{x\to a}\frac{f''(x)}{g''(x)}=\cdots$$

例 3 计算极限 $\lim\limits_{x\to 2}\dfrac{x^3-12x+16}{x^3-2x^2-4x+8}$.

解 由洛必达法则，得：

$$\lim_{x\to 2}\frac{x^3-12x+16}{x^3-2x^2-4x+8}=\lim_{x\to 2}\frac{3x^2-12}{3x^2-4x-4}=\lim_{x\to 2}\frac{6x}{6x-4}=\frac{3}{2}$$

例 4 计算极限 $\lim\limits_{x\to +\infty}\dfrac{\dfrac{\pi}{2}-\arctan x}{\dfrac{1}{x}}$.

解
$$\lim_{x\to +\infty}\frac{\dfrac{\pi}{2}-\arctan x}{\dfrac{1}{x}}=\lim_{x\to +\infty}\frac{-\dfrac{1}{1+x^2}}{-\dfrac{1}{x^2}}=\lim_{x\to +\infty}\frac{x^2}{1+x^2}=1$$

二、$\dfrac{\infty}{\infty}$型未定式

定理 2 设函数 $f(x)$、$F(x)$ 满足下列条件：

(1) $\lim\limits_{x\to x_0} f(x)=\infty$，$\lim\limits_{x\to x_0} F(x)=\infty$；

(2) $f(x)$ 与 $F(x)$ 在 x_0 的某一去心邻域内可导，且 $F'(x)\neq 0$；

(3) $\lim\limits_{x\to x_0}\dfrac{f'(x)}{F'(x)}$ 存在(或为无穷大)，则 $\lim\limits_{x\to x_0}\dfrac{f(x)}{F(x)}=\lim\limits_{x\to x_0}\dfrac{f'(x)}{F'(x)}$.

注：上述关于 $x\to x_0$ 时未定式 $\dfrac{\infty}{\infty}$ 型的洛必达法则，对于 $x\to\infty$ 时，未定式 $\dfrac{\infty}{\infty}$ 型同样适用.

例 5　计算极限 $\lim\limits_{x\to+\infty}\dfrac{\ln x}{x^{\alpha}}(\alpha>0)$.

解　此极限满足洛必达法则，于是得：

$$\lim_{x\to+\infty}\frac{\ln x}{x^{\alpha}}=\lim_{x\to+\infty}\frac{\frac{1}{x}}{\alpha x^{\alpha-1}}=\lim_{x\to+\infty}\frac{1}{\alpha x^{\alpha}}=0$$

例 6　计算极限 $\lim\limits_{x\to+\infty}\dfrac{x^n}{e^x}(n>0)$.

解　所求问题是 $\dfrac{\infty}{\infty}$ 型未定式，连续 n 次施行洛必达法则，有：

$$\lim_{x\to+\infty}\frac{x^n}{e^x}=\lim_{x\to+\infty}\frac{nx^{n-1}}{e^x}=\lim_{x\to+\infty}\frac{n(n-1)x^{n-2}}{e^x}=\cdots=\lim_{x\to+\infty}\frac{n!}{e^x}=0$$

例 7　计算极限 $\lim\limits_{x\to 0}\dfrac{\tan x-x}{x^2\sin x}$.

解

$$\lim_{x\to 0}\frac{\tan x-x}{x^2\sin x}=\lim_{x\to 0}\frac{\tan x-x}{x^3}\text{（利用等价无穷小量代换 }\sin x\sim x\text{）}$$

$$=\lim_{x\to 0}\frac{\sec^2x-1}{3x^2}=\lim_{x\to 0}\frac{\tan^2x}{3x^2}=\frac{1}{3}\lim_{x\to 0}\left(\frac{\tan x}{x}\right)^2=\frac{1}{3}$$

三、其他类型未定式 $0\cdot\infty$、$\infty-\infty$、0^0、1^∞、∞^0 都可以转化为 $\dfrac{0}{0}$ 或 $\dfrac{\infty}{\infty}$ 型未定式来计算

(1)“$0\cdot\infty$”型

设 $\lim\limits_{x\to a}f(x)=0$，$\lim\limits_{x\to a}g(x)=\infty$，则 $\lim\limits_{x\to a}f(x)\cdot g(x)$ 就构成了“$0\cdot\infty$”型不定式，它可以做如下转化：

$$\lim_{x\to a}f(x)\cdot g(x)=\lim_{x\to a}\frac{f(x)}{\frac{1}{g(x)}}\quad\left(\frac{0}{0}\text{型}\right)$$

或：

$$\lim_{x\to a}f(x)\cdot g(x)=\lim_{x\to a}\frac{g(x)}{\frac{1}{f(x)}}\quad\left(\frac{\infty}{\infty}\text{型}\right)$$

(2)“$\infty-\infty$”型

这种形式的不定型可以通过通分等手段转化为 $\dfrac{0}{0}$ 型或 $\dfrac{\infty}{\infty}$ 型.

例：$\lim\limits_{x\to\frac{\pi}{2}}(\sec x-\tan x)=\lim\limits_{x\to\frac{\pi}{2}}\left(\dfrac{1}{\cos x}-\dfrac{\sin x}{\cos x}\right)=\lim\limits_{x\to\frac{\pi}{2}}\dfrac{1-\sin x}{\cos x}=\lim\limits_{x\to\frac{\pi}{2}}\dfrac{-\cos x}{-\sin x}=0$

(3)“0^0，1^∞，∞^0”型

它可以通过如下转化：

$$\lim_{x\to a}[f(x)]^{g(x)}=\lim_{x\to a}e^{\ln[f(x)]^{g(x)}}=\lim_{x\to a}e^{g(x)\ln f(x)}=e^{\lim\limits_{x\to a}g(x)\ln f(x)}$$

例 8 计算极限 $\lim\limits_{x\to0^+}x^x$.

解 因为 $\lim\limits_{x\to0^+}x^x=e^{\lim\limits_{x\to0^-}x\ln x}$，而：

$$\lim_{x\to0^+}x\ln x=\lim_{x\to0^+}\frac{\ln x}{\frac{1}{x}}=\lim_{x\to0^+}(-x)=0$$

所以：
$$\lim_{x\to0^+}x^x=e^0=1$$

例 9 计算极限 $\lim\limits_{x\to+\infty}\left(\dfrac{2}{\pi}\arctan x\right)^x$.

解 因为 $\lim\limits_{x\to+\infty}\left(\dfrac{2}{\pi}\arctan x\right)^x=e^{\lim\limits_{x\to+\infty}x\ln\left(\frac{2}{\pi}\arctan x\right)}$，而：

$$\lim_{x\to+\infty}x\ln\left(\frac{2}{\pi}\arctan x\right)=\lim_{x\to+\infty}\frac{\ln\frac{2}{\pi}+\ln\arctan x}{\frac{1}{x}}=\lim_{x\to+\infty}\frac{\frac{1}{\arctan x}\cdot\frac{1}{1+x^2}}{-\frac{1}{x^2}}$$

$$=\lim_{x\to+\infty}\frac{1}{\arctan x}\cdot\frac{-x^2}{1+x^2}=-\frac{2}{\pi}$$

所以：
$$\lim_{x\to+\infty}\left(\frac{2}{\pi}\arctan x\right)^x=e^{-\frac{2}{\pi}}$$

例 10 计算极限 $\lim\limits_{x\to0}\dfrac{\tan x-x}{x^2\sin x}$.

解
$$\lim_{x\to0}\frac{\tan x-x}{x^2\sin x}=\lim_{x\to0}\frac{\tan x-x}{x^3}=\lim_{x\to0}\frac{\sec^2x-1}{3x^2}=\lim_{x\to0}\frac{\tan^2x}{3x^2}$$

$$=\frac{1}{3}\lim_{x\to0}\left(\frac{\tan x}{x}\right)^2=\frac{1}{3}\quad(\sin x\sim x)$$

使用洛必达法则时必须注意以下几点：

(1)洛必达法则只能适用于“$\dfrac{0}{0}$”和“$\dfrac{\infty}{\infty}$”型的未定式，其他的未定式须先化简变形成“$\dfrac{0}{0}$”或“$\dfrac{\infty}{\infty}$”型才能运用该法则；

(2)只要条件具备，可以连续应用洛必达法则；

(3)洛必达法则的条件是充分的，但不必要.因此，在该法则失效时，并不能断定原极限不存在.

第三节 函数的极值

一、函数单调性的判定法

函数的单调性也就是函数的增减性，怎样才能判断函数的增减性呢？我们知道，若函数在某区间上单调增(或减)，则在此区间内函数图形上切线的斜率均为正(或负)，也就是函数的导数在此区间上均取正值(或负值).因此,我们可通过判定函数导数的正负来判定函数的增减性.

定理 3.1 设函数 $y=f(x)$在$[a,b]$上连续,在(a,b)内可导.

(1)如果在(a,b)内 $f'(x)>0$,那么函数 $y=f(x)$在$[a,b]$上单调增加;

(2)如果在(a,b)内 $f'(x)<0$,那么函数 $y=f(x)$在$[a,b]$上单调减少.

证明 (1)由于函数 $f(x)$满足拉格朗日中值定理条件,因此,在$[a,b]$上任取两点 x_1,x_2(不妨设 $x_1<x_2$),必有 $\xi\in(x_1,x_2)$,使

$$f(x_2)-f(x_1)=f'(\xi)(b-a)$$

如果 $f'(x)>0$,必有 $f'(\xi)>0$,于是:

$$f(x_2)-f(x_1)>0$$

即:

$$f(x_1)<f(x_2)$$

这表明函数 $y=f(x)$在$[a,b]$上单调增加.

同理可证,如果 $f'(x)<0$,函数 $y=f(x)$在$[a,b]$上单调减少.

值得注意的是,在上面定理的证明过程中易于看到,闭区间$[a,b]$若改为开区间(a,b)或无限区间,该定理结论同样成立;若可导函数在某区间内有限个点处,导数等于零,但函数在该区间内仍旧是单调增加(或单调减少).

例如,幂函数 $y=x^3$ 的导数 $y'=3x^2$,当 $x=0$ 时,$y'=0$,但它在$(-\infty,+\infty)$内是单调增加的.

例 1 讨论函数 $y=\ln x$ 的单调性.

解 $y=\ln x$ 的定义域为$(0,+\infty)$.因为 $y'=\dfrac{1}{x}>0$,$x\in(0,+\infty)$,所以 $y=\ln x$ 在其定义域$(0,+\infty)$内单调增加.

例 2 讨论函数 $y=\arctan x-x$ 的单调性.

解 $y=\arctan x-x$ 的定义域为$(-\infty,+\infty)$.

$$y'=\frac{1}{1+x^2}-1=-\frac{x^2}{1+x^2}$$

除 $x=0$ 时 $y'=0$ 外,恒有 $-\dfrac{x^2}{1+x^2}<0$,所以在$(-\infty,0)$及$(0,+\infty)$内恒有 $y'<0$,因此,$y=\arctan x-x$ 在$(-\infty,+\infty)$内是单调减少的.

例 3 确定函数 $f(x)=x^4-2x^2$ 的单调区间.

解 $f(x)$的定义域为$(-\infty,+\infty)$.

$$\begin{aligned}f'(x)&=4x^3-4x=4(x^3-x)\\&=4x\cdot(x-1)(x+1)\end{aligned}$$

$f(x)$的定义域$(-\infty,+\infty)$被 $x=0,-1,1$ 分成$(-\infty,-1)$,$(-1,0)$,$(0,1)$,$(1,+\infty)$四个区间.当 $x\in(-\infty,-1)$,$x\in(0,1)$时,$f'(x)<0$,$f(x)$单调减少;当 $x\in(-1,0)$,$x\in(1,+\infty)$时,$f'(x)>0$,$f(x)$单调增加.

从例 3 可以看出,有些函数在它的定义域上不是单调的,这时我们要把整个定义域划分为若干个子区间,分别讨论函数在各子区间内的单调性.一般可以用使 $f'(x)=0$ 的点作为分界点,使得函数的导数在各子区间内符号不变,从而函数 $f(x)$在每个子区间内单调.具体做法通常用列表法.

令 $f'(x)=0$,得 $x_1=-1$,$x_2=0$,$x_3=1$,列表 3-1 如下:

表 3—1

x	$(-\infty,-1)$	$(-1,0)$	$(0,1)$	$(1,+\infty)$
$f'(x)$	$-$	$+$	$-$	$+$
$f(x)$	↘	↗	↘	↗

注:"↗"表示单调递增,"↘"表示单调递减.

所以,函数在$(-\infty,-1)$,$(0,1)$内单调减少,函数在$(-1,0)$,$(1,+\infty)$内单调增加.

例 4 求 $y=(x-1)\sqrt[3]{x^2}$ 的单调区间.

解 函数的定义域为$(-\infty,+\infty)$.

$$y'=x^{\frac{2}{3}}+\frac{2}{3}(x-1)x^{-\frac{1}{3}}=\frac{5x-2}{3\sqrt[3]{x}}$$

当 $x=0$ 时,y'不存在;当 $x=\frac{2}{5}$时,$y'=0$.列表 3—2 如下:

表 3—2

x	$(-\infty,0)$	0	$\left(0,\frac{2}{5}\right)$	$\frac{2}{5}$	$\left(\frac{2}{5},+\infty\right)$
y'	$+$		$-$		$+$
y	↗		↘		↗

所以,函数 $f(x)$在$(-\infty,0)$,$\left(\frac{2}{5},+\infty\right)$内单调增加,在区间$\left(0,\frac{2}{5}\right)$内单调减少.

综上所述,求 $f(x)$单调区间的步骤如下:

(1)确定函数的定义域;

(2)求出 $f(x)$单调区间所有可能的分界点(包括 $y'=0$ 点,y'不存在的点),并根据分界点把定义域分成若干子区间;

(3)讨论一阶导数 y'在各区间的符号,从而判别在各区间的单调性.

二、函数极值的定义

定义 3.1 设函数 $f(x)$在点 x_0 的某一邻域 $U(x_0)$内有定义,如果对于去心邻域 $\mathring{U}(x_0)$内的任一 x,都有:

$$f(x)<f(x_0)(\text{或 } f(x)>f(x_0))$$

则称函数值 $f(x_0)$是函数 $f(x)$的一个极大值(或极小值).

函数的极大值与极小值统称为函数的极值,使函数取得极值的点称为极值点.

例如,前面例 3 中函数 $f(x)=x^4-2x^2$ 有极小值 $f(-1)=-1$、$f(1)=-1$ 和极大值 $f(0)=0$,点 $x=\pm1$ 和 $x=0$ 是函数 $f(x)$的极值点.

函数的极大值、极小值概念是局部性的概念.如果 $f(x_0)$是函数 $f(x)$的极大值,那只是就 x_0 附近的某一领域 $U(x_0)$来说,$f(x_0)$是函数 $f(x)$的最大值;如果就 $f(x)$的整个定义域来说,$f(x_0)$不一定是最大值.关于极小值同理.

在图 3—4 中,函数 $y=f(x)$在定义区间$[a,b]$内有多个极值点,但从图中可知:函数的极大值不一定比极小值大，且函数的极值点一定出现在区间内部.

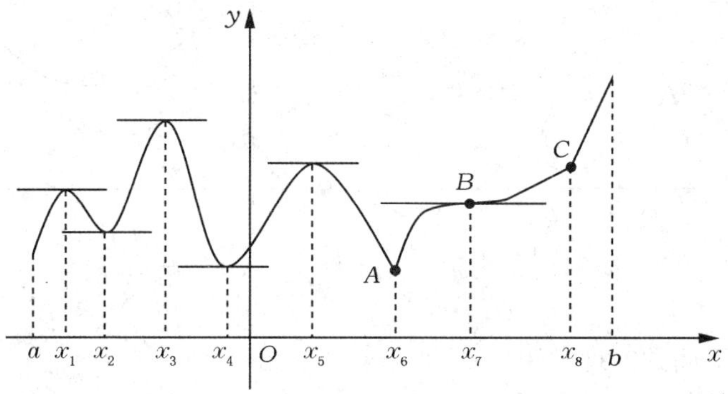

图 3－4

从图中我们还可以看出，极值点处的切线是水平的.但曲线上有水平切线的点，函数不一定取到极值，如图中在 B 点处有水平切线，即 x_7 使驻点（$f'(x_7)=0$），但不是函数极值点.同样，$f(x)$的不可导点也未必一定是极值点，如在图中的点 A 处不可导，但它是极小值点，但在点 C 处，图像无切线，因此函数在 x_8处也不可导，但它并非极值点。由此可知，极值点处的切线是水平取到极值点的必要条件，而非充要条件。由费马（*Fermat*）引理我们可知：

定理 3.2（极值的必要条件）　设函数 $f(x)$在 x_0 处可导，且在 x_0 处取得极值，则一定有 $f'(x_0)=0$.

我们知道函数的极值就是局部的最值，而证明极值点处的导数为零只要在极值点的某一邻域内考虑即可，那么就是证明这一邻域内的最值处导数为零，而这实际上就是费马（Fermat）引理的内容.

证明　设 $f(x_0)$为极大值（$f(x_0)$为极小值时可类似证明）.

根据极值的定义，对于 $x\in\mathring{U}(x_0)$，恒有 $f(x)<f(x_0)$，于是：

当 $x<x_0$，$\dfrac{f(x)-f(x_0)}{x-x_0}>0$，故 $f'(x_0)=\lim\limits_{x\to x_0^-}\dfrac{f(x)-f(x_0)}{x-x_0}\geqslant 0$；

当 $x>x_0$，$\dfrac{f(x)-f(x_0)}{x-x_0}<0$，故 $f'(x_0)=\lim\limits_{x\to x_0^+}\dfrac{f(x)-f(x_0)}{x-x_0}\leqslant 0$.

从而，$f'(x_0)=0$.

定义 3.2　函数 $y=f(x)$满足导数 $f'(x)=0$ 的点，称为函数的驻点（稳定点）.

定理 3.2 表明：可导函数的极值点必定是驻点。但反过来，函数的驻点却不一定是极值点，例如 $f(x)=x^3$，$f'(x)=3x^2$，因此，$x=0$ 是这个可导函数的驻点，但 $x=0$ 不是函数的极值点.所以，函数的驻点只是可能的极值点.此外，函数的导数不存在的点也可能是极值点.例如，函数 $f(x)=|x|$在点 $x=0$ 处不可导，但函数在该点取到极小值.因此，对可导函数而言，求极值点应先找出驻点，然后对驻点进行判断，哪些是极值点，哪些不是极值点.根据极值的定义及函数单调性的判定法，不难知道：如果在驻点两侧函数导数的符号相反，则驻点必然是使函数单调性改变的点，从而一定是函数的极值点.如图 3－5、图 3－6 所示 .

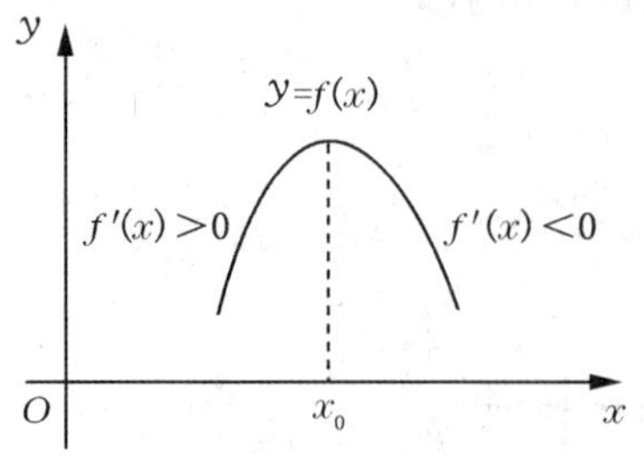

图 3—5

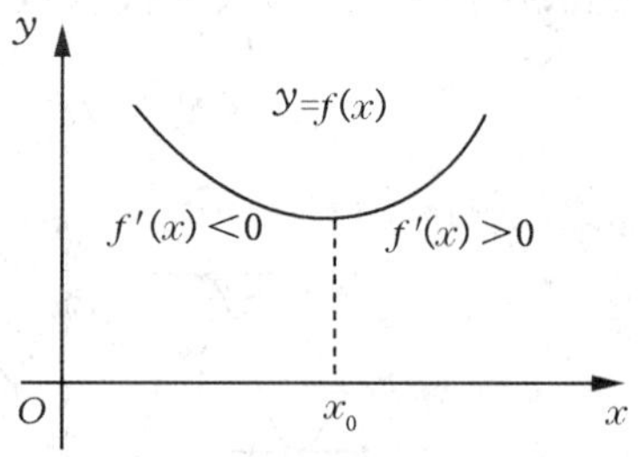

图 3—6

由此我们得到下面的定理：

定理 3.3(极值的第一充分条件) 设函数 $f(x)$ 在点 x_0 处连续，且在点 x_0 的某一邻域 $U(x_0)$(点 x_0 可除外)内具有导数，对于 $x\in \overset{o}{U}(x_0)$：

(1)若当 $x<x_0$ 时，$f'(x)>0$，当 $x>x_0$，$f'(x)<0$，则 $f(x_0)$是函数 $f(x)$的极大值；

(2)若当 $x<x_0$ 时，$f'(x)<0$，当 $x>x_0$，$f'(x)>0$，则 $f(x_0)$是函数 $f(x)$的极小值；

(3)若在 x_0 两侧，$f'(x)$的符号相同，则 $f(x_0)$不是 $f(x)$的极值.

显然(1)与(2)的证明是类似的.由于证明极值是比较 x_0 处的函数值与其邻域内其他点处的函数值，而拉格朗日(Lagrange)中值定理就是讨论函数值之差与自变量之差之间的关系的，因此应用拉格朗日(Lagrange)中值定理可证明.

证明 仅证(1)，设 x 为 $\overset{o}{U}(x_0)$内任意一点，根据拉格朗日(Lagrange)中值定理，得：

$$f(x)-f(x_0)=f'(\xi)(x-x_0)(\xi \text{ 在 } x \text{ 与 } x_0 \text{ 之间})$$

由(1)的条件可知：

当 $x<x_0$ 时，$f'(x)>0$，所以 $f'(\xi)(x-x_0)<0$，$f(x)<f(x_0)$；当 $x>x_0$ 时，$f'(x)<0$，所以 $f'(\xi)(x-x_0)<0$，$f(x)<f(x_0)$.

对于 $\overset{o}{U}(x_0)$内任意一点 x，都有 $f(x)<f(x_0)$.根据极值的定义知，$f(x_0)$是函数 $f(x)$的极大值.

(2)、(3)的证明是类似的，读者可自行给出.

定理 3.3 表明：如果在点 x_0 两侧的导数符号相反，x_0 就一定是极值点；如果在点 x_0 两侧的导数符号相同，x_0 就一定不是极值点.

根据定理 3.3，如果函数 $f(x)$在所讨论的区间内连续，除个别点外处处可导，就可以按下列步骤来求 $f(x)$在该区间内的极值点和相应的极值：

(1)求出导数 $f'(x)$；

(2)求出 $f(x)$的全部驻点和不可导点；

(3)根据定理 3.2 确定这些点是不是极值点，如果是极值点，进一步确定是极大值点还是极小值点；

(4)求出各极值点处的函数值，就得到函数 $f(x)$的全部极值.

例 5 求函数 $f(x)=x^3-3x^2-9x+7$ 的极值.

解 (1)函数的定义域为$(-\infty,+\infty)$；

(2)$f'(x)=3x^2-6x-9=3(x+1)(x-3)$，令 $f'(x)=0$，得驻点：$x=-1$，$x=3$；

(3)用 $x=-1$ 和 $x=3$ 将定义域划分为三个区间：$(-\infty,-1)$、$(-1,3)$、$(3,+\infty)$，列表

确定 $f'(x)$ 的符号及函数的极值点和极值(见表3—3).

表3—3

x	$(-\infty,-1)$	-1	$(-1,3)$	3	$(3,+\infty)$
$f'(x)$	+	0	−	0	+
$f(x)$	↗	极大值	↘	极小值	↗

所以,函数的极大值为 $f(-1)=12$,极小值为 $f(3)=-20$.

上述有关极值的充分条件和必要条件都是对可导函数而言的,在此条件下,极值点一定是驻点,因此,只要求出函数的驻点,再由定理3.3考察各个驻点是否为极值点就行了.但是,如果函数有不可导点,就不能肯定极值点一定是驻点了,因为在导数不存在的点处,函数也可能取得极值.请看下例:

例6　求函数 $f(x)=1-(x-2)^{\frac{2}{3}}$ 的极值.

解　该函数的定义域为 $(-\infty,+\infty)$.

当 $x\neq2$ 时,$f'(x)=-\frac{2}{3}\frac{1}{\sqrt[3]{x-2}}$;当 $x=2$ 时,$f'(x)$ 不存在.

当 $x<2$ 时,$f'(x)>0$;当 $x>2$ 时,$f'(x)<0$,又 $f(x)$ 在 $x=2$ 处连续,所以 $x=2$ 是函数 $f(x)$ 的极大值点,极大值为 $f(2)=1$.

注意:以上是利用函数的一阶导数来讨论函数的极值,当函数在驻点处的二阶导数存在且不为零时,也可以利用下面的定理用二阶导数来判断函数在驻点处是取得极大值还是极小值.

定理3.4(极值的第二充分条件)　设函数 $f(x)$ 在点 x_0 处具有二阶导数,且 $f'(x_0)=0$,$f''(x_0)\neq0$,则:

(1)当 $f''(x_0)<0$ 时,函数 $f(x)$ 在点 x_0 处取得极大值;

(2)当 $f''(x_0)>0$ 时,函数 $f(x)$ 在点 x_0 处取得极小值.

证明　只证明情形(1),情形(2)的证明是类似的.

由导数的定义及 $f'(x_0)=0$ 和 $f''(x_0)\neq0$,得:

$$f''(x_0)=\lim_{x\to x_0}\frac{f'(x)-f'(x_0)}{x-x_0}=\lim_{x\to x_0}\frac{f'(x)}{x-x_0}<0$$

根据函数极限的局部保号性定理,对于 $x\in\mathring{U}(x_0)$,有 $\frac{f'(x)}{x-x_0}<0$.

因此,当 $x<x_0$ 时,$f'(x)>0$;当 $x>x_0$ 时,$f'(x)<0$.

根据定理3.3,函数 $f(x)$ 在点 x_0 处取得极大值.

定理3.4表明,如果函数 $f(x)$ 在其驻点 x_0 处的二阶导数 $f''(x_0)\neq0$,则驻点 x_0 一定是函数 $f(x)$ 的极值点.

注意:如果 $f''(x_0)=0$,就不能用定理3.4来判断 x_0 是否为极值点.事实上,当 $f'(x_0)=0$,$f''(x_0)=0$,$f(x)$ 在 x_0 处可能有极大值,也可能有极小值,也可能没有极值.例如,$f(x)=-x^4$,$g(x)=x^4$,$h(x)=x^3$,这三个函数就分别属于这三种情况。所以,当函数在驻点处的二阶导数为零时,只能用定理3.3来判断,即:由驻点左右两侧一阶导数的符号来判断.

例7　求函数 $f(x)=(x^2-1)^3+1$ 的极值.

解

$$f'(x)=6x(x^2-1)^2$$

令 $f'(x)=0$，得：$x_1=-1, x_2=0, x_3=1$.

$$f''(x)=6(x^2-1)(5x^2-1)$$

因为 $f''(0)=6>0$，所以 $f(x)$ 在 $x=0$ 处取得极小值，极小值为 $f(0)=0$.

又 $f''(-1)=f''(1)=0$，此时定理 3.4 失效，仍用定理 3.3 来判断.

当 $x<-1$ 时，$f'(x)<0$；当 $-1<x<0$ 时，$f'(x)<0$，所以 $f(x)$ 在 $x=-1$ 处没有极值. 同理，$f(x)$ 在 $x=1$ 处没有极值.

三、最大值、最小值问题

在实际生活中，我们常常会遇到这样一类问题：在一定条件下，怎样使"效益最大"、"成本最低"、"用料最省"等，这类问题在数学上即可归结为求某一函数的最大值、最小值问题。

应用极值和最值理论解决最优化问题时，首先要弄清要求最大值或最小值的量，该量与问题中其他量的关系怎样，以要最优化的量为目标，建立目标函数，并确定函数的定义域；其次，应用极值和最值理论求目标函数的最大值或最小值；最后，应按问题的要求给出结论。

一般地，在闭区间 $[a,b]$ 上连续的函数 $f(x)$ 在 $[a,b]$ 上必有最大值与最小值；在开区间 (a,b) 内连续的函数 $f(x)$ 不一定有最大值与最小值，例如，$f(x)=\dfrac{1}{x}$ 在 $(0,+\infty)$ 内的图像连续，但无最大值和最小值.

设函数 $f(x)$ 在 $[a,b]$ 上连续，在 (a,b) 内可导，求 $f(x)$ 在 $[a,b]$ 上的最大值与最小值的步骤如下：

(1)求 $f(x)$ 在 (a,b) 内的极值；

(2)将 $f(x)$ 的各极值与 $f(a)$，$f(b)$ 比较，其中最大的一个是最大值，最小的一个是最小值.

例 8 求函数 $y=2x^3+3x^2-12x+14$ 在 $[-3,4]$ 上的最大值与最小值.

解 先求函数的极值点：

$$f'(x)=6(x+2)(x-1)$$

解 方程 $f'(x)=0$，得：

$$x_1=-2, x_2=1$$

计算得：

$$f(-3)=23, f(-2)=34, f(1)=7, f(4)=142$$

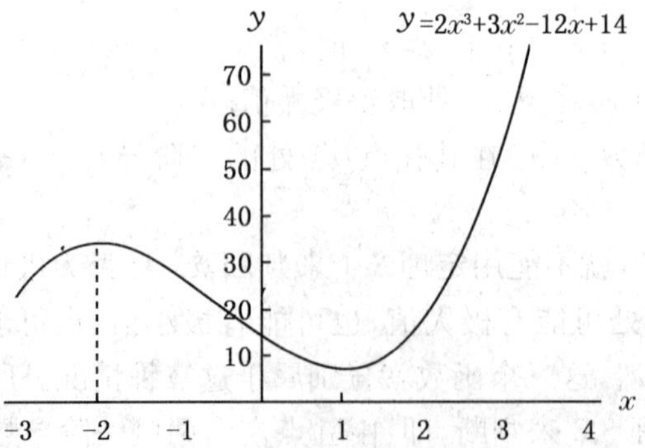

图 3—7

比较后得出，最大值为 $f(4)=142$，最小值为 $f(1)=7$.

例 9　某房地产公司有 50 套公寓要出租，当租金定为每月 180 元时，公寓会全部租出去.当租金每月增加 10 元时，就有一套公寓租不出去，而租出去的房子每月需花费 20 元的整修维护费.试问房租定为多少，可获得最大收入？

解　设房租为每月 x 元，租出去的房子有 $50-\left(\frac{x-180}{10}\right)$ 套，每月总收入为：

$$R(x)=(x-20)\left(50-\frac{x-180}{10}\right)$$

$$R(x)=(x-20)\left(68-\frac{x}{10}\right)$$

对 $R(x)$ 求导得：

$$R'(x)=\left(68-\frac{x}{10}\right)+(x-20)\left(-\frac{1}{10}\right)=70-\frac{x}{5}$$

解方程 $R'(x)=0$，得：$x=350$(唯一驻点)，故每月每套租金为 350 元时收入最高，最大收入为：

$$R(x)=(350-20)\left(68-\frac{350}{10}\right)=10\ 890(\text{元})$$

在实际问题中，如果函数 $f(x)$ 在某区间内有唯一的驻点 x_0，而且从实际问题本身又可知道 $f(x)$ 在该区间内必定有最大值或最小值，则 x_0 就是 $f(x)$ 的最大值点或最小值点.

第四节　函数的凹凸性与函数图像描绘

上一节已经讨论了函数的单调性与极值，这对函数性状的了解是有很大作用的. 为了更深入和较精确地掌握函数的性状，我们在这里再讲述一下有关函数凸性的概念及其与函数二阶导数的关系.

一、函数的凹凸性

我们知道了函数在某个区间的单调性，就可知道曲线在该区间上是上升还是下降的，但如何上升、如何下降？如图 3－8 中的两条曲线 $\overset{\frown}{ACB}$ 和 $\overset{\frown}{ADB}$，都是单调上升的，但它们的弯曲方向明显不同. 下面介绍描述曲线弯曲方向的概念.

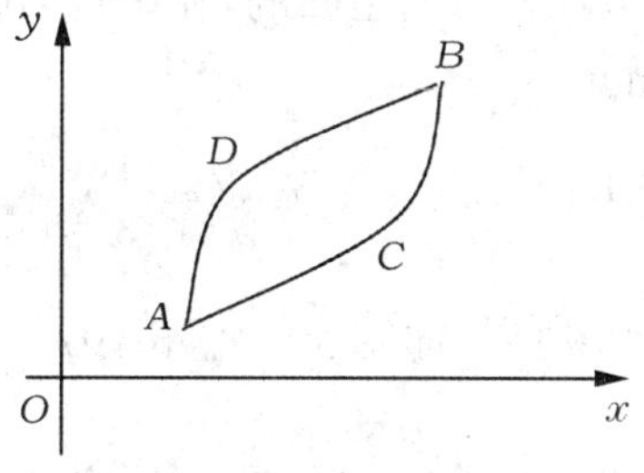

图 3－8

定义 4.1 设函数 $f(x)$ 在区间 I 内连续，如果曲线上任一点的切线都位于该曲线的下方，则称曲线 $f(x)$ 在 I 上是凹的（或下凹的）；如果曲线上任一点的切线都位于该曲线的上方，则称曲线 $f(x)$ 在 I 上是凸的（或上凹的）．如图 3－9、图 3－10 所示．

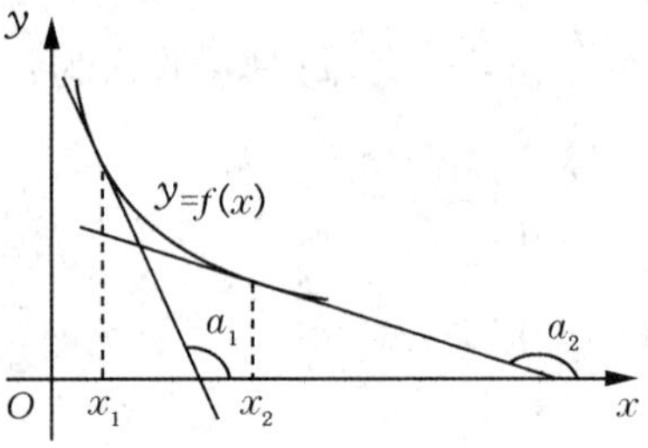

图 3－9

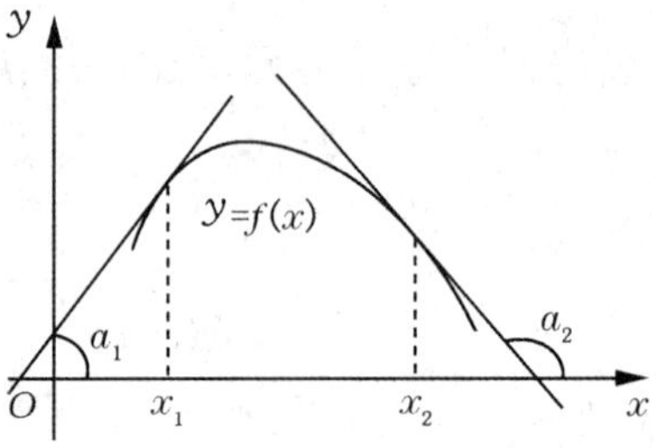

图 3－10

用数学式子来表示凹凸性，可以表述为：对区间 I 上的任意两点 x_1, x_2，若恒有

$$f\left(\frac{x_1+x_2}{2}\right)<\frac{f(x_1)+f(x_2)}{2}$$

那么称 $f(x)$ 图形在区间 I 上是凹的（或下凹的）；若恒有

$$f\left(\frac{x_1+x_2}{2}\right)>\frac{f(x_1)+f(x_2)}{2}$$

那么称 $f(x)$ 图形在区间 I 上是凸的（或上凹的）．

为了能用导数来判定曲线是凹的还是凸的，我们先分析凹的曲线或凸的曲线与导数的关系．如图 3－9、图 3－10 所示，对于凹的曲线，当 x 增大时，曲线上对应点的切线的斜率 $f'(x)$ 也是增大的，即 $f'(x)$ 是单调递增的，从而 $f''(x)>0$；而对于凸的曲线，曲线上对应点的切线的斜率 $f'(x)$ 是减小的，即 $f'(x)$ 是单调递减的，从而 $f''(x)<0$．这说明可以用函数 $f(x)$ 的二阶导数 $f''(x)$ 来判定曲线的凹凸性．

定理 4.1 设函数 $f(x)$ 在区间 $[a,b]$ 上连续，在 (a,b) 内具有一阶和二阶导数，则：

(1)若在 (a,b) 内，$f''(x)>0$，则曲线 $f(x)$ 在 $[a,b]$ 上是凹的；

(2)若在 (a,b) 内，$f''(x)<0$，则曲线 $f(x)$ 在 $[a,b]$ 上是凸的．

证明从略．

例 1 讨论曲线 $y=x^3$ 的凹凸性．

解 函数 $y=x^3$ 的定义域为 $(-\infty,+\infty)$，$y'=3x^2$，$y''=6x$．当 $x>0$ 时，$y''>0$；当 $x<0$ 时，$y''<0$．所以，曲线 $y=x^3$ 在 $(0,+\infty)$ 上是凹的，在 $(-\infty,0)$ 上是凸的．

例 2 讨论曲线 $y=x^{\frac{1}{3}}$ 的凹凸性．

解 函数 $y=x^{\frac{1}{3}}$ 的定义域为 $(-\infty,+\infty)$，$y'=\frac{1}{3}x^{-\frac{2}{3}}$，$y''=-\frac{2}{9}x^{-\frac{5}{3}}=-\frac{2}{9x\sqrt[3]{x^2}}$．当 $x>0$ 时，$y''<0$；当 $x<0$ 时，$y''>0$．所以，曲线 $y=x^{\frac{1}{3}}$ 在 $(0,+\infty)$ 上是凸的，在 $(-\infty,0)$ 上是凹的．

定义 4.2 连续曲线上凹曲线和凸曲线的分界点，称为曲线的拐点．

由例 1、例 2 可知，曲线 $y=x^3$ 及 $y=x^{\frac{1}{3}}$ 的拐点均为 $(0,0)$，在拐点处，函数的二阶导数为零或不存在．

一般地，确定曲线 $f(x)$ 的凹凸性和拐点的步骤如下：

(1)求函数 $f(x)$ 的定义域；

(2)求 $f'(x)$、$f''(x)$，并求出使 $f''(x)=0$ 及 $f''(x)$ 不存在的点；

(3)用步骤(2)中求出的点将函数的定义区间划分为若干个子区间，确定 $f''(x)$ 在各个子区间的符号以及 $f(x)$ 在各个子区间的凹凸性，确定拐点.

值得注意的是，函数 $f(x)$ 在点 (x_0,y_0) 的二阶导数为零或不存在只是点 (x_0,y_0) 为曲线 $f(x)$ 的拐点的必要条件，而不是充分条件.

例 3　求曲线 $y=x^4-6x^2+24x-12$ 的凹凸区间及拐点.

解　(1)函数的定义域为 $(-\infty,+\infty)$；

(2) $y'=4x^3-12x+24$，$y''=12x^2-12=12(x+1)(x-1)$. 令 $y''=0$，解得驻点 $x=\pm1$；

(3)用 $x=\pm1$ 把定义域分为三个区间：$(-\infty,-1)$、$(-1,1)$、$(1,+\infty)$，列表确定 y'' 的符号、曲线的凹凸区间及拐点，见表 3—4.

表 3—4

x	$(-\infty,-1)$	-1	$(-1,1)$	1	$(1,+\infty)$
y''	+	0	−	0	+
y	凹的	拐点 $(-1,-41)$	凸的	拐点 $(1,7)$	凹的

所以曲线的凹区间为 $(-\infty,-1)$ 和 $(1,+\infty)$，凸区间为 $(-1,1)$，拐点为 $(-1,-41)$ 和 $(1,7)$.

二、描绘函数图像

中学数学中学习了应用描点法描绘一些简单函数的图像.但是，描点法有缺陷.这是因为，描点法所选取的点不可能很多，而一些关键性的点，如极值点、拐点等可能漏掉，曲线的单调性、凸性等一些重要的形态也没有掌握.因此，用描点法所描绘的函数图像常常与真实的函数图像相差很多.现在，我们已经掌握了应用导数讨论函数的单调性、极值性、凸性、拐点等方法，从而就能比较准确地描绘函数的图像.一般来说，描绘函数的图像可按下列步骤进行：

(1)确定函数 $y=f(x)$ 的定义域.

(2)考察函数 $y=f(x)$ 是否具有某些特性(奇偶性、周期性).

(3)考察函数 $y=f(x)$ 是否有垂直渐近线、斜渐近线(包括水平渐近线)；如果有渐近线，将渐近线求出来.

(4)求出函数 $y=f(x)$ 的单调区间、极值，列表.

(5)求出函数 $y=f(x)$ 的下凸和上凸的区间和拐点，列表.

(6)确定一些特殊点，如曲线 $y=f(x)$ 与坐标轴的交点，以及容易计算函数值 $f(x)$ 的一些点 $(x,f(x))$.

在直角坐标系中，首先标明所有关键性点的坐标，画出渐近线，其次按照曲线的性态逐段描绘.

例 4　描绘函数 $f(x)=x^3-x^2-x+1$ 的图像.

解　定义域为 $(-\infty,+\infty)$，无奇偶性与周期性.

令 $f'(x)=0$,解得驻点 $x=-\frac{1}{3}$,$x=1$.

代入函数得:极大值点 $f\left(-\frac{1}{3}\right)=\frac{32}{27}$,极小值点 $f(1)=0$.

令 $f(x)''=0$,解得拐点 $x=\frac{1}{3}$.

解得 $f\left(\frac{1}{3}\right)=\frac{5}{9}$.

将定义域分成四个区间:$\left(-\infty,-\frac{1}{3}\right)$,$\left(-\frac{1}{3},\frac{1}{3}\right)$,$\left(\frac{1}{3},1\right)$,$(1,+\infty)$.列表确定函数升降区间、凹凸区间、极值点与拐点,如表 3—5 所示.

表 3—5

	$\left(-\infty,-\frac{1}{3}\right)$	$-\frac{1}{3}$	$\left(-\frac{1}{3},\frac{1}{3}\right)$	$\frac{1}{3}$	$\left(\frac{1}{3},1\right)$	1	$(1,+\infty)$
$f'(x)$	+	0	—	—	—	0	+
$f''(x)$	—	—	—		+	+	+
$f(x)$	↗(凸)	极大点	↘(凸)	拐点	↘(凹)	极小点	↗(凹)

补充计算特殊点 $A(-1,0)$、$B(0,1)$、$C\left(\frac{3}{2},\frac{5}{8}\right)$.

此函数的图像如图 3—11 所示.

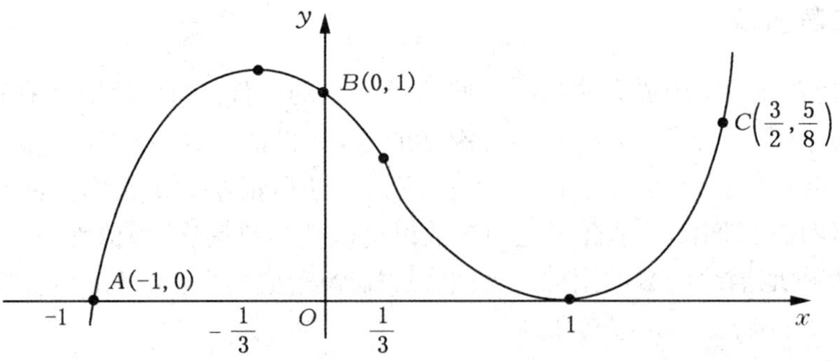

图 3—11

例 5 描绘函数 $f(x)=\frac{(x-3)^2}{4(x-1)}$的图像.

解 定义域是$(-\infty,-1)\cup(1,+\infty)$.

显然有 $\lim\limits_{x\to 1^-}f(x)=-\infty$,$\lim\limits_{x\to 1^+}f(x)=+\infty$,$\lim\limits_{x\to\infty}\left[f(x)-\frac{x-5}{4}\right]=0$.

所以,函数有垂直渐近线 $x=1$ 与斜渐近线 $x-4y=5$.

$$f'(x)=\frac{(x+1)(x-3)}{4(x-1)^2},f(x)''=\frac{2}{(x-1)^3}$$

令 $f'(x)=0$,解得驻点 $x=-1$ 与 $x=3$.

将定义域分成四个区间：$(-\infty,-1)$，$(-1,1)$，$(1,3)$，$(3,+\infty)$.

令 $f(x)''=0$，无解，即没有拐点.

根据上述要素列表，如表 3－6 所示.

表 3－6

	$(-\infty,-1)$	-1	$(-1,1)$	1	$(1,3)$	3	$(3,+\infty)$
$f'(x)$	+	0	—	∞	—	0	+
$f''(x)$	—	—	—		+		+
$f(x)$	↗	极大点	↘	渐近线	↘	极小点	↗

$x=-1$ 是极大点，极大值是 -2；$x=3$ 是极小点，极小值是 0.

补充计算特殊点 $f(0)=-\dfrac{9}{4}$，$f(2)=\dfrac{1}{4}$.

此函数的图像如图 3－12 所示.

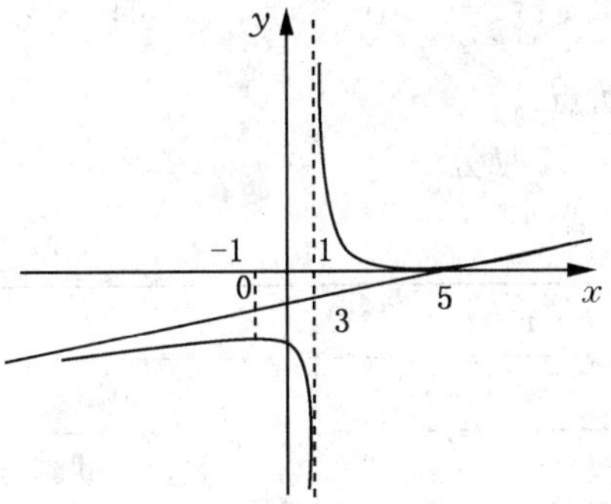

图 3－12

例 6　描绘函数 $y=(1+x)^{\frac{1}{x}}$ 的图像.

解　当 $x>-1$，$x\neq 0$ 有定义，且 $y>0$，在该区域有定义，函数 $y=(1+x)^{\frac{1}{x}}$ 在定义域 $(-1,0)\cup(0,+\infty)$ 是连续的.

因为 $\lim\limits_{x\to 0}=(1+x)^{\frac{1}{x}}=e$，所以 $x=0$ 是可去不连续点. 又：

$$\lim_{x\to -1^+}=(1+x)^{\frac{1}{x}}=+\infty,\ \lim_{x\to -+\infty}=(1+x)^{\frac{1}{x}}=1$$

可知 $y=1$，$x=-1$，分别是曲线的渐近线.

求函数的一阶导数：

$$\ln y=\frac{1}{x}\ln(1+x)$$

$$\frac{y'}{y}=\frac{1}{x(1+x)}-\frac{\ln(1+x)}{x^2}$$

即：

$$y'=y\left[\frac{1}{x(1+x)}-\frac{\ln(1+x)}{x^2}\right],-1<x<0,0<x<+\infty$$

当 $x>0$ 时，有不等式：

$$\frac{1}{1+x}<\ln(1+x)<x$$

此不等式当 $-1<x<0$ 时也成立.从而：

$$y'=y\left[\frac{1}{x(1+x)}-\frac{\ln(1+x)}{x^2}\right]<y\left[\frac{1}{x(1+x)}-\frac{x}{x^2+x^3}\right]=0$$

因此,此函数在定义域内严格减少.

再求二阶导数：

$$y''=y\left\{\left[\frac{1}{x(1+x)}-\frac{\ln(1+x)}{x^2}\right]^2+\frac{1}{x^3}\left[2\ln(1+x)-\frac{2x+3x^2}{(1+x)^2}\right]\right\}$$

等式右端第一项是正的,再考察函数：

$$\varphi(x)=2\ln(1+x)-\frac{2x+3x^2}{(1+x)^2}$$

$\varphi'(x)=\frac{2x^2}{(1+x)^3}>0$，$-1<x<+\infty$，且 $\varphi(0)=0$，故当 $-1<x<0$，$\varphi(x)<0$，而当 $0<x<+\infty$ 时，$\varphi(x)>0$.因此，$-1<x<0$，$0<x<+\infty$ 时，$\frac{1}{x^3}\varphi(x)>0$，即 $y''>0$.

故函数是下凸的,且没有拐点.

根据上述要素列表,如表 3—7 所示.

表 3—7

	$(-1,0)$	0	$(0,+\infty)$
y'	$-$	$(0,e)$	$-$
y''	$+$	是可去间断点	$+$
y	↘		↘

此函数 $y=(1+x)^{\frac{1}{x}}$ 的图像如图 3—13 所示.

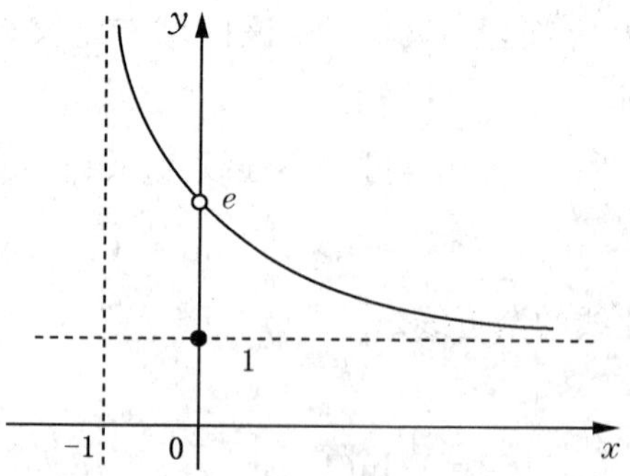

图 3—13

习题三

1.选择题.

(1)设 $f(x)$ 在 $[a,b]$ 上连续,在 (a,b) 内可导,若设(Ⅰ)：$f(a)=f(b)$；(Ⅱ)：在 (a,b) 内

至少有一点 ξ，使得 $f'(\xi)=0$，则（Ⅰ）与（Ⅱ）之间的关系是（　　）．

A.（Ⅰ）是（Ⅱ）的充分而非必要条件　　B.（Ⅰ）是（Ⅱ）的必要而非充分条件

C.（Ⅰ）是（Ⅱ）的充分必要条件　　D.（Ⅰ）是（Ⅱ）的既非充分也非必要条件

(2)设函数 $f(x)$ 在区间 (a,b) 内可导，则在 (a,b) 内 $f'(x)>0$ 是 $f(x)$ 在 (a,b) 内单调增的（　　）．

A. 必要而非充分条件　　B. 充分而非必要条件

C. 充分必要条件　　D. 既非充分也非必要条件

(3)设 $f(x)$ 在点 $x=x_0$ 邻域三阶连续可导，且 $f'(x_0)=f''(x_0)=0$，$f'''(x_0)>0$，则有结论（　　）．

A. $f(x_0)$ 是极大值　　B. $f(x_0)$ 是极小值

C. $(x_0, f(x_0))$ 是拐点　　D. $f(x)$ 在 $x=x_0$ 处无极值，也无对应的拐点

(4)以下结论正确的是（　　）．

A. 函数 $f(x)$ 的导数不存在的点，一定不是 $f(x)$ 的极值点

B. 若 x_0 为函数 $f(x)$ 的驻点，则 x_0 必为函数 $f(x)$ 的极值点

C. 若函数 $f(x)$ 在点 x_0 处有极值，且 $f'(x_0)$ 存在，则必有 $f'(x_0)=0$

D. 若函数 $f(x)$ 在点 x_0 处连续，则 $f'(x_0)$ 一定存在

2. 求下列函数的单调增减区间：

(1) $y=2x^2-\ln x$　　(2) $y=x\sqrt{4x-x^2}$

(3) $y=(x-1)(x+1)^3$　　(4) $y=x^3-\dfrac{3}{x}-\sin 6x$

3. 证明下列不等式：

(1) $|\arctan x-\arctan y|\leqslant|x-y|$．

(2)当 $x>1$ 时，$e^x>e\cdot x$．

(3)当 $a>b>0$ 时，$\dfrac{a-b}{a}<\ln\dfrac{a}{b}<\dfrac{a-b}{b}$．

(4)当 $0<x<\dfrac{\pi}{2}$ 时，$\sin x+\tan x>2x$．

(5)当 $0<x<\pi$ 时，$\dfrac{\sin x}{x}>\cos x$．

4. 证明方程根的存在性：

(1)证明方程 $\sin x+x\cos x=0$ 在 $(0,\pi)$ 内有实根．

(2)证明方程 $4ax^3+3bx^2+2cx=a+b+c$ 在 $(0,1)$ 内有实根．

5. 用洛必达法则求下列极限：

(1) $\lim\limits_{x\to\pi}\dfrac{\sin(x-\pi)}{x-\pi}$　　(2) $\lim\limits_{x\to 0}\dfrac{\tan 3x}{\tan 2x}$

(3) $\lim\limits_{x\to+\infty}\dfrac{\ln x}{x^n}\ (n>0)$　　(4) $\lim\limits_{x\to\alpha}\dfrac{x^m-\alpha^m}{x^n-\alpha^n}$（$\alpha\neq0$，$m$、$n$ 为常数）

(5) $\lim\limits_{x\to 0}\dfrac{\ln(1+x)}{x^2}$　　(6) $\lim\limits_{x\to+\infty}\dfrac{\ln\left(1+\dfrac{1}{x}\right)}{\operatorname{arccot} x}$

(7) $\lim\limits_{x\to 0}\dfrac{e^x-e^{-x}-2x}{x-\sin x}$　　(8) $\lim\limits_{x\to 0^+}\dfrac{\ln\tan 7x}{\ln\tan 2x}$

(9) $\lim\limits_{x\to 0}\dfrac{a^x-b^x}{x}$

(10) $\lim\limits_{x\to 0}\dfrac{\sin x-x\cos x}{\sin^3 x}$

(11) $\lim\limits_{x\to\infty}x\ln\left(\dfrac{x+a}{x-a}\right)$

(12) $\lim\limits_{x\to 1}\left(\dfrac{1}{\ln x}-\dfrac{1}{x-1}\right)$

(13) $\lim\limits_{x\to 0}\left(\dfrac{1}{x^2}-\dfrac{1}{\sin^2 x}\right)$

(14) $\lim\limits_{x\to 1}\left(\dfrac{x}{x-1}-\dfrac{1}{\ln x}\right)$

(15) $\lim\limits_{x\to 0^+}\left(\dfrac{1}{x}-\dfrac{1}{e^x-1}\right)$

(16) $\lim\limits_{x\to+\infty}x^{\frac{1}{x}}$

(17) $\lim\limits_{x\to 0}\left(\dfrac{\sin x}{x}\right)^{\frac{1}{x^2}}$

(18) $\lim\limits_{x\to 0^+}\left(\dfrac{1}{x}\right)^{\tan x}$

(19) $\lim\limits_{x\to+\infty}e^x\ln\left(1+\dfrac{1}{x^2}\right)$

(20) $\lim\limits_{x\to+\infty}x\cdot(\sqrt{x^2+1}-x)$

6. 验证极限$\lim\limits_{x\to\infty}\dfrac{x-\sin x}{x+\sin x}$存在，但不能用洛必达法则得出.

7. 验证极限$\lim\limits_{x\to 0}\dfrac{x^2\sin\dfrac{1}{x}}{\sin x}$存在，但不能用洛必达法则得出.

8. 求下列函数的极值：

(1) $y=2x^3-6x^2-18x+7$

(2) $y=x-\ln(1+x)$

(3) $y=2e^x+e^{-x}$

9. 求曲线 $y^2=2x$ 上的点，使其到点 $A(2,0)$ 的距离最短.

10. 欲围一个面积为 150 平方米的矩形场地，所用材料的造价其正面是每平方米 6 元，其余三面是每平方米 3 元，问场地的长、宽各为多少米时，才能使所用的材料费最少？

11. 欲用围墙围成面积为 216 平方米的矩形场地，并在正中用一堵墙将其隔成两块，问此场地的长、宽各为多少米时，才能使所用的建筑材料最少？

12. 工厂 C 与铁路线的垂直距离 AC 为 20km，A 点到火车站 B 的距离为 100km. 欲修一条从工厂到铁路的公路 CD，已知铁路与公路每公里运费之比为 3∶5，为了使火车站 B 与工厂 C 之间的运费最省，问 D 点应选在何处？

第四章

多元函数微分学

在前面的章节，我们讨论了一元函数的极限、连续性、微分等问题. 但是，在很多自然现象、工程技术和经济关系的研究中所遇到的问题，往往并不仅仅依赖于一个自变量，而是依赖于多个自变量. 因此，我们需要研究多变量函数，即多元函数. 本章将重点研究二元函数，因为对二元函数的研究方法原则上也适用于多元函数. 在学习本章内容时，要掌握多元函数和一元函数之间的区别和联系，这是学好多元函数微分学的关键.

第一节　空间解析几何简介

在平面解析几何中，通过坐标法把平面上的点与一对有次序的数对应起来，把平面上的图形和方程对应起来，从而可以用代数方法来研究几何问题. 空间解析几何也是按照类似的方法建立起来的.

正像平面解析几何的知识对学习一元函数微积分是不可缺少的一样，空间解析几何的知识对学习多元函数也是必要的.

本章先简要介绍空间解析几何的有关内容.

一、空间直角坐标系

在空间任意选取一定点 O，过点 O 做三条互相垂直的以点 O 为原点的数轴：Ox 轴（横轴）、Oy 轴（纵轴）、Oz 轴（竖轴），统称为坐标轴.它们的顺序按下述右手规则确定：以右手握住 z 轴，让右手的四个手指从 x 轴正向以$\frac{\pi}{2}$角度转向 y 轴正向时，大姆指的指向就是 z 轴的正向（如图 4－1 所示）.这样就构成了一个空间直角坐标系，如图 4－2 所示.点 O 称为坐标原点

(或原点)，每两条坐标轴确定一个平面，称为坐标平面.由 x 轴与 y 轴确定的平面称为 xOy 平面，类似地，有 yOz 平面和 zOx 平面.显然，三个坐标平面把空间分为八个部分，称为八个卦限(图 4—3). 含有三个坐标轴正半轴的那个卦限叫做第Ⅰ卦限，其他第Ⅱ、第Ⅲ、第Ⅳ卦限，在 xOy 平面的上方，按逆时针方向确定.第Ⅰ、Ⅱ、Ⅲ、Ⅳ卦限下面的空间部分，分别称为第Ⅴ、Ⅵ、Ⅶ、Ⅷ卦限(图 4—3).

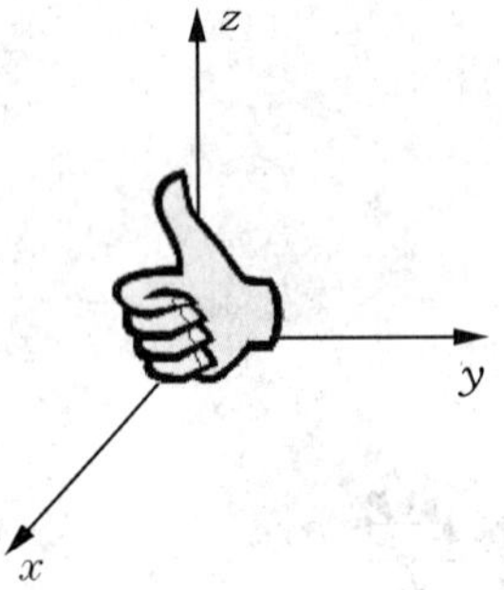

图 4—1

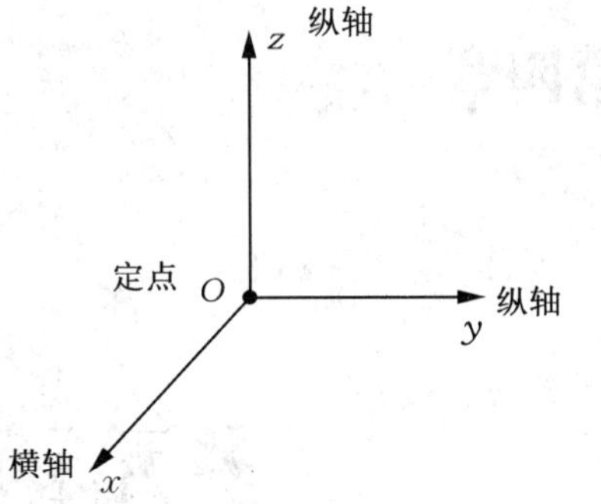

图 4—2

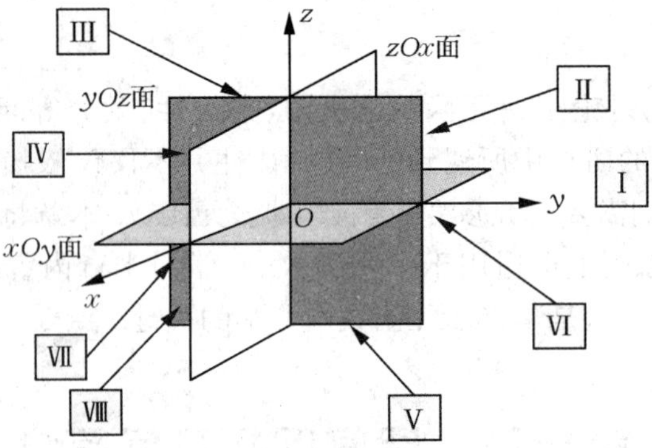

图 4—3

设 M 为空间任意一点，过该点分别做垂直于三坐标轴的平面，与坐标轴分别交于 P、Q、R 三点(图 4—4).设这三点在 x 轴、y 轴和 z 轴上的坐标分别为 x、y 和 z，则点 M 唯一确定了一个三元有序数组 (x,y,z)；反之，设给定一组三元有序数组 (x,y,z)，在 x 轴、y 轴和 z 轴上分别取点 P、Q、R，使得 $OP=x$，$OQ=y$，$OR=z$，然后过 P、Q、R 三点分别做垂直于 x 轴、y 轴和 z 轴的平面，这三个平面相交于点 M，即由一个三元有序数组 (x,y,z) 唯一地确定了空间的一个点 M.于是，空间的点 M 和三元有序数组 (x,y,z) 之间建立了一一对应的关系，我们称这个三元有序数组为点 M 的坐标，记为 $M(x,y,z)$，并依次称 x、y 和 z 为点 M 的横坐标、纵坐标和竖坐标.

显然，原点 O 的坐标为 $(0,0,0)$；x 轴、y 轴和 z 轴上点的坐标分别为 $(x,0,0)$、$(0,y,0)$、$(0,0,z)$；xOy 平面、yOz 平面和 zOx 平面上点的坐标分别为 $(x,y,0)$、$(0,y,z)$ 和 $(x,0,z)$.

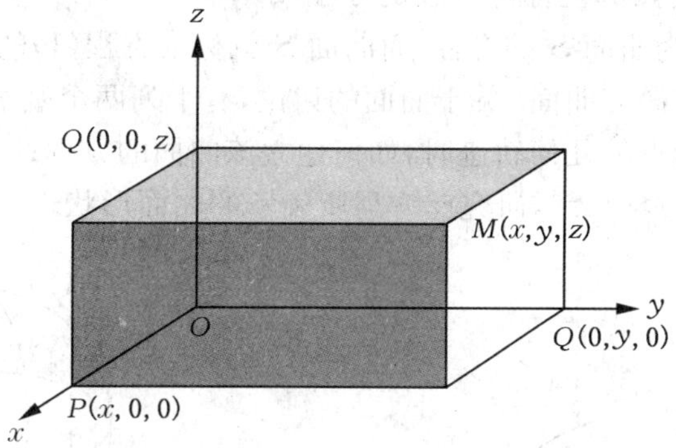

图 4—4

二、空间两点间的距离

设 $M_1(x_1,y_1,z_1)$、$M_2(x_2,y_2,z_2)$为空间任意两点，过这两点可作一条空间直线，称空间直线段 M_1M_2 的长度为空间两点 M_1，M_2 之间的距离，由此得空间任意两点间的距离公式：

$$d=|M_1M_2|=\sqrt{(x_2-x_1)^2+(y_2-y_1)^2+(z_2-z_1)^2}$$

特别地，点 $M(x,y,z)$与坐标原点 $O(0,0,0)$的距离为：

$$d=|OM|=\sqrt{x^2+y^2+z^2}$$

例 1　求点 $M(2,1,-1)$到 y 轴的距离.

解　过点 M 做 y 轴的垂线，其垂足点 P 的坐标为$(0,1,0)$，所以：

$$|MP|=\sqrt{(2-0)^2+(1-1)^2+(-1-0)^2}=\sqrt{5}$$

例 2　设动点 M 与两定点 $P_1(1,-2,1)$，$P_2(2,1,-2)$等距离，求此动点 M 的轨迹.

解　设动点 $M(x,y,z)$，因为$|P_1M|=|P_2M|$，所以：

$$\sqrt{(x-1)^2+(y+2)^2+(z-1)^2}=\sqrt{(x-2)^2+(y-1)^2+(z+2)^2}$$

由此得点 M 的轨迹为：

$$2x+6y-6z-3=0$$

以后我们会知道，这是一个空间平面方程.

三、空间曲面及其方程

与在平面解析几何中建立平面曲线与二元方程 $F(x,y)=0$ 的对应关系一样，在空间直角坐标系中可以建立空间曲面与三元方程 $F(x,y,z)=0$ 之间的对应关系.

在空间解析几何中，任何曲面都可看作是空间点的几何轨迹.因此，曲面上的所有点都具有共同的性质，这些点的坐标必须满足一定的条件.在这样的意义下，先建立空间曲面 S 与三元方程

$$F(x,y,z)=0 \tag{1}$$

之间的对应关系：

定义 1.1　如果三元方程 $F(x,y,z)=0$ 与空间曲面 S 有下列关系：

(1)曲面 S 上任一点的坐标都满足方程(1)；

(2)不在曲面 S 上的点的坐标都不满足方程(1).

那么,方程(1)就称为曲面 S 的方程,而曲面 S 就称为方程(1)的图形(见图 4—5).

这样,可利用方程来研究曲面. 关于曲面的讨论,有下列两个基本问题:

(1)已知一曲面作为点的几何轨迹时,如何建立该曲面的方程;

(2)已知方程 $F(x,y,z)=0$,研究此方程所表示的曲面形状.

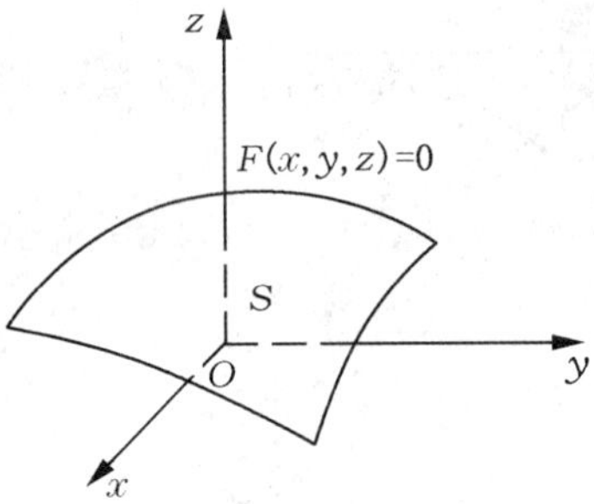

图 4—5

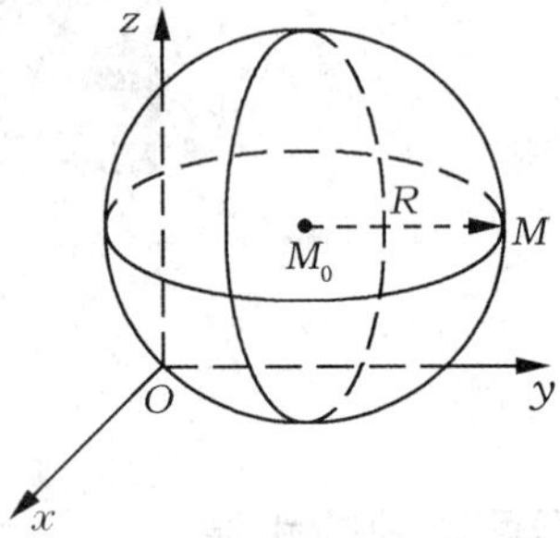

图 4—6

例 3 求球心在点 $M_0(x_0,y_0,z_0)$、半径为 R 的球面方程.

解 设 $M(x,y,z)$ 是球面上任一点(见图 4—6),则有 $|M_0M|=R$,由两点间距离公式得:

$$\sqrt{(x-x_0)^2+(y-y_0)^2+(z-z_0)^2}=R$$

两边平方,得:

$$(x-x_0)^2+(y-y_0)^2+(z-z_0)^2=R^2 \tag{2}$$

这就是球面上的点的坐标所满足的方程,而不在球面上的点的坐标都不满足这个方程.所以,方程(2)就是以点 $M_0(x_0,y_0,z_0)$ 为球心、R 为半径的球面方程.

特别地,以原点 $O(0,0,0)$ 为球心,R 为半径的球面方程为 $x^2+y^2+z^2=R^2$.

一般地,设有三元二次方程:

$$Ax^2+Ay^2+Az^2+Dx+Ey+Fz+G=0$$

这个方程的特点是缺 xy,yz,zx 各项,而且平方项系数相同,只要将方程经过配方,就可以化为方程(2)的形式,那么它的图形就是一个球面.

例 4 考察方程 $x^2+y^2=R^2$ 表示怎样的曲面.

解 方程 $x^2+y^2=R^2$ 在 xOy 面上表示圆心在原点 O、半径为 R 的圆. 在空间直角坐标系中,此方程不含竖坐标 z,即不论空间点的竖坐标 z 怎样,只要它的横坐标 x 和纵坐标 y 能满足方程,那么这些点就在该曲面上. 这就是说,凡是通过 xOy 面内圆 $x^2+y^2=R^2$ 上一点 $M(x,y,0)$,且平行于 z 轴的直线 l 都在此曲面上,因此,该曲面可以看做是由平行于 z 轴的直线 l 沿 xOy 面上的圆 $x^2+y^2=R^2$ 移动而形成的. 这种曲面叫做圆柱面(见图 4—7),xOy 面上的圆 $x^2+y^2=R^2$ 叫做它的准线,平行于 z 轴的直线 l 叫做它的母线.

一般地,直线 L 沿定曲线 C 平行移动形成的轨迹叫做柱面,定曲线 C 叫做柱面的准线,动直线 L 叫做柱面的母线.

上面我们看到,不含 z 的方程 $x^2+y^2=R^2$ 在空间直角坐标系中表示圆柱面,它的母线平行于 z 轴,它的准线是 xOy 面上的圆 $x^2+y^2=R^2$.

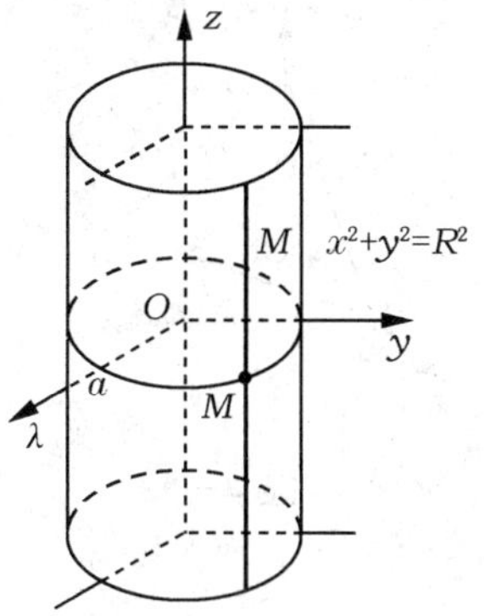

图 4—7

类似地，方程 $y^2=3x$ 表示母线平行于 z 轴的柱面，它的准线是 xOy 面上的抛物线 $y^2=3x$，该柱面叫做抛物柱面(见图 4—8).

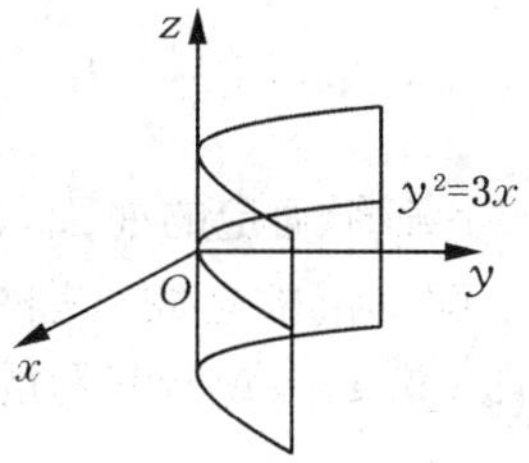

图 4—8

一般地，只含 x、y 而缺 z 的方程 $F(x,y)=0$ 在空间直角坐标系中表示母线平行于 z 轴的柱面，其准线是 xOy 面上的曲线 C：$F(x,y)=0$. 类似可知，只含 x、z 而缺 y 的方程 $G(x,z)=0$ 和只含 y、z 而缺 x 的方程 $H(y,z)=0$ 在空间直角坐标系中表示母线平行于 y 轴和 x 轴的柱面.

接下来，我们讨论空间平面方程. 平面是曲面的一种特殊形式，将方程(1)化为三元一次方程：

$$Ax+By+Cz+D=0 \qquad (A,B,C\text{ 不全为零}) \tag{3}$$

所对应的图形就是一个平面；反之，任何一个平面都可以用一个三元一次方程表示. 我们称方程(3)为平面的一般方程.

例 5　设一平面与 x,y,z 轴的交点依次为 $P(a,0,0)$、$Q(0,b,0)$、$R(0,0,c)$，见图 4—9，求这个平面的方程(其中 $a\neq0,b\neq0,c\neq0$).

解　设所求平面的方程为：

$$Ax+By+Cz+D=0$$

因 $P(a,0,0)$、$Q(0,b,0)$、$R(0,0,c)$ 三点都在该平面上，所以，点 P、Q、R 的坐标都满足平面方程，即有：

$$\begin{cases} aA+D=0 \\ bB+D=0 \\ cC+D=0 \end{cases}$$

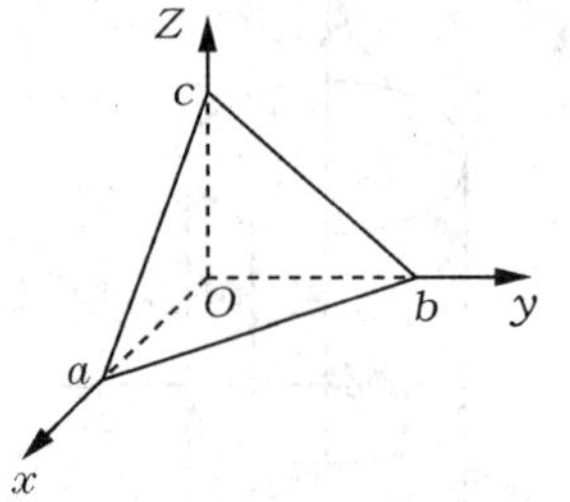

图 4—9

得：$A=-\dfrac{D}{a}$，$B=-\dfrac{D}{b}$，$C=-\dfrac{D}{c}$.

得所求的平面方程为：

$$\frac{x}{a}+\frac{y}{b}+\frac{z}{c}=1 \tag{4}$$

方程(4)叫做平面的截距式方程，而 a、b、c 依次叫做平面在 x、y、z 轴上的截距.

四、二次曲面简介

对于一般的曲面方程 $F(x,y,z)=0$ 所确定的曲面，常用平行于坐标面的平面相截，考察其交线的形状，然后加以综合，从而了解曲面的全貌. 这种方法叫做截痕法.

下面我们研究三元二次方程 $F(x,y,z)=0$ 所表示的曲面，即二次曲面. 本小节将简介几种常见的二次曲面.

1. 椭球面

方程

$$\frac{x^2}{a^2}+\frac{y^2}{b^2}+\frac{z^2}{c^2}=1 \qquad (a>0,b>0,c>0)$$

所表示的曲面，叫做椭球面(见图 4—10).

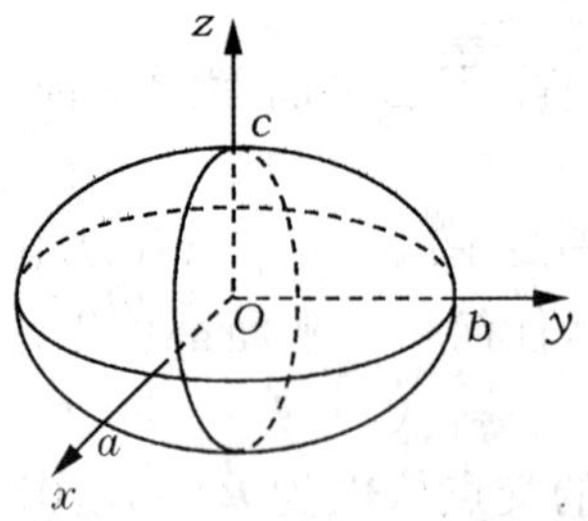

图 4—10

椭球面与三个坐标面的交线：$\begin{cases}\dfrac{x^2}{a^2}+\dfrac{y^2}{b^2}=1\\ z=0\end{cases}$，$\begin{cases}\dfrac{x^2}{a^2}+\dfrac{z^2}{c^2}=1\\ y=0\end{cases}$，$\begin{cases}\dfrac{y^2}{b^2}+\dfrac{z^2}{c^2}=1\\ x=0\end{cases}$，均为平面上的椭圆.

椭球面与平行于 xOy 的平面 $z=z_1$ 的交线也为椭圆：

$$\begin{cases}\dfrac{x^2}{\frac{a^2}{c^2}(c^2-z_1^2)}+\dfrac{y^2}{\frac{b^2}{c^2}(c^2-z_1^2)}=1\\ z=z_1\end{cases}$$

同理,与平面 $x=x_1$ 和 $y=y_1$ 的交线也是椭圆.

椭圆截面的大小随平面位置的变化而变化.

椭球面的几种特殊情况如下:

(1)当 $a=b$ 时,$\dfrac{x^2}{a^2}+\dfrac{y^2}{a^2}+\dfrac{z^2}{c^2}=1$ 叫做旋转椭球面,由椭圆 $\dfrac{x^2}{a^2}+\dfrac{z^2}{c^2}=1$ 绕 z 轴旋转而成.

旋转椭球面与椭球面的区别:与平面 $z=z_1(|z_1|<c)$ 的交线为圆. 截面上的圆方程为:

$$\begin{cases}x^2+y^2=\dfrac{a^2}{c^2}(c^2-z_1^2)\\ z=z_1\end{cases}$$

(2)当 $a=b=c$ 时,$\dfrac{x^2}{a^2}+\dfrac{y^2}{a^2}+\dfrac{z^2}{a^2}=1$ 为球面.

2.双曲面

由方程

$$\frac{x^2}{a^2}+\frac{y^2}{b^2}-\frac{z^2}{c^2}=1 \qquad (a>0,b>0,c>0)$$

所确定的曲面,称为单叶双曲面.

由方程

$$\frac{x^2}{a^2}+\frac{y^2}{b^2}-\frac{z^2}{c^2}=-1 \qquad (a>0,b>0,c>0)$$

所确定的曲面,称为双叶双曲面.

下面讨论单叶双曲面的图形.

显然,单叶双曲面关于各坐标轴、坐标平面及原点对称.

用一组平行于 xOy 平面的平面 $z=h$ 去截它,截痕为椭圆,其方程为:

$$\begin{cases}\dfrac{x^2}{a^2}+\dfrac{y^2}{b^2}=1+\dfrac{h^2}{c^2}\\ z=h\end{cases}$$

并且 $|h|$ 越大,椭圆越大.

用 yOz 平面截曲面,得到一条实轴为 y 轴的双曲线.

用 zOx 平面截曲面,得到一条实轴为 x 轴的双曲线.

因此,单叶双曲面的图形如图 4-11 所示.

注意　方程

$$\frac{x^2}{a^2}-\frac{y^2}{b^2}+\frac{z^2}{c^2}=1 \quad 和 \quad -\frac{x^2}{a^2}+\frac{y^2}{b^2}+\frac{z^2}{c^2}=1$$

也都是单叶双曲面.

用同样的方法也可以得到双叶双曲面的图形.

用平行于 xOy 平面的平面 $z=h$ 去截双叶双曲面,截痕方程为:

$$\begin{cases} \frac{x^2}{a^2}+\frac{y^2}{b^2}=\frac{h^2}{c^2}-1 \\ z=h \end{cases}$$

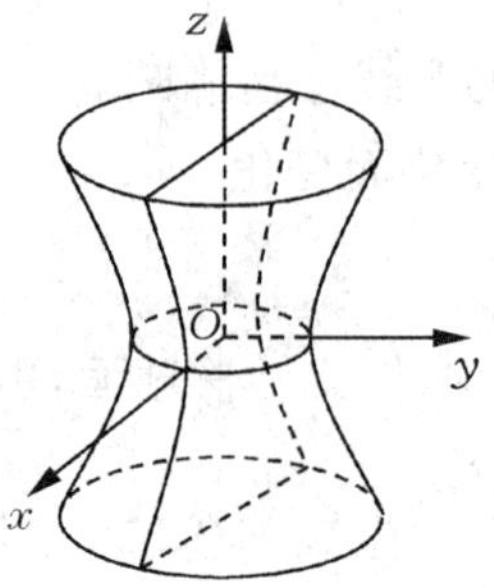

图 4—11

当$|h|<c$ 时，无截痕；当$|h|=c$ 时，截痕为两点$(0,0,\pm c)$；当$|h|>c$ 时，截痕为椭圆，且$|h|$越大，椭圆越大.

用 yOz 平面去截它，截痕是一条实轴为 z 轴的双曲线.

用 zOx 平面去截它，截痕是一条实轴为 z 轴的双曲线.

因此，双叶双曲面的图形如图 4—12 所示.

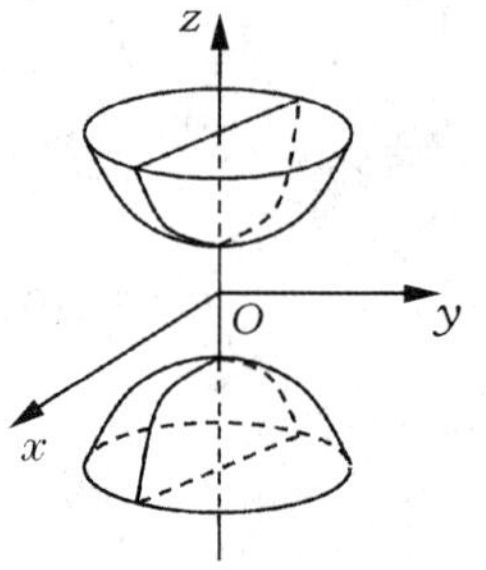

图 4—12

注意　方程

$$\frac{x^2}{a^2}-\frac{y^2}{b^2}+\frac{z^2}{c^2}=-1 \quad 和 \quad -\frac{x^2}{a^2}+\frac{y^2}{b^2}+\frac{z^2}{c^2}=-1$$

也是双叶双曲面.

3. 抛物面

常见的抛物面有椭圆抛物面和双曲抛物面.

由方程

$$z=\frac{x^2}{a^2}+\frac{y^2}{b^2} \qquad (a>0,b>0,c>0)$$

所确定的曲面，称为椭圆抛物面.

由方程

$$z=\frac{x^2}{a^2}-\frac{y^2}{b^2} \qquad (a>0,b>0,c>0)$$

所确定的曲面，称为双曲抛物面.

用截痕法可得到它们的图形，分别如图 4—13 与图 4—14 所示.

注意　双曲抛物面的图形形状很像马鞍，因此也称马鞍面.

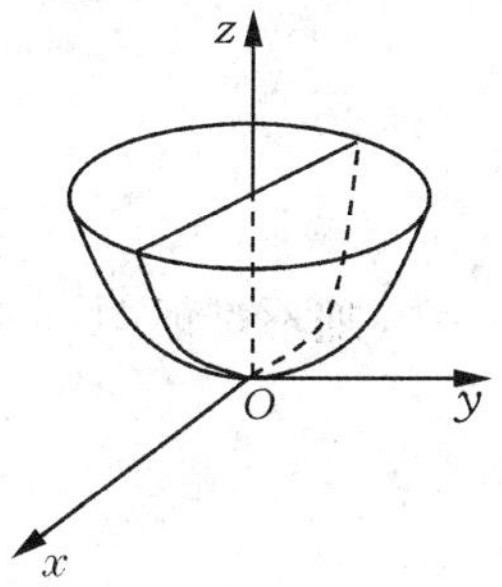

图 4—13

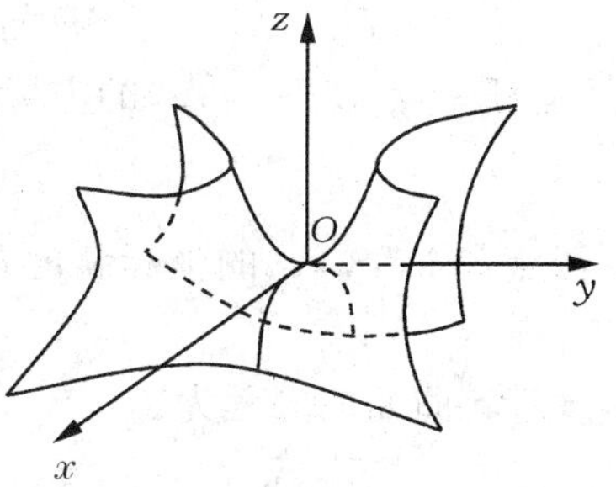

图 4—14

4. 柱面

例 4 中定义的柱面也是一种特殊的二次曲面. 常见的柱面还有：

椭圆柱面：$\frac{x^2}{a^2}+\frac{y^2}{b^2}=1$（图 4—15）.

双曲柱面：$\frac{y^2}{b^2}-\frac{x^2}{a^2}=1$（图 4—16）.

抛物面：$x^2=2py$（图 4—17）.

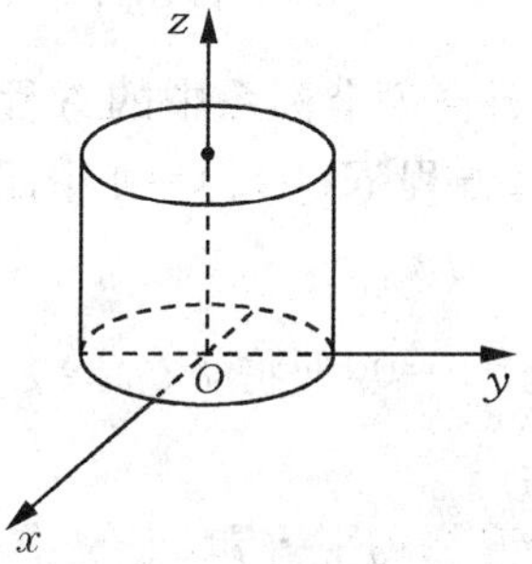

图 4—15

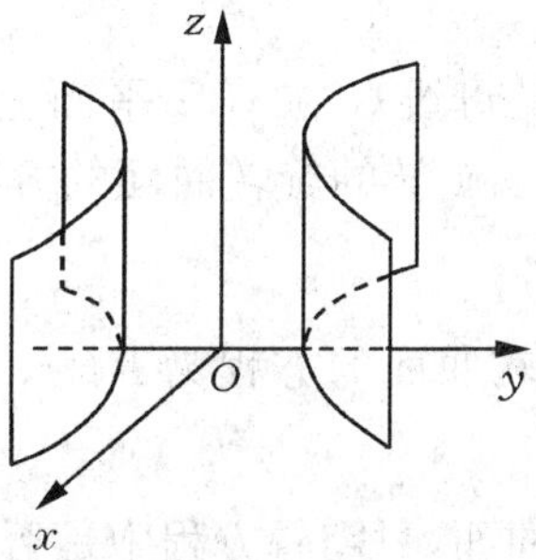

图 4—16

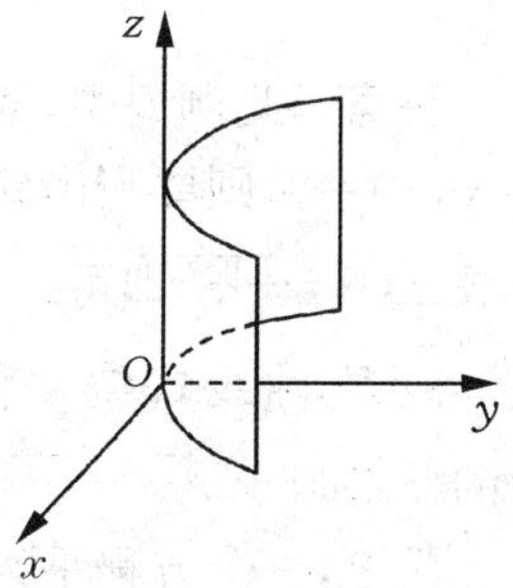

图 4—17

5. 旋转曲面

一条平面曲线 C 绕同一平面内的一条定直线 L 旋转所形成的曲面，称为旋转曲面.曲线 C 称为旋转曲面的母线，定直线 L 称为旋转曲面的旋转轴，简称轴.

前面讲过的球面、圆柱面等都是旋转曲面.

例 6　设母线 C 在 yOz 平面上，它的平面直角坐标方程为：

$$F(y,z)=0$$

试证：曲线 C 绕 z 轴旋转所成的旋转曲面 Σ 的方程为：

$$F(\pm\sqrt{x^2+y^2},z)=0$$

证明　设 $M(x,y,z)$ 为旋转曲面上的任一点，并假定点 M 是由曲线 C 上的点 $M_0(0,y_0,z_0)$ 绕 z 轴旋转到一定角度而得到的（图 4—18）.因而 $z=z_0$，且点 M 到 z 轴的距离与点 M_0 到 z 轴

的距离相等.而点 M 到 z 轴的距离为$\sqrt{x^2+y^2}$,点 M_0 到 z 轴的距离为$\sqrt{y_0{}^2}=|y_0|$,即:

$$y_0=\pm\sqrt{x^2+y^2}$$

又因为 M_0 在 C 上,因而 $F(y_0,z_0)=0$,将上式代入,得:

$$F(\pm\sqrt{x^2+y^2},z)=0$$

即旋转曲面上任一点 $M(x,y,z)$的坐标满足方程:

$$F(\pm\sqrt{x^2+y^2},z)=0$$

其次,若点 $M(x,y,z)$的坐标满足方程 $F(\pm\sqrt{x^2+y^2},z)=0$,则不难证明:

$$M\in\Sigma$$

于是,该旋转曲面的方程为:

$$F(\pm\sqrt{x^2+y^2},z)=0$$

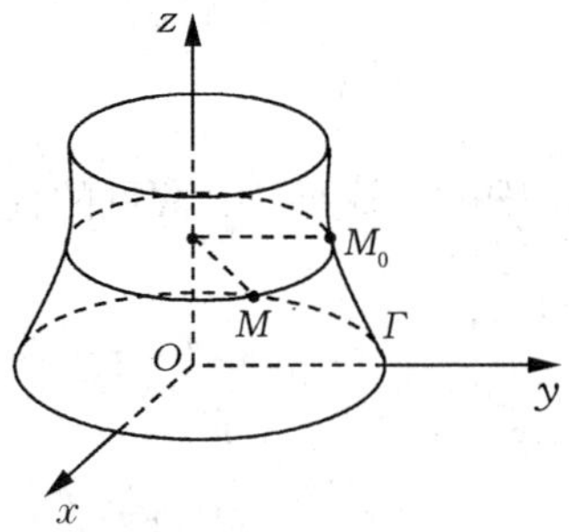

图 4—18

注意 此例说明,若旋转曲面的母线 C 在 yOz 平面上,它在平面直角坐标系中的方程为 $F(y,z)=0$,则要写出曲线 C 绕 z 轴旋转的旋转曲面的方程,只需将方程 $F(y,z)=0$ 中的 y 换成$\pm\sqrt{x^2+y^2}$即可.

同理,曲线 C 绕 y 轴旋转的旋转曲面的方程为 $F(y,\pm\sqrt{x^2+z^2})=0$,即将 $F(y,z)=0$ 中的 z 换成$\pm\sqrt{x^2+z^2}$.

反之,一个方程是否表示旋转曲面,只需看方程中是否含有两个变量的平方和 .

如在 yOz 平面内的椭圆$\frac{y^2}{b^2}+\frac{z^2}{c^2}=1$绕 z 轴旋转所得到的旋转曲面的方程为:

$$\frac{x^2+y^2}{b^2}+\frac{z^2}{c^2}=1$$

该曲面称为旋转椭球面.

例 7 求 xOy 平面上的双曲线$\frac{x^2}{9}-\frac{y^2}{4}=1$绕 x 轴旋转形成的旋转曲面的方程.

解 由于绕 x 轴旋转,只需将方程

$$\frac{x^2}{9}-\frac{y^2}{4}=1$$

中的 y 换成$\pm\sqrt{y^2+z^2}$即可,所以,所求的旋转曲面的方程为:

$$\frac{x^2}{9}-\frac{y^2+z^2}{4}=1$$

该曲面为旋转双叶双曲面.

五、空间曲线及其方程

一般地,空间曲线可以看作两个曲面的交线.设

$$F(x,y,z)=0 \text{ 和 } G(x,y,z)=0$$

是两个曲面方程,它们的交线为 C,如图 4－19 所示．因为曲线 C 上的任何点的坐标应同时满足这两个方程,所以应满足方程组:

$$\begin{cases} F(x,y,z)=0 \\ G(x,y,z)=0 \end{cases}$$

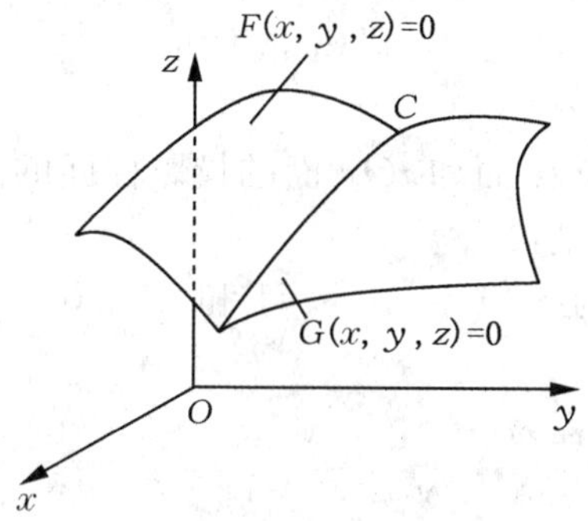

图 4－19

反过来,如果点 M 不在曲线 C 上,那么它不可能同时在两个曲面上,所以它的坐标不满足方程组．

因此,曲线 C 可以用上述方程组来表示．上述方程组叫做空间曲线 C 的一般方程．

例 8　方程组 $\begin{cases} x^2+y^2=1 \\ 2x+3z=6 \end{cases}$ 表示怎样的曲线?

解　方程组中第一个方程表示母线平行于 z 轴的圆柱面,其准线是 xOy 面上的圆,圆心在原点 O,半径为 1. 方程组中第二个方程表示平行于 y 轴的空间平面,该平面在坐标平面 zOx 面的截痕为 $\begin{cases} 2x+3z=6 \\ y=0 \end{cases}$．方程组就表示上述平面与圆柱面的交线,大致图像见图 4－20.

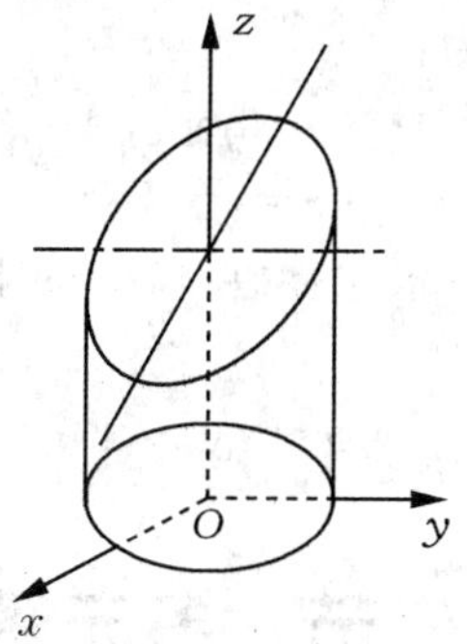

图 4－20

以曲线 C 为准线、母线平行于 z 轴的柱面叫做曲线 C 关于 xOy 面的投影柱面，投影柱面与 xOy 面的交线叫做空间曲线 C 在 xOy 面上的投影曲线，或简称投影(类似地可以定义曲线 C 在其他坐标面上的投影).

设空间曲线 C 的一般方程为：

$$\begin{cases} F(x,y,z)=0 \\ G(x,y,z)=0 \end{cases}$$

设方程组消去变量 z 后所得的方程为：

$$H(x,y)=0$$

这就是曲线 C 关于 xOy 面的投影柱面.

曲线 C 在 xOy 面上的投影曲线的方程为：

$$\begin{cases} H(x,y)=0 \\ z=0 \end{cases}$$

请自行讨论：曲线 C 关于 yOz 面和 zOx 面的投影柱面的方程是什么？曲线 C 在 yOz 面和 zOx 面上的投影曲线的方程是什么？

例 9 已知两球面的方程为 $x^2+y^2+z^2=1$ 和 $x^2+(y-1)^2+(z-1)^2=1$，求它们的交线 C 在 xOy 面上的投影方程.

解 两球面的交线 C 的方程为：

$$\begin{cases} x^2+y^2+z^2=1 \\ x^2+(y-1)^2+(z-1)^2=1 \end{cases}$$

求解，得：

$$y+z=1$$

上式代入 $x^2+y^2+z^2=1$，得：

$$x^2+2y^2-2y=0$$

这就是交线 C 关于 xOy 面的投影柱面方程.两球面的交线 C 在 xOy 面上的投影方程为：

$$\begin{cases} x^2+2y^2-2y=0 \\ z=0 \end{cases}$$

例 10 求由上半球面 $z=\sqrt{4-x^2-y^2}$ 和锥面 $z=\sqrt{3(x^2+y^2)}$ 所围成立体在 xOy 面上的投影.

解 由方程 $z=\sqrt{4-x^2-y^2}$ 和 $z=\sqrt{3(x^2+y^2)}$ 消去 z，得到 $x^2+y^2=1$.这是一个母线平行于 z 轴的圆柱面，容易看出，这恰好是半球面与锥面的交线 C 关于 xOy 面的投影柱面，因此，交线 C 在 xOy 面上的投影曲线为：

$$\begin{cases} x^2+y^2=1 \\ z=0 \end{cases}$$

这是 xOy 面上的一个圆，于是所求立体在 xOy 面上的投影，就是该圆在 xOy 面上所围的部分：

$$x^2+y^2\leqslant 1$$

第二节 多元函数

在现实中，许多客观现象或过程的发生和发展都是受多种因素制约的，在数学上表现为一个变量依赖于多个变量的问题，涉及多个变量的函数称为多元函数.本章为多元函数微分学及应用，我们时常以二元函数为例进行讨论，这不仅因为有关的概念和方法有比较直观的解释，便于理解，而且这些概念和方法大多能自然地推广到二元以上的多元函数.讨论一元函数时，常用到邻域和区间概念，由于讨论多元函数的需要，首先把邻域和区间概念加以推广，称邻域和区域.

一、区域

1. 邻域

定义 2.1　设 $P_0(x_0,y_0)$ 是 xOy 平面上的一个点，δ 是某一正数，与点 P_0 距离小于 δ 的点 $P(x,y)$ 的全体，称为点 P_0 的 δ 邻域，记为 $U(P_0,\delta)$.即：

$$U(P_0,\delta)=\left\{P\,\middle|\,|PP_0|<\delta\right\}=\left\{(x,y)\,\middle|\,\sqrt{(x-x_0)^2+(y-y_0)^2}<\delta\right\}$$

点 P_0 的去心 δ 邻域，记作 $\overset{o}{U}(P_0,\delta)$，即：

$$\overset{o}{U}(P_0,\delta)=\left\{P\,\middle|\,0<|PP_0|<\delta\right\}=\left\{(x,y)\,\middle|\,0<\sqrt{(x-x_0)^2+(y-y_0)^2}<\delta\right\}$$

从几何学上看，$U(P_0,\delta)$ 表示的是 xOy 平面上以点 $P_0(x_0,y_0)$ 为中心，$\delta>0$ 为半径的圆的内部点 $P(x,y)$ 的全体.

如果不需要强调领域的半径 δ，则用 $U(P_0)$ 表示点 P_0 的某个邻域，点 P_0 的去心邻域记作 $\overset{o}{U}(P_0)$.

2. 区域

设 E 是平面上的一点集，P 是平面上的一点，则 P 与 E 之间必有以下三种关系中的一种，如图 4－21 所示.

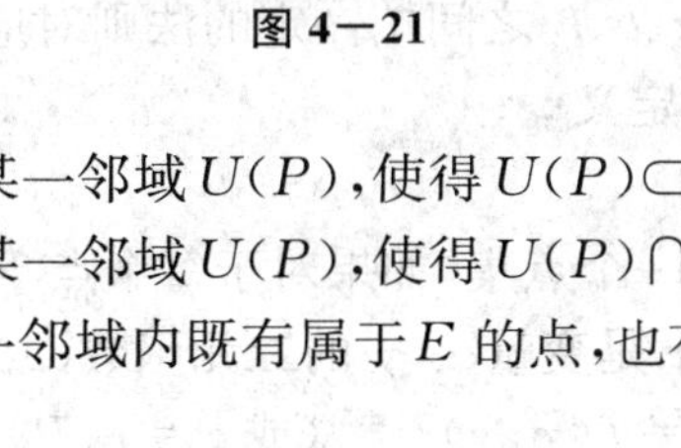

图 4－21

(1)内点：如果存在点 P 的某一邻域 $U(P)$，使得 $U(P)\subset E$，则称 P 为 E 的内点.

(2)外点：如果存在点 P 的某一邻域 $U(P)$，使得 $U(P)\cap E=\varnothing$，则称 P 为 E 的外点.

(3)边界点：如果点 P 的任一邻域内既有属于 E 的点，也有不属于 E 的点，则称 P 为 E 的边界点.

E 的边界点的全体称为 E 的边界，记作 ∂E.

E 的内点必属于 E；E 的外点必定不属于 E；而 E 的边界点可能属于 E，也可能不属于 E.

如果点集 E 的点都是内点，则称 E 为开集. 如果点集 E 的所有边界点都是 E 中的点，则称 E 为闭集.

例如，集合 $E_1=\{(x,y)\,|\,1<x^2+y^2<4\}$ 的点都是 E_1 的内点，所以 E_1 是开集；$E_2=\{(x,y)\,|\,1\leqslant x^2+y^2\leqslant 4\}$ 的边界 $\{(x,y)\,|\,x^2+y^2=1\}$、$\{(x,y)\,|\,x^2+y^2=4\}$ 都属于集合 E_2，所以 E_2 是闭集. 而集合 $E_3=\{(x,y)\,|\,1<x^2+y^2\leqslant 4\}$ 既非开集，也非闭集.

若点集 E 内任何两点，都可用属于 E 的折线将其连接起来，则称 E 为连通集.

定义 2.2 连通的开集称为区域(或开区域).开区域连同它的边界一起构成的点集称为闭区域.

例如，$\{(x,y)\mid 1\leqslant x^2+y^2\leqslant 4\}$ 是闭区域，$\{(x,y)\mid x^2+y^2>4\}$ 是开区域.

3. *n* 维空间

我们知道，数轴上的点与实数有一一对应关系，从而实数全体表示数轴上一切点的集合，即直线.

在平面直角坐标系下，平面上的点与有序二元数组 (x,y) 一一对应，从而有序二元数组 (x,y) 全体表示平面上一切点的集合，即平面.

在空间直角坐标系下，空间上的点与有序三元数组 (x,y,z) 一一对应，从而有序三元数组 (x,y,z) 全体表示空间上一切点的集合，即空间——三维空间.

一般地，设 n 为取定的一个自然数，称有序 n 元数组 $(x_1,x_2,\cdots,x_n)$ 的全体为 n 维空间，而每个有序 n 元数组 $(x_1,x_2,\cdots,x_n)$ 称为 n 维空间中的一个点，数 x_i 称为该点的第 i 个坐标，n 维空间记为 R^n.

R^n 中两点 $P(x_1,x_2,\cdots,x_n)$ 及 $Q(y_1,y_2,\cdots,y_n)$ 的距离定义为：

$$|PQ|=\sqrt{(y_1-x_1)^2+(y_2-x_2)^2+\cdots+(y_n-x_n)^2}$$

平面点集中的一系列概念，均可推广到 n 维空间.

例如，点 P_0 的邻域，设 $P_0\in R^n$，数 $\delta>0$.$U(P_0,\delta)=\{P\mid |PP_0|<\delta,P\in R^n\}$ 为点 P_0 的 δ 邻域.

二、多元函数的概念

以前所研究的函数都依赖于一个自变量，即一元函数，但在许多自然现象和实际问题中所遇到的函数关系，常依赖于两个或两个以上自变量.

例如，长方体的体积 V 和它的长 a、宽 b、高 h 之间有关系式：

$$V=abh$$

这里，当 a、b、h 在集合 $\{(a,b,h)\mid a>0,b>0,h>0\}$ 内取定一组值 (a,b,h) 时，V 的对应值就随之确定.

从上例我们可以看出，V 与 a、b、h 之间按一定的法则对应，V 随着 a、b、h 的变化而变化，从中我们可以抽象出多元函数的定义.

1. 多元函数定义

定义 2.3 设 D 是平面上的一个点集，如果对于每个点 $P(x,y)\in D$，变量 z 按照一定法则总有确定的值和它对应，则称 z 是变量 x，y 的二元函数(或点 P 的点函数)，记为：

$$z=f(x,y)\qquad (\text{或 } z=f(P))$$

其中，x，y 称为自变量，z 称为因变量，D 称为该函数的定义域.

数集 $\{z\mid z=f(x,y),(x,y)\in D\}$ 称为该函数的值域.

类似地，可以定义三元函数 $u=f(x,y,z)$，$P(x,y,z)\in D$ 以及三元以上的函数.

当 $n=1$ 时，n 元函数就是一元函数；当 $n\geqslant 2$ 时，n 元函数统称为多元函数. 为了表述简单直观，我们时常以二元函数为例讨论多元函数的性质.

2. 多元函数定义域求法

我们以二元函数为例. 二元函数定义域与一元函数定义域的求法相类似.

使二元函数 $z=f(x,y)$ 有意义的自变量 (x,y) 的取值范围，称为函数 $z=f(x,y)$ 的定义域；而当函数的自变量具有某种实际意义时，应根据实际意义确定其定义域.

例 1　确定并画出下列函数的定义域 D.

(1)函数 $z=\ln(x-y+1)-\sqrt{x+y}$.

解
$$\begin{cases}x-y+1>0\\x+y\geqslant 0\end{cases}\Rightarrow\begin{cases}y<x+1\\y\geqslant -x\end{cases}$$

所以，函数 $z=\ln(x-y+1)-\sqrt{x+y}$ 的定义域为 $D=\{(x,y)\mid y<x+1,y\geqslant -x\}$，如图 4－22 所示，是无界区域.

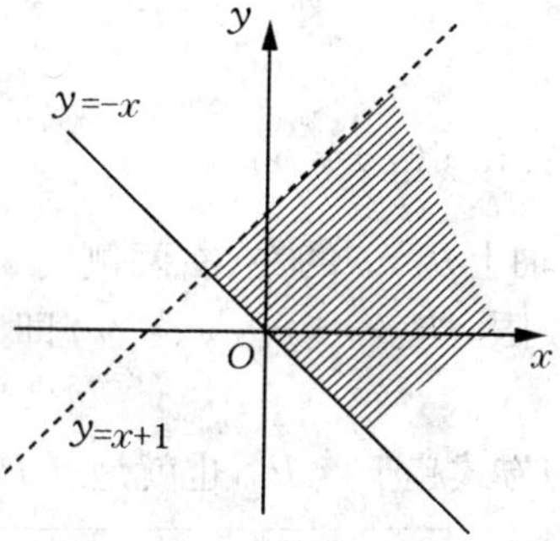

图 4－22

(2)函数 $z=\dfrac{\sqrt{4x-y^2}}{\ln(1-x^2-y^2)}$.

解
$$\begin{cases}4x-y^2\geqslant 0\\1-x^2-y^2>0\\\ln(1-x^2-y^2)\neq 0\end{cases}\Rightarrow\begin{cases}y^2\leqslant 4x\\x^2+y^2<1\\x^2+y^2\neq 0\end{cases}\Rightarrow\begin{cases}y^2\leqslant 4x\\0<x^2+y^2<1\end{cases}$$

所以，函数定义域为 $D=\{(x,y)\mid y^2\leqslant 4x,0<x^2+y^2<1\}$，如图 4－23 所示.

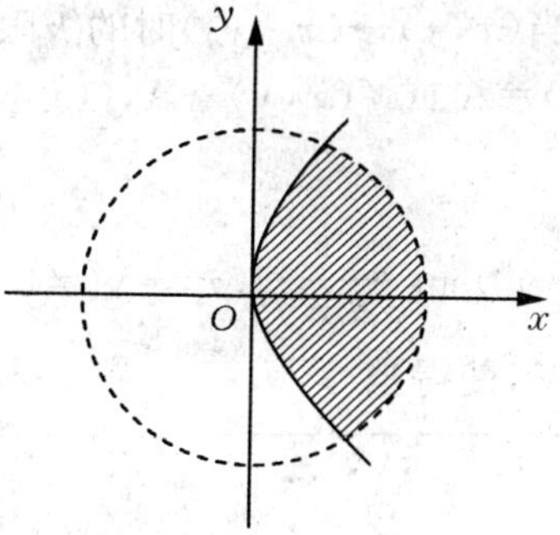

图 4－23

例 2　设 $f(x-y,\ln x)=\left(1-\dfrac{y}{x}\right)\cdot\dfrac{e^x}{e^y\ln(x^x)}$，求 $f(x,y)$.

解　令 $x-y=u,\ln x=v$，则：

$$f(u,v)=f(x-y,\ln x)=\frac{x-y}{x}\cdot\frac{e^{x-y}}{x\ln x}=\frac{(x-y)e^{x-y}}{e^{2\ln x}\ln x}=\frac{ue^u}{ve^{2v}}$$

所以，$f(x,y)=\frac{xe^x}{ye^{2y}}$.

3. 多元函数的几何意义

以二元函数为例. 一元函数 $y=f(x)$ 通常表示 xOy 平面上一条曲线，二元函数 $z=f(x,y)$，$(x,y)\in D$，其定义域 D 是平面 xOy 上的一个区域，对于 D 中任意一点 $P(x,y)$ 必有数 z 与其对应，因此，三元有序数组 $(x,y,f(x,y))$ 就确定了空间的一点 $M(x,y,f(x,y))$，则空间点集 $S=\{(x,y,z)\,|\,z=f(x,y),(x,y)\in D\}$ 为函数 $z=f(x,y)$ 的图形，通常是空间曲面.

三、多元函数的极限

我们先回顾一下一元函数极限 $\lim\limits_{x\to x_0}f(x)=A$.

在上述极限中，$x\to x_0$ 是在 x 轴上从 x_0 的左、右两侧向 x_0 趋近时，函数 $f(x)\to A$.

相类似地，我们有二元函数极限，当 $x\to x_0$，$y\to y_0$，即 $P(x,y)\to P(x_0,y_0)$ 时，函数 $f(x,y)\to A$.

这里的 $P\to P_0$ 表示点 P 以任何方式趋于点 P_0，也就是点 P 与点 P_0 之间的距离趋于零，即：

$$|PP_0|=\sqrt{(x-x_0)^2+(y-y_0)^2}\to 0$$

与一元函数极限概念类似，如果在点 $P(x,y)\to P_0(x_0,y_0)$ 的过程中，函数 $f(x,y)$ 无限接近于一个确定的常数 A，我们就说 A 为函数 $z=f(x,y)$ 当 $(x,y)\to(x_0,y_0)$ 时的极限，下面用 $\varepsilon-\delta$ 语言描述这个极限概念.

定义 2.4 设函数 $f(x,y)$ 在开区域(或闭区域) D 内有定义，$P_0(x_0,y_0)$ 是 D 的内点或边界点，如果对于任意给定的正数 ε，总存在正数 δ，使得对于适合不等式

$$0<|PP_0|=\sqrt{(x-x_0)^2+(y-y_0)^2}<\delta$$

的一切点 $P(x,y)\in D$，都有

$$|f(x,y)-A|<\varepsilon$$

成立，则称常数 A 为函数 $f(x,y)$ 当 $(x,y)\to(x_0,y_0)$ 时的极限，记作：

$$\lim_{(x,y)\to(x_0,y_0)}f(x,y)=A \text{ 或 } f(x,y)\to A,((x,y)\to(x_0,y_0))$$

二元函数极限称为二重极限.

例 3 设函数 $f(x,y)=(x^2+y^2)\sin\frac{1}{x^2+y^2}$，$x^2+y^2\neq 0$，求证 $\lim\limits_{(x,y)\to(0,0)}f(x,y)=0$.

证明 任给 $\varepsilon>0$，找定义中的 δ，使得当

$$0<\sqrt{(x-x_0)^2+(y-y_0)^2}=\sqrt{x^2+y^2}<\delta$$

时，有

$$|f(x,y)-0|<\varepsilon$$

成立.

因为 $\left|(x^2+y^2)\sin\frac{1}{x^2+y^2}-0\right|=|x^2+y^2|\left|\sin\frac{1}{x^2+y^2}\right|\leqslant x^2+y^2$，所以，对于任给 $\varepsilon>0$，取 $\delta=\sqrt{\varepsilon}$，则当

$$0<\sqrt{(x-0)^2+(y-0)^2}=\sqrt{x^2+y^2}<\delta$$

时，总有

$$\left|(x^2+y^2)\sin\frac{1}{x^2+y^2}-0\right|<\varepsilon$$

成立.

于是：
$$\lim_{(x,y)\to(0,0)} f(x,y)=0$$

从定义 2.4 中可以看出，所谓二重极限存在，是指 $P(x,y)$ 以任何方式趋于 $P_0(x_0,y_0)$ 时，函数 $f(x,y)$ 都趋于 A. 因为平面上由一点到另一点有无数条路线，因此，二元函数当 $P(x,y)\to P_0(x_0,y_0)$ 时，要比一元函数中当 $x\to x_0$ 复杂得多. 因此，$P(x,y)$ 以某一特殊方式，如沿着某一条定直线或定曲线趋向于 $P_0(x_0,y_0)$ 时，即使 $f(x,y)$ 无限接近于 A，我们也不能由此断定函数的极限存在. 反之，如果当 $P(x,y)$ 以不同方式趋于 $P_0(x_0,y_0)$ 时，函数趋于不同的值，就可以断定这个函数的极限不存在. 例如：

例 4　考察函数 $f(x,y)=\begin{cases}\dfrac{xy}{x^2+y^2}, & x^2+y^2\neq 0\\ 0, & x^2+y^2=0\end{cases}$ 在点 $(0,0)$ 是否存在极限.

解　(1) 当点 $M(x,y)$ 沿 x 轴趋于点 $(0,0)$，即当 $y=0, x\to 0$ 时，有：

$$\lim_{(x,y)\to(0,0)} f(x,y)=\lim_{x\to 0} f(x,0)=\lim_{x\to 0} 0=0$$

(2) 当点 $M(x,y)$ 沿 y 轴趋于点 $(0,0)$，即当 $x=0, y\to 0$ 时，有：

$$\lim_{(x,y)\to(0,0)} f(x,y)=\lim_{y\to 0} f(0,y)=\lim_{y\to 0} 0=0$$

(3) 当点 $M(x,y)$ 沿直线 $y=kx\,(k\neq 0)$ 趋于点 $(0,0)$，即当 $y=kx, x\to 0$ 时，有：

$$\lim_{\substack{(x,y)\to(0,0)\\ y=kx}} f(x,y)=\lim_{x\to 0}\frac{kx^2}{x^2+k^2x^2}=\frac{k}{1+k^2}$$

其值随 k 而异，即随路径而异，因此 $\lim\limits_{(x,y)\to(0,0)} f(x,y)$ 不存在.

注意　该题也可以令 $x=r\cos\theta, y=r\sin\theta$，则：

$$f(x,y)=\frac{xy}{x^2+y^2}=\frac{r^2\cos\theta\sin\theta}{r^2}=\cos\theta\sin\theta$$

随着 θ 的变化，方向是变化的，则取得不同的值.

以上关于二元函数的极限概念，可以相应推广到 n 元函数中.

关于二元函数的极限运算，有与一元函数类似的运算法则.

例 5　求极限 $\lim\limits_{(x,y)\to(0,2)}\dfrac{\sin(xy)}{x}$.

解　函数 $f(x,y)=\dfrac{\sin(xy)}{x}$ 在区域 $D_1=\{(x,y)\,|\,x<0\}$ 和 $D_2=\{(x,y)\,|\,x>0\}$ 内都有定义，又点 $(0,2)$ 同时为 D_1 及 D_2 的边界点，无论在 D_1 内还是在 D_2 内考虑，都有：

$$\lim_{(x,y)\to(0,2)}\frac{\sin(xy)}{x}=\lim_{(x,y)\to(0,2)}\frac{\sin(xy)}{xy}\lim_{y\to 2} y=1\cdot 2=2$$

四、多元函数的连续性

1. 连续函数的概念

定义 2.5　设函数 $z=f(x,y)$ 在区域 D 内有定义，且 $P_0(x_0,y_0)\in D$，若

$$\lim_{(x,y)\to(x_0,y_0)} f(x,y)=f(x_0,y_0)$$

则称函数 $f(x,y)$ 在点 $P_0(x_0,y_0)$ 处连续.

若令 $x=x_0+\Delta x, y=y_0+\Delta y$，则当 $(x,y)\to(x_0,y_0)$ 时，$(\Delta x,\Delta y)\to(0,0)$，因此有连续的另一种形式的定义.

定义 2.5′ 设函数 $z=f(x,y)$ 在区域 D 内有定义，且 $P_0(x_0,y_0)\in D$，若

$$\lim_{(\Delta x,\Delta y)\to(0,0)}\Delta z=\lim_{(\Delta x,\Delta y)\to(0,0)}[f(x_0+\Delta x,y_0+\Delta y)-f(x_0,y_0)]=0$$

则称函数 $f(x,y)$ 在点 (x_0,y_0) 处连续.

定义 2.5″ 设点函数 $f(P)$ 的定义域为 D，且 $P_0\in D$，若

$$\lim_{P\to P_0}f(P)=f(P_0)$$

则称函数 $f(P)$ 在点 P_0 处连续.

若函数 $f(x,y)$ 在区域 D 内的每一点连续，则称函数 $f(x,y)$ 在 D 内连续或 $f(x,y)$ 是 D 内的连续函数. 若函数 $f(x,y)$ 在点 $P_0(x_0,y_0)$ 不连续，则称 $P_0(x_0,y_0)$ 为函数 $f(x,y)$ 的间断点.

例如，前面讨论的函数 $f(x,y)=\begin{cases}\dfrac{xy}{x^2+y^2}, & x^2+y^2\neq 0\\ 0, & x^2+y^2=0\end{cases}$ 在点 $(0,0)$ 极限不存在，故不连续，所以点 $(0,0)$ 为函数的间断点.

再如，函数 $z=\dfrac{1}{x+y-1}$ 在直线 $x+y=1$ 上没有定义，所以直线 $x+y=1$ 上各点都是该函数的间断点.

2. 多元初等函数

基本初等函数与常数经过有限次的四则运算和复合步骤用一个表达式表示的函数，称为多元初等函数.

这里的基本初等函数是一元函数，在构成多元初等函数时，它们与多元函数复合.

例如，$z=\tan(x^2+y)$ 是一元基本初等函数 $z=\tan u$ 与二元函数 $u=x^2+y$ 复合成的.

3. 连续函数的性质

性质 1（有界性与最大值和最小值定理） 在有界闭区域 D 上的多元连续函数，在 D 上一定有界，且能取得最大值和最小值.

性质 2（介值定理） 在有界闭区域 D 上的多元连续函数，必取得介于函数最大值与最小值之间的任何值.

即，若 $m<\mu<M$，则必有 $P\in D$，使得 $f(P)=\mu$. 其中：

$$m=\min_{P\in D}f(P), M=\max_{P\in D}f(P)$$

性质 3 连续函数的和、差、积、商（分母不为零）及连续函数的复合函数是连续函数.

性质 4 一切多元初等函数在其定义区域内是连续的.

所谓定义区域，是指包含在定义域内的区域或闭区域.

如果 $f(P)$ 是初等函数，且 P_0 是函数 $f(P)$ 的定义域内的点，则有：

$$\lim_{P\to P_0}f(P)=f(P_0)$$

例 6 求极限 $\lim\limits_{(x,y)\to(1,2)}\dfrac{x+y}{xy}$.

解 因为函数在点 $(1,2)$ 处有定义，所以：

$$\lim_{(x,y)\to(1,2)}\frac{x+y}{xy}=f(1,2)=\frac{3}{2}$$

例 7　求极限 $\lim\limits_{(x,y)\to(0,0)}\dfrac{xy}{\sqrt{xy+1}-1}$.

解 $\lim\limits_{(x,y)\to(0,0)}\dfrac{xy}{\sqrt{xy+1}-1}=\lim\limits_{(x,y)\to(0,0)}\dfrac{xy(\sqrt{xy+1}+1)}{xy+1-1}=\lim\limits_{(x,y)\to(0,0)}(\sqrt{xy+1}+1)=2$

第三节　偏导数与全微分

一、多元函数增量

设函数 $z=f(x,y)$在点(x_0,y_0)的某邻域内有定义，当 x 在x_0 取得增量 $\Delta x(\Delta x\neq0)$，而 $y=y_0$ 保持不变时，函数 z 得到一个改变量

$$\Delta_x z=f(x_0+\Delta x,y_0)-f(x_0,y_0)$$

称为函数 $f(x,y)$对于 x 的偏增量.

类似地：

$$\Delta_y z=f(x_0,y_0+\Delta y)-f(x_0,y_0)$$

称为函数 $f(x,y)$对于 y 的偏增量.

对于自变量分别在 x_0，y_0 取得增量 Δx，Δy，而函数 z 相应的增量

$$\Delta z=f(x_0+\Delta x,y_0+\Delta y)-f(x_0,y_0)$$

称为函数 $z=f(x,y)$的全增量.

二、偏导数的定义及其计算法

1. 偏导数的定义

在研究一元函数时，引入导数是为了精确地刻画函数的变化率，对于二元函数同样要研究其变化率，这要比一元函数问题复杂得多，因为从定义域内某点(x_0,y_0)出发，作为自变量的点(x,y)可沿不同方向变化. 一般来讲，沿不同方向函数的变化率也各不同，这里我们着重考虑当(x,y)沿着平行于 x 轴、平行于 y 轴方向变化时，函数的变化情况.只要 x 在变动，而 y 固定为 y_0，则二元函数$z=f(x,y)$变为一元函数 $z=f(x,y_0)$，它对 x 的导数称为二元函数 $z=f(x,y)$对 x 的偏导数.

定义 3.1　设函数 $z=f(x,y)$在点(x_0,y_0)的某一邻域内有定义，当 y 固定在 y_0，而 x 在 x_0 处有增量 Δx 时，相应地函数有偏增量：

$$\Delta_x z=f(x_0+\Delta x,y_0)-f(x_0,y_0)$$

若增量比的极限

$$\lim_{\Delta x\to0}\frac{\Delta_x z}{\Delta x}=\lim_{\Delta x\to0}\frac{f(x_0+\Delta x,y_0)-f(x_0,y_0)}{\Delta x}$$

存在，则称此极限值为函数 $z=f(x,y)$在点(x_0,y_0)处对 x 的偏导数.记为：

$$\left.\frac{\partial z}{\partial x}\right|_{\substack{x=x_0\\y=y_0}},\quad \left.\frac{\partial f}{\partial x}\right|_{\substack{x=x_0\\y=y_0}},\quad \left.z_x\right|_{\substack{x=x_0\\y=y_0}},\quad f_x(x_0,y_0)$$

类似地，函数 $z=f(x,y)$ 在点 (x_0,y_0) 处对 y 的偏导数定义为：

$$\left.\frac{\partial z}{\partial y}\right|_{\substack{x=x_0\\y=y_0}}=\lim_{\Delta y\to 0}\frac{\Delta_y z}{\Delta y}=\lim_{\Delta y\to 0}\frac{f(x_0,y_0+\Delta y)-f(x_0,y_0)}{\Delta y}$$

记作：$\left.\frac{\partial z}{\partial y}\right|_{\substack{x=x_0\\y=y_0}}$，$\left.\frac{\partial f}{\partial y}\right|_{\substack{x=x_0\\y=y_0}}$，$\left.z_y\right|_{\substack{x=x_0\\y=y_0}}$，$f_y(x_0,y_0)$

若函数 $z=f(x,y)$ 在区域 D 内每一点 (x,y) 处对 x 或对 y 的偏导数都存在，那么这个偏导数就是 x,y 的二元函数，称为函数 $z=f(x,y)$ 对自变量 x 或对 y 的偏导函数，简称偏导数.

记作：$\frac{\partial z}{\partial x}\left(\frac{\partial z}{\partial y}\right)$，$\frac{\partial f}{\partial x}\left(\frac{\partial f}{\partial y}\right)$，$z_x(z_y)$，$f_x(x,y)$，$f_y(x,y)$

偏导数 $f_x(x_0,y_0)$ 就是偏导函数 $f_x(x,y)$ 在点 (x_0,y_0) 处的函数值.

类似地，可定义三元函数的偏导数：

$$f_x(x,y,z)=\lim_{\Delta x\to 0}\frac{f(x_0+\Delta x,y_0,z_0)-f(x_0,y_0,z_0)}{\Delta x}$$

$$f_y(x,y,z)=\lim_{\Delta y\to 0}\frac{f(x_0,y_0+\Delta y,z_0)-f(x_0,y_0,z_0)}{\Delta y}$$

$$f_z(x,y,z)=\lim_{\Delta z\to 0}\frac{f(x_0,y_0,z_0+\Delta z)-f(x_0,y_0,z_0)}{\Delta z}$$

2.偏导数的计算

从偏导数的定义可以看出，求多元函数偏导数并不需要新的方法，实际上是一元函数的求导问题.

例如：二元函数 $z=f(x,y)$，求偏导数 $\frac{\partial f}{\partial x}$ 时，只要把 y 暂时看作常数而对 x 求导数；求偏导数 $\frac{\partial f}{\partial y}$ 时，只要把 x 暂时看作常数而对 y 求导数.

例 1 设二元函数 $z=f(x,y)=x^2\sin 2y$，求 $\frac{\partial z}{\partial x}$，$\frac{\partial z}{\partial y}$，$f_x\left(1,\frac{\pi}{2}\right)$.

解

$$\frac{\partial z}{\partial x}=2x\sin 2y$$

$$\frac{\partial z}{\partial y}=2x^2\cos 2y$$

$$f_x\left(1,\frac{\pi}{2}\right)=2\sin 2\cdot\frac{\pi}{2}=0$$

例 2 设三元函数 $u=\arctan(x-y)^z$，求偏导数.

解

$$\frac{\partial u}{\partial x}=\frac{z(x-y)^{z-1}}{1+(x-y)^{2z}}$$

$$\frac{\partial u}{\partial y}=\frac{-z(x-y)^{z-1}}{1+(x-y)^{2z}}$$

$$\frac{\partial u}{\partial z}=\frac{(x-y)^z\ln(x-y)}{1+(x-y)^{2z}}$$

例 3　设 $z=x^y$，求证：

$$\frac{x}{y}\frac{\partial z}{\partial x}+\frac{1}{\ln x}\frac{\partial z}{\partial y}=2z$$

证明　因为 $\frac{\partial z}{\partial x}=yx^{y-1}$，$\frac{\partial z}{\partial y}=x^y\ln x$，所以方程左边 $=\frac{x}{y}yx^{y-1}+\frac{1}{\ln x}x^y\ln x=x^y+x^y=2x^y=$ 方程右边.

例 4　设函数

$$f(x,y)=\begin{cases}\frac{xy}{x^2+y^2}, & x^2+y^2\neq 0\\ 0, & x^2+y^2=0\end{cases}$$

求 $f_x(0,0)$，$f_y(0,0)$.

解

$$f_x(0,0)=\lim_{\Delta x\to 0}\frac{f(\Delta x,0)-f(0,0)}{\Delta x}=\lim_{\Delta x\to 0}\frac{0}{\Delta x}=0$$

$$f_y(0,0)=\lim_{\Delta y\to 0}\frac{f(0,\Delta y)-f(0,0)}{\Delta y}=\lim_{\Delta y\to 0}\frac{0}{\Delta y}=0$$

在第二节中已经知道这个函数在点(0,0)并不连续，但是它的偏导数存在.

值得注意的是：对于一元函数，函数在可导点上必连续，但是对于多元函数，这个结论不一定成立．例如，上例中函数在点(0,0)偏导数存在，但在点(0,0)不连续，因为偏导数存在只能保证动点(x,y)沿平行于 x，y 轴方向趋于(x_0,y_0)时，函数 $f(x,y)$ 趋近于 $f(x_0,y_0)$，而不能保证动点(x,y)按任何方向趋于(x_0,y_0)时，函数 $f(x,y)$ 都趋于 $f(x_0,y_0)$.

3.偏导数的几何意义

设 $M_0(x_0,y_0,f(x_0,y_0))$ 为曲面 $z=f(x,y)$ 上的一点，过 M_0 做平面 $y=y_0$ 截此曲面得一条曲线，此曲线在平面 $y=y_0$ 上的方程为 $z=f(x,y_0)$，则 $z=f(x,y_0)$ 对 x 的偏导数

$$\frac{\mathrm{d}}{\mathrm{d}x}f(x,y_0)\bigg|_{x=x_0}=f_x(x_0,y_0)=\tan\alpha$$

就是曲线在点 M_0 处的切线 M_0T_x 对 x 轴的斜率(即对 x 的变化率).

同样，偏导数

$$\frac{\mathrm{d}}{\mathrm{d}y}f(x_0,y)\bigg|_{y=y_0}=f_y(x_0,y_0)=\tan\beta$$

就是曲线在点 M_0 处的切线 M_0T_y 对 y 轴的斜率(即对 y 的变化率).如图 4－24 所示.

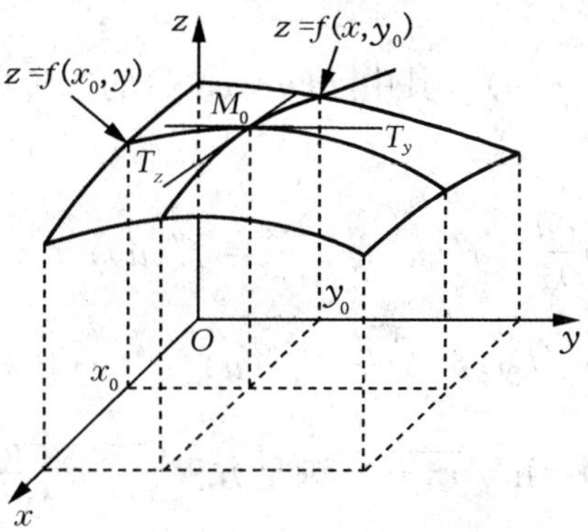

图 4－24

例 5 曲线$\begin{cases} z=\dfrac{x^2+y^2}{4} \\ y=4 \end{cases}$在点(2,4,5)处的切线对于 x 轴的倾角是多少？

解 因为 $\tan\alpha=\left.\dfrac{\partial z}{\partial x}\right|_{(2,4,5)}=\left.\left(\dfrac{2x}{4}\right)\right|_{x=2}=\left.\dfrac{x}{2}\right|_{x=2}=1$，所以 $\alpha=\dfrac{\pi}{4}$.

三、高阶偏导数

定义 3.2 设函数 $z=f(x,y)$在区域 D 内具有偏导数：

$$\frac{\partial z}{\partial x}=f_x(x,y),\frac{\partial z}{\partial y}=f_y(x,y)$$

(它们仍是 D 上的二元函数)，若这两个函数的偏导数存在，则称它们是函数 $z=f(x,y)$的二阶偏导数.

按对变量求偏导数的次序不同，有下列四个二阶偏导数：

$$\frac{\partial}{\partial x}\left(\frac{\partial z}{\partial x}\right)=\frac{\partial^2 z}{\partial x^2}=f_{xx}(x,y);\quad \frac{\partial}{\partial y}\left(\frac{\partial z}{\partial x}\right)=\frac{\partial^2 z}{\partial x\partial y}=f_{xy}(x,y);$$

$$\frac{\partial}{\partial x}\left(\frac{\partial z}{\partial y}\right)=\frac{\partial^2 z}{\partial y\partial x}=f_{yx}(x,y);\quad \frac{\partial}{\partial y}\left(\frac{\partial z}{\partial y}\right)=\frac{\partial^2 z}{\partial y^2}=f_{yy}(x,y).$$

其中，$\dfrac{\partial^2 z}{\partial x\partial y}$，$\dfrac{\partial^2 z}{\partial y\partial x}$称为混合偏导数.

同样可引入三阶、四阶……n 阶偏导数，二阶以上的偏导数称为高阶偏导数.

例 6 求函数 $z=x^2ye^y$ 的二阶偏导数.

解

$$\frac{\partial z}{\partial x}=2xye^y;\quad \frac{\partial^2 z}{\partial x^2}=2ye^y;\quad \frac{\partial^2 z}{\partial x\partial y}=2x(e^y+ye^y)=2x(1+y)e^y;$$

$$\frac{\partial z}{\partial y}=x^2(1+y)e^y;\quad \frac{\partial^2 z}{\partial y\partial x}=2x(1+y)e^y;\quad \frac{\partial^2 z}{\partial y^2}=x^2(2+y)e^y.$$

可以看出，该函数的两个二阶混合偏导数相等，即$\dfrac{\partial^2 z}{\partial x\partial y}=\dfrac{\partial^2 z}{\partial y\partial x}$.

定理 3.1 如果函数 $z=f(x,y)$的两个二阶混合偏导数$\dfrac{\partial^2 z}{\partial x\partial y}$及$\dfrac{\partial^2 z}{\partial y\partial x}$在区域 D 内连续，那么在该区域内这两个二阶混合偏导数必相等.换句话，二阶混合偏导数在连续条件下与求导的次序无关.

例 7 设函数 $z=f[x+\varphi(y)]$，其中 $f(u)$，$\varphi(y)$的二阶导数存在，求$\dfrac{\partial^2 z}{\partial x^2}$，$\dfrac{\partial^2 z}{\partial y^2}$.

解

$$\frac{\partial z}{\partial x}=f'(u)\frac{\partial u}{\partial x}=f'(u);\quad \frac{\partial^2 z}{\partial x^2}=f''(u);$$

$$\frac{\partial z}{\partial y}=f'(u)\varphi'(y);\quad \frac{\partial^2 z}{\partial y^2}=f''(u)[\varphi'(y)]^2+f'(u)\varphi''(y).$$

例 8 验证函数 $u(x,y)=\ln\sqrt{x^2+y^2}$ 满足方程$\dfrac{\partial^2 u}{\partial x^2}+\dfrac{\partial^2 u}{\partial y^2}=0$.

证明
$$\ln\sqrt{x^2+y^2}=\frac{1}{2}\ln(x^2+y^2)$$

$$\frac{\partial u}{\partial x}=\frac{x}{x^2+y^2},\frac{\partial u}{\partial y}=\frac{y}{x^2+y^2}$$

$$\frac{\partial^2 u}{\partial x^2}=\frac{(x^2+y^2)-x\cdot 2x}{(x^2+y^2)^2}=\frac{y^2-x^2}{(x^2+y^2)^2}$$

$$\frac{\partial^2 u}{\partial y^2}=\frac{(x^2+y^2)-y\cdot 2y}{(x^2+y^2)^2}=\frac{x^2-y^2}{(x^2+y^2)^2}$$

$$\frac{\partial^2 u}{\partial x^2}+\frac{\partial^2 u}{\partial y^2}=\frac{y^2-x^2}{(x^2+y^2)^2}+\frac{x^2-y^2}{(x^2+y^2)^2}=0$$

四、全微分的概念与计算

1.全微分的定义

由上可知，二元函数 $z=f(x,y)$，对某个自变量的偏导数表示当另一个自变量固定时，因变量相对于该自变量的变化率. 根据一元函数微分学中增量与微分的关系，有：

$$\Delta_x z=f(x+\Delta x,y)-f(x,y)\approx f_x(x,y)\Delta x$$

$$\Delta_y z=f(x,y+\Delta y)-f(x,y)\approx f_y(x,y)\Delta y$$

其中，$\Delta_x z$，$\Delta_y z$ 称为 $z=f(x,y)$ 对 x 和对 y 的偏增量；$f_x(x,y)\Delta x$，$f_y(x,y)\Delta y$ 称为 $z=f(x,y)$ 对 x 和对 y 的偏微分.

若多元函数 $z=f(x,y)$ 中自变量 x 和 y 都取得增量时，函数所获得的增量称为全增量，即：

$$\Delta z=f(x+\Delta x,y+\Delta y)-f(x,y)$$

定义 3.3　如果函数 $z=f(x,y)$ 在点 (x,y) 的全增量

$$\Delta z=f(x+\Delta x,y+\Delta y)-f(x,y)$$

可表示为：

$$\Delta z=A\Delta x+B\Delta y+o(\rho)$$

其中，A，B 是不依赖于 Δx，Δy 而仅与 x，y 有关的量，且 $\rho=\sqrt{(\Delta x)^2+(\Delta y)^2}$，则称函数 $z=f(x,y)$ 在点 (x,y) 处可微分，而 $A\Delta x+B\Delta y$ 称为函数 $z=f(x,y)$ 在点 (x,y) 处的全微分，记为 $\mathrm{d}z$，即：

$$\mathrm{d}z=A\Delta x+B\Delta y$$

如果函数在区域 D 内各点处都可微分，那么称这个函数在 D 内可微分.

2.函数可微的条件

定理 3.2（必要条件）　如果函数 $z=f(x,y)$ 在点 (x,y) 处可微分，则该函数在点 (x,y) 处的偏导数 $\frac{\partial z}{\partial y}$，$\frac{\partial z}{\partial y}$ 必定存在，且函数 $z=f(x,y)$ 在点 (x,y) 的全微分为：

$$\mathrm{d}z=\frac{\partial z}{\partial x}\Delta x+\frac{\partial z}{\partial y}\Delta y$$

证明　因为函数 $z=f(x,y)$ 在点 (x,y) 处可微，则有 $\Delta z=A\Delta x+B\Delta y+o(\rho)$ 成立.

特别地，当 $\Delta y=0$ 时，上式也成立，此时 $\rho=|\Delta x|$.

所以：

$$\Delta_x z=f(x+\Delta x,y)-f(x,y)=A\Delta x+o(|\Delta x|)$$

$$\frac{\partial z}{\partial x}=\lim_{\Delta x\to 0}\frac{\Delta z}{\Delta x}=\lim_{\Delta x\to 0}\frac{f(x+\Delta x,y)-f(x,y)}{\Delta x}=A$$

从而$\frac{\partial z}{\partial x}$存在.

同理$\frac{\partial z}{\partial y}=B$，所以：

$$dz=\frac{\partial z}{\partial x}\Delta x+\frac{\partial z}{\partial y}\Delta y$$

对于一元函数而言，可导必可微；反之，可微必可导. 但是，对于二元函数来说，由定理 3.2 可知，可微必可导，可微必连续(因为 $\lim\limits_{(\Delta x,\Delta y)\to(0,0)}\Delta z=0$)；反之，偏导数存在，函数不一定可微分. 这是因为在一元函数中，导数完全能刻画出函数的变化率；但在二元函数中，偏导数$\frac{\partial z}{\partial x}$，$\frac{\partial z}{\partial y}$仅仅是无穷多个方向中，在两个方向上确定了函数的变化率，特殊情况不能代替一般情况.

例 9 讨论函数 $f(x,y)=\begin{cases}\dfrac{xy}{\sqrt{x^2+y^2}}, & x^2+y^2\neq 0\\ 0, & x^2+y^2=0\end{cases}$ 在点(0,0)处的偏导数与全微分.

解 函数在点(0,0)处有偏导数：

$$f_x(0,0)=\lim_{\Delta x\to 0}\frac{f(0+\Delta x,0)-f(0,0)}{\Delta x}=\lim_{\Delta x\to 0}0=0$$

同理 $f_y(0,0)=0$，即两偏导数存在.

但是：

$$\Delta z-[f_x(0,0)\Delta x+f_y(0,0)\Delta y]=\frac{\Delta x\Delta y}{\sqrt{(\Delta x)^2+(\Delta y)^2}}$$

如果考虑点 $P'(\Delta x,\Delta y)$沿直线 $y=kx$ 趋于(0,0)时：

$$\lim_{(\Delta x,\Delta y)\to(0,0)}\frac{\dfrac{\Delta x\Delta y}{\sqrt{(\Delta x)^2+(\Delta y)^2}}}{\rho}=\lim_{(\Delta x,\Delta y)\to(0,0)}\frac{\Delta x\Delta y}{(\Delta x)^2+(\Delta y)^2}\overset{y=x}{=\!=}\lim_{\Delta x\to 0}\frac{(\Delta x)^2}{(\Delta x)^2+(\Delta x)^2}=\frac{1}{2}$$

这表明，它不能随 $\rho\to 0$ 而趋于 0，因此，当 $\rho\to 0$ 时，$\Delta z-[f_x(0,0)\Delta x+f_y(0,0)\Delta y]$不是较 ρ 的高阶无穷小，因此函数在点(0,0)处全微分不存在，即在点(0,0)处是不可微的. 可见，函数偏导数存在，函数不一定可微分，那么函数满足什么条件才可微分呢?

定理 3.3(充分条件) 如果函数 $z=f(x,y)$的偏导数$\frac{\partial z}{\partial y}$，$\frac{\partial z}{\partial y}$在点$(x,y)$处连续，则函数 $z=f(x,y)$在该点的全微分存在.

证明 从略.

习惯上将自变量增量 Δx，Δy 分别记作 dx、dy，称为自变量 x、y 的微分，则函数 $z=f(x,y)$的全微分可写为：

$$dz=\frac{\partial z}{\partial x}dx+\frac{\partial z}{\partial y}dy$$

以上二元函数微分定义及定理对三元及三元以上的多元函数可完全类似地加以推广. 例如，对三元函数 $u=f(x,y,z)$，有全微分：

$$du=\frac{\partial u}{\partial x}dx+\frac{\partial u}{\partial y}dy+\frac{\partial u}{\partial z}dz$$

由上可知，全微分的计算，只要按求偏导数的方法，求出$\frac{\partial u}{\partial x}$，$\frac{\partial z}{\partial y}$，$\frac{\partial u}{\partial z}$，将其代入微分公式

即可.

例 10　设函数 $z=e^{xy}$,求 $\mathrm{d}z\Big|_{\substack{x=2\\y=1}}$.

解　因为$\dfrac{\partial z}{\partial x}=ye^{xy}$,$\dfrac{\partial z}{\partial y}=xe^{xy}$,所以:

$$\mathrm{d}z\Big|_{\substack{x=2\\y=1}}=\left(ye^{xy}\right)_{\substack{x=2\\y=1}}\mathrm{d}x+\left(xe^{xy}\right)_{\substack{x=2\\y=1}}\mathrm{d}y=e^2\mathrm{d}x+2e^2\mathrm{d}y$$

例 11　设函数 $u=\dfrac{x}{y}e^z$,求全微分 $\mathrm{d}u$.

解　因为$\dfrac{\partial u}{\partial x}=\dfrac{1}{y}e^z$,$\dfrac{\partial u}{\partial y}=-\dfrac{x}{y^2}e^z$,$\dfrac{\partial u}{\partial z}=\dfrac{x}{y}e^z$,所以:

$$\mathrm{d}u=e^z\left(\frac{1}{y}\mathrm{d}x-\frac{x}{y^2}\mathrm{d}y+\frac{x}{y}\mathrm{d}z\right)=\frac{1}{y}e^z\left(\mathrm{d}x-\frac{x}{y}\mathrm{d}y+x\mathrm{d}z\right)$$

第四节　多元复合函数的求导法则

在第二章中,我们学习了一元函数的复合函数求导,现将一元复合函数的求导法则推广到多元复合函数的情形,按照多元函数的不同复合情形,分三种情形讨论.

一、复合函数的中间变量均为一元函数的情形

定理 4.1　如果函数 $u=\varphi(t)$ 及 $v=\psi(t)$ 都在点 t 可导,且函数 $z=f(u,v)$ 在对应点 (u,v) 具有连续偏导数,则复合函数 $z=f[\varphi(t),\psi(t)]$ 在点 t 可导,且其导数为:

$$\frac{\mathrm{d}z}{\mathrm{d}t}=\frac{\partial z}{\partial u}\frac{\mathrm{d}u}{\mathrm{d}t}+\frac{\partial z}{\partial v}\frac{\mathrm{d}v}{\mathrm{d}t}$$

证明　设 t 取得增量 Δt,这时 $u=\varphi(t)$,$v=\psi(t)$ 的对应增量为 Δu,Δv,函数 $z=f[\varphi(t),\psi(t)]$ 相应获得增量 Δz.由于函数 $z=f(u,v)$ 可微,所以有 Δz 可以表示为:

$$\Delta z=\frac{\partial z}{\partial u}\Delta u+\frac{\partial z}{\partial v}\Delta v+o(\rho)$$

其中 $\rho=\sqrt{(\Delta u)^2+(\Delta v)^2}$.

将上式两端同除以 Δt,得:

$$\frac{\Delta z}{\Delta t}=\frac{\partial z}{\partial u}\frac{\Delta u}{\Delta t}+\frac{\partial z}{\partial v}\frac{\Delta v}{\Delta t}+\frac{o(\rho)}{\Delta t}$$

由于 $u=\varphi(t)$,$v=\psi(t)$ 在点 t 可导,所以当 $\Delta t\to 0$ 时,$\Delta u\to 0$,$\Delta v\to 0$,从而 $\rho\to 0$,并且有:

$$\frac{\Delta u}{\Delta t}\to\frac{\mathrm{d}u}{\mathrm{d}t},\ \frac{\Delta v}{\Delta t}\to\frac{\mathrm{d}v}{\mathrm{d}t}$$

于是:

$$\lim_{\Delta t\to 0}\left|\frac{o(\rho)}{\Delta t}\right|=\lim_{\Delta t\to 0}\left|\frac{o(\rho)}{\rho}\cdot\frac{\rho}{\Delta t}\right|=\lim_{\Delta t\to 0}\left|\frac{o(\rho)}{\rho}\right|\sqrt{\left(\frac{\Delta u}{\Delta t}\right)^2+\left(\frac{\Delta v}{\Delta t}\right)^2}=0$$

所以:

$$\lim_{\Delta t\to 0}\frac{\Delta z}{\Delta t}=\frac{\partial z}{\partial u}\frac{\mathrm{d}u}{\mathrm{d}t}+\frac{\partial z}{\partial v}\frac{\mathrm{d}v}{\mathrm{d}t}$$

这就证明了复合函数 $z=f[\varphi(t),\psi(t)]$ 在点 t 可导,且公式成立.导数$\frac{\mathrm{d}z}{\mathrm{d}t}$称为全导数.

同理,我们可以把定理推广到对于中间变量多于两个的复合函数情形.例如,若 $z=f(u,v,w)$,$u=\varphi(t)$,$v=\psi(t)$,$w=w(t)$复合而成的复合函数

$$z=f[\varphi(t),\psi(t),w(t)]$$

满足定理条件,则有全导数公式

$$\frac{\mathrm{d}z}{\mathrm{d}t}=\frac{\partial z}{\partial u}\frac{\mathrm{d}u}{\mathrm{d}t}+\frac{\partial z}{\partial v}\frac{\mathrm{d}v}{\mathrm{d}t}+\frac{\partial z}{\partial w}\frac{\mathrm{d}w}{\mathrm{d}t}$$

例 1 设函数 $u=x^y$,而 $x=e^t$,$y=\sin t$,求全导数$\frac{\mathrm{d}u}{\mathrm{d}t}$.

解 $$\frac{\mathrm{d}u}{\mathrm{d}t}=\frac{\partial u}{\partial x}\frac{\mathrm{d}x}{\mathrm{d}t}+\frac{\partial u}{\partial y}\frac{\mathrm{d}y}{\mathrm{d}t}=yx^{y-1}e^t+x^y\ln x\cos t=e^{t\sin t}(\sin t+t\cos t)$$

例 2 设 $z=\arctan(xy)$,$x=t$,$y=e^t$,求$\left.\frac{\mathrm{d}z}{\mathrm{d}t}\right|_{t=0}$.

解 由

$$\frac{\mathrm{d}z}{\mathrm{d}t}=\frac{\partial z}{\partial x}\frac{\mathrm{d}x}{\mathrm{d}t}+\frac{\partial z}{\partial y}\frac{\mathrm{d}y}{\mathrm{d}t}=\frac{y}{1+(xy)^2}\cdot 1+\frac{x}{1+(xy)^2}\cdot e^t$$

以及当 $t=0$ 时,$x=0$,$y=1$,可得$\left.\frac{\mathrm{d}z}{\mathrm{d}t}\right|_{t=0}=1$.

二、复合函数的中间变量均为多元函数的情形

定理 4.2 若 $u=\varphi(x,y)$及 $v=\psi(x,y)$在点(x,y)具有对 x、y 的偏导数,而函数 $z=f(u,v)$在对应点(u,v)具有连续偏导数,则复合函数 $z=f[\varphi(x,y),\psi(x,y)]$在点$(x,y)$两个偏导数存在,且有:

$$\frac{\partial z}{\partial x}=\frac{\partial z}{\partial u}\frac{\partial u}{\partial x}+\frac{\partial z}{\partial v}\frac{\partial v}{\partial x}$$

$$\frac{\partial z}{\partial y}=\frac{\partial z}{\partial u}\frac{\partial u}{\partial y}+\frac{\partial z}{\partial v}\frac{\partial v}{\partial y}$$

例 3 设函数 $z=u^v$,而 $u=xy$,$v=x+y$,求$\frac{\partial z}{\partial x}$ 和$\frac{\partial z}{\partial y}$.

解

$$\begin{aligned}\frac{\partial z}{\partial x}&=\frac{\partial z}{\partial u}\frac{\partial u}{\partial x}+\frac{\partial z}{\partial v}\frac{\partial v}{\partial x}=vu^{v-1}y+u^v\ln u\\&=y(x+y)(xy)^{x+y-1}+(xy)^{x+y}\ln(xy)\\\frac{\partial z}{\partial y}&=\frac{\partial z}{\partial u}\frac{\partial u}{\partial y}+\frac{\partial z}{\partial v}\frac{\partial v}{\partial y}=vu^{v-1}x+u^v\ln u\\&=x(x+y)(xy)^{x+y-1}+(xy)^{x+y}\ln(xy)\end{aligned}$$

类似地,对中间变量多于两个的复合函数情形,有同样的结论.例如,设函数 $u=\varphi(x,y)$,$v=\psi(x,y)$,$w=w(x,y)$都在点(x,y)有对 x,y 的偏导数,而函数 $z=f(u,v,w)$在对应点(u,v,w)偏导数连续,则复合函数

$$z=f[\varphi(x,y),\psi(x,y),w(x,y)]$$

在点(x,y)的两个偏导数存在,且有:

$$\frac{\partial z}{\partial x}=\frac{\partial z}{\partial u}\frac{\partial u}{\partial x}+\frac{\partial z}{\partial v}\frac{\partial v}{\partial x}+\frac{\partial z}{\partial w}\frac{\partial w}{\partial x}$$

$$\frac{\partial z}{\partial y}=\frac{\partial z}{\partial u}\frac{\partial u}{\partial y}+\frac{\partial z}{\partial v}\frac{\partial v}{\partial y}+\frac{\partial z}{\partial w}\frac{\partial w}{\partial y}$$

三、复合函数的中间变量既有一元函数，又有多元函数的情形

定理 4.3　设函数 $u=\varphi(x,y)$ 具有偏导数，而函数 $z=f(u,x,y)$ 可微，则复合函数 $z=f[\varphi(x,y),x,y]$ 在点 (x,y) 的偏导数存在，且有公式：

$$\frac{\partial z}{\partial x}=\frac{\partial f}{\partial u}\frac{\partial u}{\partial x}+\frac{\partial f}{\partial x}$$

$$\frac{\partial z}{\partial y}=\frac{\partial z}{\partial u}\frac{\partial u}{\partial y}+\frac{\partial f}{\partial y}$$

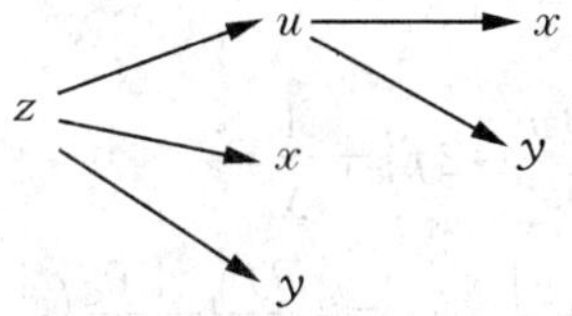

图 4—27

特别要强调的是，$\frac{\partial z}{\partial x}$ 与 $\frac{\partial f}{\partial x}$ 有很多的区别：$\frac{\partial z}{\partial x}$ 是把函数 $f[\varphi(x,y),x,y]$ 中的 y 看成常数，对 x 求偏导；$\frac{\partial f}{\partial x}$ 是把 $f(u,x,y)$ 中的 u,y 看成常数，对 x 求偏导.前者是复合后对 x 的偏导数，后者是复合前对 x 的偏导数.

由此可见，多元复合函数微分法的关键在于区分清楚函数结构中哪些是中间变量，哪些是自变量.

对于抽象函数的复合函数的求偏导数问题，如函数 $z=f(x\sin y,e^{xy})$，z 是因变量，x,y 是自变量. 若设中间变量 $u=x\sin y$，$v=e^{xy}$，则在这个函数关系中，中间变量 u,v 与自变量 x，y 的函数关系 f 没有具体给出，这就是"抽象"的意义. 这样的函数求偏导数时，要按复合函数求偏导数公式计算，但是最后结果中，因变量 z 对中间变量 u 和 v 的偏导数只能以"抽象"的形式出现.

例 4　设 $z=f(x\sin y,e^{xy})$，其中 f 具有连续偏导数，求 $\frac{\partial u}{\partial x}$ 和 $\frac{\partial u}{\partial y}$.

解　设 $u=x\sin y$，$v=e^{xy}$，则：

$$\frac{\partial z}{\partial x}=\frac{\partial z}{\partial u}\frac{\partial u}{\partial x}+\frac{\partial z}{\partial v}\frac{\partial v}{\partial x}=\sin y f'_u+ye^{xy}f'_v$$

$$\frac{\partial z}{\partial y}=\frac{\partial z}{\partial u}\frac{\partial u}{\partial y}+\frac{\partial z}{\partial v}\frac{\partial v}{\partial y}=x\cos y f'_u+xe^{xy}f'_v$$

例 5　设函数 $u=f(x,y,z)=e^{x^2+y^2+z^2}$，而 $z=x^2\sin y$，求 $\frac{\partial u}{\partial x}$ 和 $\frac{\partial u}{\partial y}$.

解　$$\frac{\partial u}{\partial x}=\frac{\partial f}{\partial x}+\frac{\partial f}{\partial z}\frac{\partial z}{\partial x}=2xe^{x^2+y^2+z^2}+2ze^{x^2+y^2+z^2}\cdot 2x\sin y$$

$$=2x(1+2x^2\sin^2 y)e^{x^2+y^2+x^4\sin^2 y}$$

$$\frac{\partial u}{\partial y}=\frac{\partial f}{\partial y}+\frac{\partial f}{\partial z}\frac{\partial z}{\partial y}=2ye^{x^2+y^2+z^2}+2ze^{x^2+y^2+z^2}\cdot x^2\cos y$$

$$=2(y+x^4\sin y\cos y)e^{x^2+y^2+x^4\sin^2 y}$$

若函数 $z=f(u,v)$，$u=\varphi(x,y)$，$v=\psi(x,y)$ 二阶偏导数连续，则复合函数 $z=f[\varphi(x,y),\psi(x,y)]$ 存在二阶偏导数.记为：

$$f''_{11}=\frac{\partial^2 z}{\partial u^2},f''_{12}=\frac{\partial^2 z}{\partial u\partial v},f''_{21}=\frac{\partial^2 z}{\partial v\partial u},f''_{22}=\frac{\partial^2 z}{\partial v^2}$$

例 6 设复合函数 $z=f\left(2x+3y,\dfrac{x}{y}\right)$，其中 $f(u,v)$ 对 u,v 具有二阶连续偏导数，求 $\dfrac{\partial^2 z}{\partial x\partial y}$.

解 设 $u=2x+3y,v=\dfrac{x}{y}$

$$\frac{\partial z}{\partial x}=\frac{\partial z}{\partial u}\frac{\partial u}{\partial x}+\frac{\partial z}{\partial v}\frac{\partial v}{\partial x}=2f'_1+\frac{1}{y}f'_2$$

$$\frac{\partial^2 z}{\partial x\partial y}=\frac{\partial}{\partial y}\left(2f'_1+\frac{1}{y}f'_2\right)=2\frac{\partial f'_1}{\partial y}+\frac{\partial}{\partial y}\left(\frac{1}{y}f'_2\right)$$

$$=2\left(f''_{11}\cdot 3+f''_{12}\left(-\frac{x}{y^2}\right)\right)-\frac{1}{y^2}f'_2+\frac{1}{y}\left(f''_2\cdot 3+f''_{22}\left(-\frac{x}{y^2}\right)\right)$$

$$=6f''_{11}-\frac{x}{y^3}f''_{22}+\frac{3y-2x}{y^2}f''_{12}-\frac{1}{y^2}f'_2$$

四、全微分形式不变性

设函数 $z=f(u,v)$ 具有连续偏导数，则全微分为：

$$\mathrm{d}z=\frac{\partial z}{\partial u}\mathrm{d}u+\frac{\partial z}{\partial v}\mathrm{d}v$$

若函数 $u=\varphi(x,y)$，$v=\psi(x,y)$ 有连续偏导数，则复合函数 $z=f(\varphi(x,y),\psi(x,y))$ 的全微分为：

$$\mathrm{d}z=\frac{\partial z}{\partial x}\mathrm{d}x+\frac{\partial z}{\partial y}\mathrm{d}y$$

$$=\left(\frac{\partial z}{\partial u}\frac{\partial u}{\partial x}+\frac{\partial z}{\partial v}\frac{\partial v}{\partial x}\right)\mathrm{d}x+\left(\frac{\partial z}{\partial u}\frac{\partial u}{\partial y}+\frac{\partial z}{\partial v}\frac{\partial v}{\partial y}\right)\mathrm{d}y$$

$$=\frac{\partial z}{\partial u}\left(\frac{\partial u}{\partial x}\mathrm{d}x+\frac{\partial u}{\partial y}\mathrm{d}y\right)+\frac{\partial z}{\partial v}\left(\frac{\partial v}{\partial x}\mathrm{d}x+\frac{\partial v}{\partial y}\mathrm{d}y\right)$$

$$=\frac{\partial z}{\partial u}\mathrm{d}u+\frac{\partial z}{\partial v}\mathrm{d}v$$

可见，无论 z 是自变量 x,y 的函数还是中间变量 u,v 的函数，它的全微分形式是一样的，这个性质叫全微分形式不变性.

例 7 利用全微分形式不变性求微分 $\mathrm{d}z=\mathrm{d}(e^u\sin v)$，其中，$u=xy,v=x+y$.

解 因为：

$$\mathrm{d}z=\mathrm{d}(e^u\sin v)=e^u\sin v\mathrm{d}u+e^u\cos v\mathrm{d}v$$

又因为：

$$du=d(xy)=ydx+xdy,dv=d(x+y)=dx+dy$$

所以：

$$\begin{aligned}dz&=e^u\sin v\cdot(ydx+xdy)+e^u\cos v(dx+dy)\\&=(e^u\sin v\cdot y+e^u\cos v)dx+(e^u\sin v\cdot x+e^u\cos v)dy\\&=e^{xy}[y\sin(x+y)+\cos(x+y)]dx+e^{xy}[x\sin(x+y)+\cos(x+y)]dy\end{aligned}$$

若先求出 $\frac{\partial z}{\partial x}=e^{xy}[y\sin(x+y)+\cos(x+y)]$，$\frac{\partial z}{\partial y}=e^{xy}[x\sin(x+y)+\cos(x+y)]$，代入公式 $dz=\frac{\partial z}{\partial x}dx+\frac{\partial z}{\partial y}dy$，得到的结果完全一样.

第五节　隐函数求导公式

一、由二元方程确定的隐函数的情形

由二元函数 $F(x,y)=0$ 可确定一个一元的隐函数 $y=f(x)$，将之代入原方程，得到一个恒等式：

$$F[x,f(x)]\equiv 0$$

对恒等式两边关于变量 x 求导，左边是多元复合函数，它对变量 x 的导数为：

$$\frac{\partial F}{\partial x}+\frac{\partial F}{\partial y}\frac{dy}{dx}$$

右边的导数自然为 0，于是有：

$$\frac{\partial F}{\partial x}+\frac{\partial F}{\partial y}\frac{dy}{dx}=0$$

解出 $\frac{dy}{dx}$，得到隐函数的导数 $\frac{dy}{dx}=-\frac{\frac{\partial F}{\partial x}}{\frac{\partial F}{\partial y}}$.

由多元复合函数的求导定理可知，当 $F(x,y)=0$ 在 (x,y) 具有一阶连续偏导数，而 $y=f(x)$ 在 x 可导时，才可求出复合函数 $F[x,f(x)]$ 的导数，若 $\frac{\partial F}{\partial x}\neq 0$ 时，有 $\frac{dy}{dx}=-\frac{\frac{\partial F}{\partial x}}{\frac{\partial F}{\partial y}}$，从而得到下列定理.

定理 5.1（隐函数存在定理 1）　设函数 $F(x,y)$ 满足条件：

(1)在点 $P_0(x_0,y_0)$ 的某一邻域内具有连续的偏导数；

(2) $F(x_0,y_0)=0$；

(3) $F_y(x_0,y_0)\neq 0$.

则方程 $F(x,y)=0$ 在点 (x_0,y_0) 的某一邻域内恒能唯一确定一个单值连续，且具有连续导数的函数 $y=f(x)$，它满足条件 $y_0=f(x_0)$，并有导数公式：

$$\frac{dy}{dx}=-\frac{F_x}{F_y}$$

如果函数 $F(x,y)$ 的二阶偏导数连续，我们可以把上式的两端看作 x 的复合函数再一次求导，即得二阶导数公式：

$$\begin{aligned}\frac{\mathrm{d}^2y}{\mathrm{d}x^2}&=\frac{\partial}{\partial x}\left(-\frac{F_x}{F_y}\right)+\frac{\partial}{\partial y}\left(-\frac{F_x}{F_y}\right)\frac{\mathrm{d}y}{\mathrm{d}x}\\&=-\frac{F_{xx}F_y-F_{yx}F_x}{F_y^2}-\frac{F_{xy}F_y-F_{yy}F_x}{F_y^2}\left(-\frac{F_x}{F_y}\right)\\&=-\frac{F_{xx}F_y^2-2F_{xy}F_xF_y+F_{yy}F_x^2}{F_y^3}\end{aligned}$$

例 1 方程 $e^y+xy=e$ 确定隐函数，求 $\frac{\mathrm{d}y}{\mathrm{d}x}$.

解 令 $F(x,y)=e^y+xy-e$，对 x,y 求偏导数，得 $\frac{\partial F}{\partial x}=y$，$\frac{\partial F}{\partial y}=e^y+x$.所以有：

$$\frac{\mathrm{d}y}{\mathrm{d}x}=-\frac{\frac{\partial F}{\partial x}}{\frac{\partial F}{\partial y}}=-\frac{y}{e^y+x}$$

例 2 验证方程 $y=xe^y+1$ 在点(0,1)的某一邻域内能唯一确定一个单值连续且具有连续导数的隐函数 $y=f(x)$，当 $x=0$ 时 $y=1$，并求这个函数的一阶与二阶导数在 $x=0$ 的导数值.

解 设函数 $F(x,y)=xe^y-y+1$，则 $F_x=e^y$，$F_y=xe^y-1$，显然偏导数连续，且 $F(0,1)=0$，又 $F_y(0,1)=-1\neq0$，因此，由定理 1 可知方程 $y=xe^y+1$ 在点(0,1)的邻域内能唯一确定一个单值连续且具有连续导数的隐函数 $y=f(x)$，当 $x=0$ 时，$y=1$.有导数：

$$\frac{\mathrm{d}y}{\mathrm{d}x}=-\frac{F_x}{F_y}=\frac{e^y}{1-xe^y}=\frac{e^y}{2-y},\left.\frac{\mathrm{d}y}{\mathrm{d}x}\right|_{x=0}=e$$

二阶导数为：

$$\frac{\mathrm{d}^2y}{\mathrm{d}x^2}=\frac{e^yy'(2-y)+e^yy'}{(2-y)^2}=\frac{e^y(3-y)}{(2-y)^2}y'=\frac{e^{2y}(3-y)}{(2-y)^3}$$

$$\left.\frac{\mathrm{d}^2y}{\mathrm{d}x^2}\right|_{x=0}=\frac{e^2(3-1)}{(2-1)^3}=2e^2$$

二、由三元方程确定的二元隐函数的偏导数

既然二元方程 $F(x,y)=0$ 可以确定一个一元的隐函数 $y=f(x)$，那么，三元方程 $F(x,y,z)=0$ 便可确定一个二元的隐函数 $z=f(x,y)$. 下面，我们介绍用直接求导法求此函数的偏导数.

对 $F(x,y,z)=0$ 两边关于变量 x 求偏导，并注意 z 是 x、y 的函数，有：

$$F_x+F_z\frac{\partial z}{\partial x}=0$$

解出 $\frac{\partial z}{\partial x}$，得到二元隐函数的偏导数 $\frac{\partial z}{\partial x}=-\frac{F_x}{F_z}$.

类似地，可得到：

$$F_y+F_z\frac{\partial z}{\partial y}=0$$

解得：
$$\frac{\partial z}{\partial y}=-\frac{F_y}{F_z}$$

即得到下面的定理 5.2.

定理 5.2（隐函数存在定理 2） 设函数 $F(x,y,z)$ 满足条件：

(1)在点 $P_0(x_0,y_0,z_0)$ 的某一邻域内具有连续的偏导数；

(2)$F(x_0,y_0,z_0)=0$；

(3)$F_z(x_0,y_0,z_0)\neq 0$.

则方程 $F(x,y,z)=0$ 在点(x_0,y_0,z_0)的某一邻域内恒能唯一确定一个单值连续，且具有连续偏导数的函数 $z=f(x,y)$，它满足条件 $z_0=f(x_0,y_0)$，并有偏导数公式：
$$\frac{\partial z}{\partial x}=-\frac{F_x}{F_z},\frac{\partial z}{\partial y}=-\frac{F_y}{F_z}$$

例 3 设方程 $x^2+y^2+z^2-4z=0$，求$\frac{\partial z}{\partial x},\frac{\partial z}{\partial y},\frac{\partial^2 z}{\partial x\partial y}$.

解 **方法 1**：设函数 $F(x,y,z)=x^2+y^2+z^2-4z$.则：
$$F_x=2x,F_z=2z-4,F_y=2y$$
于是：
$$\frac{\partial z}{\partial x}=-\frac{2x}{2z-4}=\frac{x}{2-z},\frac{\partial z}{\partial y}=-\frac{2y}{2z-4}=\frac{y}{2-z}$$

上式$\frac{\partial z}{\partial x}=\frac{x}{2-z}$再对 y 求偏导数，得：
$$\frac{\partial^2 z}{\partial x\partial y}=\frac{x\frac{\partial z}{\partial y}}{(2-z)^2}=\frac{x\left(\frac{y}{2-x}\right)}{(2-z)^2}=\frac{xy}{(2-z)^3}$$

方法 2：方程 $x^2+y^2+z^2-4z=0$ 两边对 x 求偏导，得：
$$2x+2z\frac{\partial z}{\partial x}-4\frac{\partial z}{\partial x}=0$$

解得：
$$\frac{\partial z}{\partial x}=-\frac{2x}{2z-4}=\frac{x}{2-z}$$

同理得：
$$\frac{\partial z}{\partial y}=-\frac{2y}{2z-4}=\frac{y}{2-z}$$

例 4 设方程 $G\left(\frac{x}{z},\frac{y}{z}\right)=0$ 确定函数 $z=z(x,y)$，且 $G(u,v)$ 偏导数存在，求$\frac{\partial z}{\partial x},\frac{\partial z}{\partial y}$.

解 令 $F(x,y,z)=G\left(\frac{x}{z},\frac{y}{z}\right)=G(u,v)$，其中 $u=\frac{x}{z},v=\frac{y}{z}$.
$$F_x=G_1\cdot\frac{1}{z},F_y=G_2\cdot\frac{1}{z},F_z=G_1\left(-\frac{x}{z^2}\right)+G_2\left(-\frac{y}{z^2}\right)=\frac{-1}{z^2}(xG_1+yG_2)$$
则：
$$\frac{\partial z}{\partial x}=-\frac{F_x}{F_z}=\frac{\frac{1}{z}G_1}{\frac{1}{z^2}\left(xG_1+yG_2\right)}=\frac{zG_1}{xG_1+yG_2}$$

$$\frac{\partial z}{\partial y}=-\frac{F_y}{F_z}=\frac{\frac{1}{z}G_2}{\frac{1}{z^2}\left(xG_1+yG_2\right)}=\frac{zG_2}{xG_1+yG_2}$$

也可以用方法 2 求偏导数.

第六节 多元函数的极值及其求法

在实际问题中,往往会遇到多元函数的最大值、最小值问题,与一元函数相类似,多元函数的最大值、最小值与极大值、极小值有密切关系,因此以二元函数为例,先来讨论多元函数的极值问题.

一、多元函数的极值

定义 6.1 设函数 $z=f(x,y)$ 在点 (x_0,y_0) 的某个邻域内有定义,对于该邻域内的所有 $(x,y)\neq(x_0,y_0)$,如果总有 $f(x,y)\leqslant f(x_0,y_0)$,则称函数 $z=f(x,y)$ 在点 (x_0,y_0) 处有极大值;如果总有 $f(x,y)\geqslant f(x_0,y_0)$,则称函数 $z=f(x,y)$ 在点 (x_0,y_0) 处有极小值.

函数的极大值、极小值统称为极值,使函数取得极值的点称为极值点.

例 1 函数 $z=xy$ 在点 $(0,0)$ 处不取得极值,因为在点 $(0,0)$ 处的函数值为零,而在点 $(0,0)$ 的任一邻域内总有使函数值为正的点,也有使函数值为负的点.

例 2 函数 $z=3x^2+4y^2$ 在点 $(0,0)$ 处有极小值.

因为对任何 $(x,y)\neq(0,0)$,有 $f(x,y)>f(0,0)=0$.

从几何上看,点 $(0,0,0)$ 是开口朝上的椭圆抛物面 $z=3x^2+4y^2$ 的顶点,曲面在点 $(0,0,0)$ 处有切平面 $z=0$,从而得到函数取得极值的必要条件.

定理 6.1(必要条件) 设函数 $z=f(x,y)$ 在点 (x_0,y_0) 具有偏导数,且在点 (x_0,y_0) 处有极值,则它在该点的偏导数必然为零,即:

$$f_x(x_0,y_0)=0,f_y(x_0,y_0)=0$$

证明 不妨设函数 $z=f(x,y)$ 在点 (x_0,y_0) 处有极大值,依定义,在该点的邻域上均有:

$$f(x,y)\leqslant f(x_0,y_0),(x,y)\neq(x_0,y_0)$$

成立.

特别地,取 $y=y_0$ 而 $x\neq x_0$ 的点,有 $f(x,y_0)\leqslant f(x_0,y_0)$ 也成立.

这表明一元函数 $f(x,y_0)$ 在 $x=x_0$ 处取得极大值,因而必有:

$$f_x(x_0,y_0)=0$$

类似地可证 $f_y(x_0,y_0)=0$.

从几何上看,若函数 $z=f(x,y)$ 在点 (x_0,y_0) 取得极值 z_0,那么函数所表示的曲面在点 (x_0,y_0,z_0) 处的切平面方程为:

$$z-z_0=f_x(x_0,y_0)(x-x_0)+f_y(x_0,y_0)(y-y_0)$$

是平行于 xOy 坐标面的平面 $z=z_0$.

类似地有三元及三元以上函数的极值概念,对三元函数也有取得极值的必要条件为:

$$f_x(x_0,y_0,z_0)=0,f_y(x_0,y_0,z_0)=0,f_z(x_0,y_0,z_0)=0$$

由定理 6.1 可知，虽然没有完全解决求极值的问题，但它明确指出找极值点的途径，即只要解方程组$\begin{cases} f_x(x_0,y_0)=0 \\ f_y(x_0,y_0)=0 \end{cases}$，求得解$(x_1,y_1)$，$(x_2,y_2)$，…，$(x_n,y_n)$，那么极值点必包含在其中，这些点称为函数 $z=f(x,y)$的驻点.但驻点不一定是极值点，如$(0,0)$点是函数 $z=xy$ 的驻点，但不是极值点.

怎样判别一个驻点是不是极值点呢？下面的定理回答了这个问题：

定理 6.2(充分条件)　设函数 $z=f(x,y)$在点(x_0,y_0)的某邻域内连续，且有一阶及二阶连续偏导数，又 $f_x(x_0,y_0)=0$，$f_y(x_0,y_0)=0$，令

$$f_{xx}(x_0,y_0)=A, f_{xy}(x_0,y_0)=B, f_{yy}(x_0,y_0)=C$$

则：

(1)当 $AC-B^2>0$ 时，函数 $z=f(x,y)$在点(x_0,y_0)取得极值，且当 $A<0$ 时，有极大值 $f(x_0,y_0)$，当 $A>0$ 时，有极小值 $f(x_0,y_0)$；

(2)当 $AC-B^2<0$ 时，函数 $z=f(x,y)$在点(x_0,y_0)没有极值；

(3)当 $AC-B^2=0$ 时，函数 $z=f(x,y)$在点(x_0,y_0)可能有极值，也可能没有极值，还要另做讨论.

由定理 6.1、定理 6.2，我们可以得到：求解具有二阶连续偏导数得函数 $z=f(x,y)$极值的步骤如下：

(1)解方程组 $f_x(x_0,y_0)=0$，$f_y(x_0,y_0)=0$，求得一切实数解，即可求得一切驻点(x_1,y_1)，(x_2,y_2)……(x_n,y_n)；

(2)对于每一个驻点$(x_i,y_i)$$(i=1,2,\cdots n)$，求出二阶偏导数的值 A,B,C；

(3)确定 $AC-B^2$ 的符号，按定理 2 的结论判定 $f(x_i,y_i)$是不是极值，是极大值还是极小值；

(4)考察函数 $f(x,y)$是否有导数不存在的点，若有，加以判别是否为极值点.

例 3　考察 $z=-\sqrt{x^2+y^2}$ 是否有极值.

解　因为$\frac{\partial z}{\partial x}=\frac{-x}{\sqrt{x^2+y^2}}$，$\frac{\partial z}{\partial y}=\frac{y}{\sqrt{x^2+y^2}}$在 $x=0$，$y=0$ 处导数不存在，但是对所有的$(x,y)\neq(0,0)$，均有 $f(x,y)<f(0,0)=0$，所以函数在$(0,0)$点取得极大值.

从上例可知，在考虑函数的极值问题时，除了考虑函数的驻点外，如果有偏导数不存在的点，那么对这些点也应当考虑.

例 4　求函数 $f(x,y)=x^3+y^3-3xy$ 的极值.

解　为求驻点，解联立方程组：

$$\begin{cases} f_x(x,y)=3x^2-3y=0 \\ f_y(x,y)=3y^2-3x=0 \end{cases}$$

得到两个驻点：$(0,0)$，$(1,1)$.

再求出二阶偏导函数 $f_{xx}=6x$，$f_{xy}=-3$，$f_{yy}=6y$.

在$(0,0)$点处有：$A=0$，$B=-3$，$C=0$.

$$AC-B^2=-9<0$$

所以函数 $f(x,y)$在点$(0,0)$没有极值，在$(1,1)$点处有：$A=6$，$B=-3$，$C=6$.

$$AC-B^2=36>0，且 A>0$$

所以函数 $f(x,y)$ 在点 $(1,1)$ 有极小值 $f(1,1)=-1$.

二、函数的最大值与最小值

与一元函数相类似，我们也可以利用函数的极值来求函数的最大值、最小值。由第二节连续函数的性质可知，若函数 $f(x,y)$ 在有界闭区域 D 上连续，则 $f(x,y)$ 在 D 上必定能取得最大值和最小值. 最值点既可能在 D 的内部，也可能在 D 的边界上. 因此，我们可以求出函数 $f(x,y)$ 在区域 D 内的全部极值点，以及在 D 边界上的最值，将这些点的函数值求出，并且互相比较，定出函数的最值.

在实际应用问题中，根据问题的性质，知道函数 $f(x,y)$ 的最值一定在区域 D 的内部取得，而函数在 D 内只有一个驻点，那么可以肯定该驻点处的函数值就是函数 $f(x,y)$ 在 D 上的最值.

例 5 某工厂生产 A，B 两种型号的产品，A 型产品的售价为1 000元/件，B 型产品的售价为 900 元/件，生产 A 型产品 x 件和 B 型产品 y 件的总成本为 $C(x,y)=40\,000+200x+300y+3x^2+xy+3y^2$，求 A，B 两种产品各生产多少件时，利润最大？

解 设 $L(x,y)$ 为生产 A 型产品 x 件和 B 型产品 y 件时的总利润，则：

$$L(x,y)=R(x,y)-C(x,y)=-3x^2-xy-3y^2+800x+600y-40\,000$$

由

$$\begin{cases}L_x(x,y)=-6x-y+800=0\\ L_y(x,y)=-x-6y+600=0\end{cases}\Rightarrow\begin{cases}x=120\\ y=80\end{cases}$$

又有

$$A=L_{xx}(120,80)=-6<0,B=L_{xy}(120,80)=-1,C=L_{yy}(120,80)=-6$$
$$\Rightarrow AC-B^2=35>0$$

故函数 $L(x,y)$ 在点 $(120,80)$ 取得最大值，且

$$L_{\max}(x,y)=L(120,80)=32\,000(\text{元})$$

三、条件极值与拉格朗日乘数法

前面所讨论的函数极值，对于函数的自变量，除了限制在函数的定义域内以外，并无其他条件. 例如，求函数 $z=x^2+y^2$ 的极值.该问题就是求函数在其定义域内的极值，显然函数在 $(0,0)$ 取得极小值. 若求函数 $z=x^2+y^2$ 在条件 $x+y=1$ 下的极值，这时自变量受到约束，不能在整个函数定义域上求极值，而只能在定义域的一部分 $x+y=1$ 的直线上求极值．前者只要求变量在定义域内变化，而没有其他附加条件，称为无条件极值；后者自变量受到条件的约束，称为条件极值.

如何求条件极值？有时可把条件极值化为无条件极值，如上例从条件中解出 $y=1-x$，代入 $z=x^2+y^2$ 中，得 $z=x^2+(1-x)^2=2x^2-2x+1$，成为一元函数极值问题，令 $z'_x=4x-2=0$，得 $x=\frac{1}{2}$，求出极值为 $z\left(\frac{1}{2},\frac{1}{2}\right)=\frac{1}{2}$.

但是，在很多情形下，将条件极值化为无条件极值并不这样简单，我们另有一种直接寻求条件极值的方法，可不必先把问题化为无条件极值的问题，这就是下面介绍的拉格朗日乘数法.

1. 利用一元函数取得极值的必要条件

求函数 $z=f(x,y)$ 在条件

$$\varphi(x,y)=0$$

下取得极值的必要条件.

若函数 $z=f(x,y)$ 在 (x_0,y_0) 取得所求的极值,那么首先有

$$\varphi(x_0,y_0)=0$$

假定在点 (x_0,y_0) 的某一邻域内函数 $z=f(x,y)$ 均有连续的一阶偏导数,且 $\varphi_y(x_0,y_0)\neq 0$. 由隐函数存在定理可知,方程 $\varphi(x,y)=0$ 确定一个单值可导且具有连续导数的函数 $y=\psi(x)$,将其代入函数 $z=f(x,y)$ 中,得到一个变量的函数:

$$z=f(x,\psi(x))$$

于是,函数 $z=f(x,y)$ 在 (x_0,y_0) 取得所求的极值,相当于一元函数 $z=f(x,\psi(x))$ 在 $x=x_0$ 取得极值.由一元函数取得极值的必要条件知道:

$$\left.\frac{\mathrm{d}z}{\mathrm{d}x}\right|_{x=x_0}=f_x(x_0,y_0)+f_y(x_0,y_0)\left.\frac{\mathrm{d}y}{\mathrm{d}x}\right|_{x=x_0}=0$$

而方程 $\varphi(x,y)=0$ 所确定的隐函数的导数为:

$$\left.\frac{\mathrm{d}y}{\mathrm{d}x}\right|_{x=x_0}=-\frac{\varphi_x(x_0,y_0)}{\varphi_y(x_0,y_0)}$$

将上式代入 $f_x(x_0,y_0)+f_y(x_0,y_0)\left.\frac{\mathrm{d}y}{\mathrm{d}x}\right|_{x=x_0}=0$ 中,得:

$$f_x(x_0,y_0)-f_y(x_0,y_0)\frac{\varphi_x(x_0,y_0)}{\varphi_y(x_0,y_0)}=0$$

因此,函数 $z=f(x,y)$ 在条件 $\varphi(x,y)=0$ 下取得极值的必要条件为:

$$\begin{cases} f_x(x_0,y_0)-f_y(x_0,y_0)\dfrac{\varphi_x(x_0,y_0)}{\varphi_y(x_0,y_0)}=0 \\ \varphi(x_0,y_0)=0 \end{cases}$$

为了计算方便起见,我们令

$$\frac{f_y(x_0,y_0)}{\varphi_y(x_0,y_0)}=-\lambda$$

则上述必要条件变为:

$$\begin{cases} f_x(x_0,y_0)+\lambda\varphi_x(x_0,y_0)=0 \\ f_y(x_0,y_0)+\lambda\varphi_y(x_0,y_0)=0 \\ \varphi(x_0,y_0)=0 \end{cases}$$

容易看出,上式中前两式的左端正是函数

$$F(x,y)=f(x,y)+\lambda\varphi(x,y)$$

的两个一阶偏导数在 (x_0,y_0) 的值,其中 λ 是一个待定常数.

由上讨论,我们可以得到求条件极值的方法,我们称为拉格朗日乘数法.

2. 拉格朗日乘数法

求函数 $z=f(x,y)$ 在条件 $\varphi(x,y)=0$ 下可能的极值点.

(1)构造辅助函数:

$$F(x,y)=f(x,y)+\lambda\varphi(x,y)\quad(\lambda\text{ 为常数})$$

(2)求函数 F 对 x,对 y 的偏导数,并使之为零,解方程组:

$$\begin{cases} f_x(x,y)+\lambda\varphi_x(x,y)=0 \\ f_y(x,y)+\lambda\varphi_y(x,y)=0 \\ \varphi(x,y)=0 \end{cases}$$

得 x,y,λ，其中 x,y 就是函数在条件 $\varphi(x,y)=0$ 下的可能极值点的坐标.

(3) 如何确定所求点是否为极值点，在实际问题中往往可根据实际问题本身的性质来判定.

拉格朗日乘数法也可能推广到自变量多于两个而条件多于一个的情形. 例如，求函数 $u=f(x,y,z,t)$ 在条件 $\varphi(x,y,z,t)=0$，$\psi(x,y,z,t)=0$ 下可能的极值点.构成辅助函数：

$$F(x,y,z,t)=f(x,y,z,t)+\lambda_1\varphi(x,y,z,t)+\lambda_2\psi(x,y,z,t)$$

其中 λ_1,λ_2 为常数，求函数 F 对 x,y,z 的偏导数，并使之为零，解方程组：

$$\begin{cases} f_x+\lambda_1\varphi_x+\lambda_2\psi_x=0 \\ f_y+\lambda_1\varphi_y+\lambda_2\psi_y=0 \\ f_z+\lambda_1\varphi_z+\lambda_2\psi_z=0 \\ f_t+\lambda_1\varphi_t+\lambda_2\psi_t=0 \\ \varphi(x,y,z,t)=0 \\ \psi(x,y,z,t)=0 \end{cases}$$

得 x,y,z 就是函数 $u=f(x,y,z,t)$ 在条件 $\varphi(x,y,z,t)=0$，$\psi(x,y,z,t)=0$ 下的极值点.

至于如何确定所求得的点是否为极值点，在实际问题中往往根据问题本身的性质来判定.

例 6 生产某种产品必须投入两种要素，x_1 和 x_2 分别为两要素的投入量，Q 为产出量；若生产函数为 $Q=2x_1^{\alpha}x_2^{\beta}$，其中 α、β 为正常数，且 $\alpha+\beta=1$. 假设两种要素的价格分别为 P_1 和 P_2. 试问：当产出量为 12 时，两要素各投入多少可以使得投入总费用最小？

解 依题意即求总费用 $P_1x_1+P_2x_2$ 在条件 $2x_1^{\alpha}x_2^{\beta}=12$ 下的最小值.

做拉格朗日函数：

$$F(x_1,x_2,\lambda)=P_1x_1+P_2x_2+\lambda(12-2x_1^{\alpha}x_2^{\beta})$$

令
$$\begin{cases} F'_{x1}=P_1-2\lambda\alpha x_1^{\alpha-1}x_2^{\beta}=0 \\ F'_{x2}=P_2-2\lambda\beta x_1^{\alpha}x_2^{\beta-1}=0 \\ F'_{\lambda}=12-2x_1^{\alpha}x_2^{\beta}=0 \end{cases}$$

得唯一驻点 $x_1=6\left(\dfrac{P_2\alpha}{P_1\beta}\right)^{\beta}$，$x_2=6\left(\dfrac{P_1\beta}{P_2\alpha}\right)^{\alpha}$.

又实际问题一定存在最小值，故最小值必在唯一驻点处取得，即最小费用为 $P_1 6\left(\dfrac{P_2\alpha}{P_1\beta}\right)^{\beta}+P_2 6\left(\dfrac{P_1\beta}{P_2\alpha}\right)^{\alpha}$.

例 7 在经济学中有个 Cobb-Douglas 生产函数模型 $f(x,y)=cx^{a}y^{1-a}$，式中 x 代表劳动力的数量，y 为资本数量(确切地说是 y 个单位资本)，c 与 $a(0<a<1)$ 是常数，由各工厂的具体情形而定. 函数值表示生产量.

现在已知某制造商的 Cobb-Douglas 生产函数是 $f(x,y)=100x^{\frac{3}{4}}y^{\frac{1}{4}}$，每个劳动力与每单位资本的成本分别是 150 元及 250 元. 该制造商的总预算是50 000元. 问他应该如何分配这笔钱用于雇用劳动力与资本，以使生产量最高？

解　这是一个条件极值问题，求函数 $f(x,y)=100x^{\frac{3}{4}}y^{\frac{1}{4}}$ 在条件 $150x+250y=50\ 000$ 下的最大值.

令 $L(x,y,\lambda)=100x^{\frac{3}{4}}y^{\frac{1}{4}}+\lambda(50\ 000-150x-250y)$，由方程组

$$\begin{cases}L_x=75x^{-\frac{1}{4}}y^{\frac{1}{4}}-150\lambda=0\\ L_x=25x^{\frac{3}{4}}y^{-\frac{3}{4}}-250\lambda=0\\ L_x=50\ 000-150x-250y=0\end{cases}$$

中的第一个方程解得 $\lambda=\frac{1}{2}x^{-\frac{1}{4}}y^{\frac{1}{4}}$，将其代入第二个方程中，得：

$$25x^{\frac{3}{4}}y^{-\frac{3}{4}}-125x^{-\frac{1}{4}}y^{\frac{1}{4}}=0$$

在该式两边同乘 $x^{\frac{1}{4}}y^{\frac{3}{4}}$，有 $25x-125y=0$，即 $x=5y$.

将此结果代入方程组的第三个方程，得 $x=250$，$y=50$.

即该制造商应该雇用 250 个劳动力而把其余部分作为资本投入，这时可获得最大产量 $f(250,50)=16\ 719$ 元.

习题四

1. 求下列函数的定义域：

(1) $z=\sqrt{y-\sqrt{x}}$

(2) $z=\arcsin\frac{x}{y^2}+\arccos(1-y)$

(3) $z=\arcsin(x-y)+\ln(x+y)$

(4) $z=\ln(4-x^2-y^2)+\frac{\ln(|y|-1)}{\sqrt{x^2-1}}$

2. 求下列函数的极限：

(1) $\lim\limits_{(x,y)\to(0,a)}\frac{\sin xy}{x}$

(2) $\lim\limits_{(x,y)\to(1,0)}\frac{\ln(x+e^y)}{\sqrt{x^2+y^2}}$

(3) $\lim\limits_{(x,y)\to(0,0)}\frac{x^2y}{x^2+y^2}$

(4) $\lim\limits_{(x,y)\to(0,0)}(x^2+y^2)\sin\frac{1}{xy}$

(5) $\lim\limits_{(x,y)\to(0,0)}\frac{x^2-y^2}{x^2+y^2}$

(6) $\lim\limits_{(x,y)\to(0,0)}\frac{x^2y}{x^4+y^2}$

3. 求下列函数的偏导数：

(1) $z=x^3y-y^3x$

(2) $s=\frac{u^2+v^2}{uv}$

(3) $z=\sqrt{\ln(x^2y)}$

(4) $z=\sin(xy)+\cos^2(xy)$

(5) $z=\ln\tan\frac{x}{y}$

(6) $z=(1+xy)^y$

(7) $z=x^2f(x,y)$

(8) $z=\frac{x}{\varphi(xy)}$

(9) $z=\sqrt{\ln(x^2+y^2)}$

(10) $z=e^{2x+y}\cos(3x^2y)$

(11) $u=\frac{1}{\sqrt{x^2+y^2+z^2}}$　　(12) $z=\int_0^{x^2y^2}\sin\sqrt{t}\,dt$

4.计算下列函数的二阶偏导数：

(1) $z=x^4+3xy-y^2$　　(2) $z=y\ln(xy)$

(3) $z=e^{xy}\sin y$　　(4) $z=x^2f(x,y)$

(5) $z=f(xy,x^2)$

5. 设 $z=\arctan\frac{x+y}{x-y}$，求 dz.

6. 设 $z=x\ln(x+y^2)$，求 dz.

7. 求函数 $z=\frac{xy}{\sqrt{x^2+y^2}}$ 当 $x=2,y=1,\Delta x=0.01,\Delta y=0.03$ 时的全增量和全微分.

8. 设 $z=x^y$，求 $\left.\frac{\partial^2 z}{\partial x\partial y}\right|_{\substack{x=2\\y=3}}$.

9. 设 $z=\ln\sqrt{x+y^2}$，求 $\frac{\partial^2 z}{\partial x^2}+\frac{\partial^2 z}{\partial y^2}$.

10. 设 $z=uv+\cos t$，其中 $u=e^t,v=\sin t$，求 $\frac{dz}{dt}$.

11. 设 $z=f(uv,u-v)$，其中 $u=\sin t,v=t^2$，求 $\frac{dz}{dt}$.

12. 设 $z=(x+2y)^x$，求 $\frac{\partial z}{\partial x},\frac{\partial z}{\partial y}$.

13. 求下列方程所确定的隐函数 $z=f(x,y)$ 的全微分 dz.

(1) $x^2+y^2+z^2-3axyz=0$；　　(2) $\frac{x}{z}=\ln\frac{z}{y}$.

14. 求 $z=x^2+y^2-2\ln x-2\ln y\ (x>0,y>0)$ 的极值.

15. 求函数 $z=xy$ 在适合条件 $x+y=1$ 下的极大值.

16. 欲选一个无盖的长方形水池，已知底部造价为每平方米 a 元，侧面造价为每平方米 b 元，现用 A 元造一个容积最大的水池，求它的尺寸.

17. 要造一个容积等于定数 k 的长方体无盖水池，应如何选择水池的尺寸，方可使它的表面积最小？

第五章

不定积分

在第二章中，我们讨论了如何求一个函数的导函数问题，本章将讨论它的反问题，即要寻求一个可导函数，使它的导函数等于已知函数. 这是微积分的基本问题之一. 这样的反问题出现在很多实际问题中. 例如，在物理问题中，已知加速度求速度，已知速度求路程；经济分析中，已知产品的边际成本求总的成本函数；在几何分析中，已知曲线上每一点处的切线斜率求曲线方程等. 本章将从原函数的概念入手，介绍不定积分的概念与性质及计算方法等.

第一节　不定积分的概念与性质

一、原函数与不定积分的概念

定义 1.1　如果在区间 I 上，可导函数 $F(x)$ 的导函数为 $f(x)$，即对任一 $x\in I$，都有：

$$F'(x)=f(x) \text{或} dF(x)=f(x)dx$$

那么，函数 $F(x)$ 就称为 $f(x)$ 在区间 I 上的一个原函数.

例如，因 $(\sin x)'=\cos x$，故 $\sin x$ 是 $\cos x$ 的一个原函数.

关于原函数，我们首先要问：一个函数具备什么条件，能保证它的原函数一定存在？这个问题将在下一章中讨论，这里先介绍一个结论.

原函数存在定理　如果函数 $f(x)$ 在区间 I 上连续，那么在区间 I 上存在可导函数 $F(x)$，使得对任一 $x\in I$，都有：

$$F'(x)=f(x)$$

简单地说，就是连续函数一定有原函数.

原函数有多少呢？若 $F(x)$ 为 $f(x)$ 的一个原函数，由于 $(F(x)+C)'=f(x)$（C 为任意常数)，则 $F(x)+C$ 也是 $f(x)$ 的原函数. 这说明，如果 $f(x)$ 有一个原函数，那么它就有无限多个原函数.

如果 $F(x)$ 为 $f(x)$ 的一个原函数，那么 $f(x)$ 的其他原函数与 $F(x)$ 有什么关系？设 $G(x)$ 是 $f(x)$ 的另一个原函数，即对任一 $x\in I$，

$$G'(x)=f(x)$$

于是，由拉格朗日中值定理的推论可知，$G(x)$ 和 $F(x)$ 仅相差一个常数，即 $G(x)=F(x)+C$.

为此，我们有如下定义：

定义 1.2 在区间 I 上，函数 $f(x)$ 的带有任意常数项的原函数称为 $f(x)$ 在区间 I 上的不定积分，记作：

$$\int f(x)\mathrm{d}x$$

其中，记号 $\int$ 称为积分号，$f(x)$ 称为被积函数，$f(x)\mathrm{d}x$ 称为被积表达式，x 称为积分变量.

由此可知，如果 $F(x)$ 是 $f(x)$ 在区间 I 上的一个原函数，那么 $F(x)+C$ 就是 $f(x)$ 的不定积分，即：

$$\int f(x)\mathrm{d}x=F(x)+C$$

例 1 求 $\int x^3\mathrm{d}x$.

解 因为 $\left(\frac{x^4}{4}\right)'=x^3$，所以 $\frac{x^4}{4}$ 是 x^3 的一个原函数.故 $\int x^3\mathrm{d}x=\frac{x^4}{4}+C$.

例 2 求 $\int e^x\mathrm{d}x$.

解 因为 $(e^x)'=e^x$，所以 e^x 为 e^x 的一个原函数.故 $\int e^x\mathrm{d}x=e^x+C$.

例 3 求 $\int \frac{1}{x}\mathrm{d}x$.

解 当 $x>0$ 时，$(\ln x)'=\frac{1}{x}$. 又 $x<0$，即当 $-x>0$ 时，有 $(\ln(-x))'=\frac{1}{x}$.故 $\ln x$ 为 $\frac{1}{x}$ 在 $(0,+\infty)$ 上的一个原函数，$\ln(-x)$ 为 $\frac{1}{x}$ 在 $(-\infty,0)$ 上的一个原函数. 所以 $x\neq0$ 时，$\ln|x|$ 为 $\frac{1}{x}$ 的一个原函数. 从而 $\int\frac{1}{x}\mathrm{d}x=\ln x+C(x\neq0)$.

二、不定积分的基本公式

依据不定积分的定义和导数基本公式，可得到如下不定积分基本公式：

1. $\int 0\mathrm{d}x=C$；

2. $\int x^\alpha\mathrm{d}x=\frac{1}{\alpha+1}x^{\alpha+1}+C \quad (\alpha\neq-1)$；

3. $\int\frac{1}{x}\mathrm{d}x=\ln|x|+C \quad (x\neq0)$；

4. $\int a^x \mathrm{d}x=\frac{1}{\ln a}a^x+C \quad (a>0,a\neq 1)$；

5. $\int e^x \mathrm{d}x=e^x+C$；

6. $\int \sin x \mathrm{d}x=-\cos x+C$；

7. $\int \cos x \mathrm{d}x=\sin x+C$；

8. $\int \sec^2 x \mathrm{d}x=\tan x+C$；

9. $\int \csc^2 x \mathrm{d}x=-\cot x+C$；

10. $\int \sec x \tan x \mathrm{d}x=\sec x+C$；

11. $\int \csc x \cot x \mathrm{d}x=-\csc x+C$；

12. $\int \frac{1}{\sqrt{1-x^2}}\mathrm{d}x=\arcsin x+C=-\arccos x+C$；

13. $\int \frac{1}{1+x^2}\mathrm{d}x=\arctan x+C=-\mathrm{arccot}\, x+C$.

例 4　求$\int \sqrt{x}\,\mathrm{d}x$.

解　由基本公式 2，有：

$$\int \sqrt{x}\,\mathrm{d}x=\int x^{\frac{1}{2}}\mathrm{d}x=\frac{1}{\frac{1}{2}+1}x^{\frac{1}{2}+1}+C=\frac{2}{3}x^{\frac{3}{2}}+C$$

例 5　已知物体在时刻 t 的运动速度为 t^2，且当 $t=0$ 时，$s=0$.试求物体运动的运动方程 $s(t)$.

解　由已知条件可知 $v(t)=t^2$，故：

$$s(t)=\int v(t)\mathrm{d}t=\int t^2\mathrm{d}t=\frac{1}{3}t^3+C$$

而 $t=0$，$s=0$，故可得 $C=0$，所以 $s(t)=\frac{1}{3}t^3$.

例 6　设曲线通过点(1,2)，且其上任一点的切线斜率等于这点横坐标的两倍，求此曲线的方程.

解　设所求的曲线方程为 $y=f(x)$，由题设，曲线上任一点的切线斜率为：

$$\frac{\mathrm{d}y}{\mathrm{d}x}=2x$$

即 $f(x)$是 $2x$ 的一个原函数.从而曲线方程为 $f(x)=x^2+C$，又所求曲线通过点(1,2)，故 $C=1$.于是，所求曲线方程为 $y=x^2+1$.

函数 $f(x)$的原函数的图形称为 $f(x)$的积分曲线. 本例即是求函数 $2x$ 的通过点(1,2)的那条积分曲线. 显然，这条积分曲线可以由另一条积分曲线(如 $y=x^2$)经 y 轴方向平移而得.

三、不定积分的性质

从不定积分的定义，即可知下述关系：

1. $\dfrac{d}{dx}\left[\int f(x)dx\right]=f(x)$　或　$d\left[\int f(x)dx\right]=f(x)dx$；

2. $\int F'(x)dx=F(x)+C$　或　$\int dF(x)=F(x)+C$.

由此可见，微分计算（以记号 d 表示）与求不定积分的运算（简称积分运算，以记号 $\int$ 表示）是互逆的.当记号 $\int$ 和 d 在一起时，或者抵消，或者抵消后差一个常数.

根据不定积分的定义，可以推出如下两个性质：

性质 1　设函数 $f(x)$ 与 $g(x)$ 的原函数存在，则：

$$\int[f(x)\pm g(x)]dx=\int f(x)dx\pm\int g(x)dx$$

性质 2　设函数 $f(x)$ 的原函数存在，k 为非零常数，则：

$$\int kf(x)dx=k\int f(x)dx$$

例 7　求多项式函数 $p(x)=a_0x^n+a_1x^{n-1}+\cdots+a_{n-1}x+a_n$ 的不定积分.

解　$\int p(x)dx=\int(a_0x^n+a_1x^{n-1}+\cdots+a_{n-1}x+a_n)dx$

$$=\frac{a_0}{n+1}x^{n+1}+\frac{a_1}{n}x^n+\cdots+\frac{a_{n-1}}{2}x^2+a_nx+C$$

例 8　求下列不定积分：

(1) $\int(e^x-\cos x+3\sqrt{x}-x+2008)dx$；　　(2) $\int(1+\sqrt{x})\left(1+\dfrac{1}{\sqrt{x}}\right)dx$；

(3) $\int\dfrac{x^2}{1+x^2}dx$；　　(4) $\int\dfrac{1+x+x^2}{3x(1+x^2)}dx$.

解　(1) $\int(e^x-\cos x+3\sqrt{x}-x+2008)dx$

$$=\int e^x dx-\int\cos x dx+3\int\sqrt{x}dx-\int xdx+2008\int 1dx$$

$$=e^x-\sin x+3\cdot\frac{2}{3}x^{\frac{3}{2}}-\frac{x^2}{2}+2008x+C$$

$$=e^x-\sin x+2x\sqrt{x}-\frac{x^2}{2}+2008x+C$$

(2) $\int(1+\sqrt{x})\left(1+\dfrac{1}{\sqrt{x}}\right)dx=\int\left(2+\sqrt{x}+\dfrac{1}{\sqrt{x}}\right)dx$

$$=2x+\frac{2}{3}x^{\frac{3}{2}}+2\sqrt{x}+C$$

$$=2x+\frac{2}{3}x\sqrt{x}+2\sqrt{x}+C$$

(3) $\int\dfrac{x^2}{1+x^2}dx=\int\dfrac{(x^2+1)-1}{1+x^2}dx=\int\left(1-\dfrac{1}{1+x^2}\right)dx=x-\arctan x+C$

(4) $\int\dfrac{1+x+x^2}{3x(1+x^2)}dx=\int\dfrac{dx}{3x}+\int\dfrac{dx}{3(1+x^2)}=\dfrac{1}{3}\ln|x|+\dfrac{1}{3}\arctan x+C$

例 9　求下列不定积分：

(1) $\int \frac{\cos 2x}{\sin^2 x \cos^2 x} dx$；　　(2) $\int \tan x(\tan x+\sec x)dx$.

解　(1) $\int \frac{\cos 2x}{\sin^2 x \cos^2 x} dx = \int \frac{\cos^2 x-\sin^2 x}{\sin^2 x \cos^2 x} dx$

$$= \int \left(\frac{1}{\sin^2 x}-\frac{1}{\cos^2 x}\right) dx = \int (\csc^2 x-\sec^2 x) dx$$

$$= -\cot x-\tan x+C$$

(2) $\int \tan x(\tan x+\sec x)dx = \int (\tan^2 x+\tan x\sec x)dx$

$$= \int (\sec^2 x-1+\tan x\sec x)dx$$

$$= \tan x-x+\sec x+C$$

例 10　求下列不定积分：

(1) $\int 5^x e^x dx$；　　(2) $\int (6^x-6^{-x})^2 dx$.

解　(1) $\int 5^x e^x dx = \int (5e)^x dx = \frac{(5e)^x}{\ln(5e)}+C = \frac{(5e)^x}{\ln 5+1}+C$

(2) $\int (6^x-6^{-x})^2 dx = \int \left[36^x-2+\left(\frac{1}{36}\right)^x\right]dx = \int 36^x dx-\int 2dx+\int \left(\frac{1}{36}\right)^x dx$

$$= \frac{36^x}{\ln 36}-2x+\frac{\left(\frac{1}{36}\right)^x}{\ln\frac{1}{36}}+C = \frac{6^{2x}}{2\ln 6}-2x-\frac{6^{-2x}}{2\ln 6}+C$$

例 11　设生产 x 个单位产品时的边际成本 $c'(x)=99x^2-4x+1$，固定成本为 50，求总成本 $c(x)$.

解　总成本 $c(x)=\int c'(x)dx=\int (99x^2-4x+1)dx=33x^3-2x^2+x+C$，固定成本为 50，即 $c(0)=50$，得 $c=50$. 所以：

$$c(x)=33x^3-2x^2+x+50$$

第二节　换元积分法

利用基本积分表与积分的性质所能计算的不定积分是十分有限的，因此，有必要进一步来寻找不定积分的求法. 本节把复合函数求导法则反过来用于不定积分，利用中间变量的代换，得到复合函数的积分法，称为换元积分法，简称换元法.

一、第一类换元法（凑微分法）

设 $f(u)$ 具有原函数 $F(u)$，即：

$$F'(u)=f(u),\quad \int f(u)du=F(u)+C$$

如果 u 是中间变量：$u=\varphi(x)$，且设 $\varphi(x)$ 可微，那么根据复合函数微分法，有：

$$dF[\varphi(x)]=f[\varphi(x)]\varphi'(x)dx$$

从而由不定积分的定义可得：

$$\int f[\varphi(x)]\varphi'(x)\mathrm{d}x=F[\varphi(x)]+C=\left[\int f(u)\mathrm{d}u\right]_{u=\varphi(x)}$$

于是有以下定理：

定理 2.1 设 $f(u)$具有原函数 $F(u)$，$u=\varphi(x)$可导，则有换元公式：

$$\int f[\varphi(x)]\varphi'(x)\mathrm{d}x=\left[\int f(u)\mathrm{d}u\right]_{u=\varphi(x)}=F[\varphi(x)]+C$$

第一类换元积分法的基本思路，可以写成：

$$\begin{aligned}\int g(x)\mathrm{d}x &= \int f[\varphi(x)]\varphi'(x)\mathrm{d}x\\ &=\int f[\varphi(x)]\mathrm{d}\varphi(x)\xlongequal{u=\varphi(x)}\int f(u)\mathrm{d}u\\ &=F(u)+C\xlongequal{\text{代回}}F[\varphi(x)]+C\end{aligned}$$

例 1 计算$\int \cos 2x\mathrm{d}x$.

解 因为$(2x)'=2$，得 $\mathrm{d}x=\frac{1}{2}\mathrm{d}(2x)$.

$$\text{原式}=\int\cos 2x\mathrm{d}x=\int\cos 2x\ \frac{1}{2}\mathrm{d}(2x)\xlongequal{u=2x}\frac{1}{2}\int\cos u\mathrm{d}u$$

$$=\frac{1}{2}\sin u+C\xlongequal{\text{代回}}\frac{1}{2}\sin 2x+C$$

例 2 计算$\int\frac{(\ln x)^2}{x}\mathrm{d}x$.

解 因为$(\ln x)'=\frac{1}{x}$，得$\frac{1}{x}\mathrm{d}x=\mathrm{d}(\ln x)$.

$$\text{原式}=\int\frac{(\ln x)^2}{x}\mathrm{d}x=\int\ln^2x\ \frac{1}{x}\mathrm{d}x=\int\ln^2x\mathrm{d}(\ln x)\xlongequal{u=\ln x}\int u^2\mathrm{d}u$$

$$=\frac{1}{3}u^3+C\xlongequal{\text{代回}}\frac{1}{3}\ln^3x+C$$

由上述例题可见，积分$\int f(u)\mathrm{d}u$ 可用基本积分公式较容易地求得，才能用第一类换元法. 由于第一类换元法的核心是被积函数凑成微分形式，故第一类换元法通常又称为凑微分法. 在对此法熟悉后，换原变量 u 可以不设出，即可以省略运算过程中的“作变换”和“代换回原自变量 $u=\varphi(x)$”的步骤. 如例 2 中的解题过程可简化为：

$$\int\frac{(\ln x)^2}{x}\mathrm{d}x=\int(\ln x)^2\ (\ln x)'\mathrm{d}x=\int(\ln x)^2\mathrm{d}(\ln x)=\frac{1}{3}\ln^3x+C$$

例 3 求不定积分$\int\frac{1}{x^2}\cos\frac{1}{x}\mathrm{d}x$.

解 $\int\frac{1}{x^2}\cos\frac{1}{x}\mathrm{d}x=-\int\cos\frac{1}{x}\mathrm{d}\frac{1}{x}=-\sin\frac{1}{x}+C$

例 4 求不定积分$\int x\sqrt{x^2-3}\,\mathrm{d}x$.

解 $\int x\sqrt{x^2-3}\,\mathrm{d}x=\frac{1}{2}\int\sqrt{x^2-3}\cdot(x^2-3)'\mathrm{d}x=\frac{1}{2}\int(x^2-3)^{\frac{1}{2}}\mathrm{d}(x^2-3)$

$$=\frac{1}{2}\cdot\frac{2}{3}(x^2-3)^{\frac{3}{2}}+C=\frac{1}{3}(x^2-3)^{\frac{2}{3}}+C$$

例 5　求不定积分 $\int\frac{x+(\arctan x)^2}{1+x^2}dx$.

解　$\int\frac{x+(\arctan x)^2}{1+x^2}dx=\int\frac{x}{1+x^2}dx+\int\frac{(\arctan x)^2}{1+x^2}dx$

$$=\frac{1}{2}\int\frac{1}{1+x^2}d(1+x^2)+\int(\arctan x)^2d(\arctan x)$$

$$=\frac{1}{2}\ln(1+x^2)+\frac{1}{3}(\arctan x)^3+C$$

如果 $f(u)$ 的原函数为 $F(u)$，则 $\int f(u)du=F(u)+C$.

我们经常使用的凑微分有下列情形：

(1) $\int f(ax+b)dx=\frac{1}{a}\int(ax+b)d(ax+b)=\frac{1}{a}F(ax+b)+C\quad(a\neq 0)$；

(2) $\int e^x f(e^x)dx=\int f(e^x)de^x=F(e^x)+C$；

(3) $\int x^{a-1}f(x^a)dx=\frac{1}{a}\int f(x^a)dx^a=\frac{1}{a}F(x^a)+C\quad(a\neq 0)$；

(4) $\int\frac{1}{x}f(\ln x)dx=\int f(\ln x)d(\ln x)=F(\ln x)+C$；

(5) $\int\cos x f(\sin x)dx=\int f(\sin x)d(\sin x)=F(\sin x)+C$；

(6) $\int\sin x f(\cos x)dx=-\int f(\cos x)d(\cos x)=-F(\cos x)+C$；

(7) $\int\frac{f(\arctan x)}{1+x^2}dx=\int f(\arctan x)d(\arctan x)=F(\arctan x)+C$；

(8) $\int\frac{1}{\sqrt{1+x^2}}f(\arcsin x)dx=\int f(\arcsin x)d(\arcsin x)=F(\arcsin x)+C$；

(9) $\int\sec^2 x f(\tan x)dx=\int f(\tan x)d(\tan x)=F(\tan x)+C$；

(10) $\int\csc^2 x f(\cot x)dx=-\int f(\cot x)d(\cot x)=-F(\cot x)+C$.

有些不定积分，初看不具有导数联系，但是略加变形，便可以写成两个因子的乘积.

例 6　求 $\int\tan x dx$.

解　原式 $=\int\frac{1}{\cos x}\sin x dx=-\int\frac{1}{\cos x}d(\cos x)=-\ln|\cos x|+C$

同理：

$$\int\cot x dx=\ln|\sin x|+C$$

例 7　求 $\int\sec x dx$.

解　原式 $=\int\frac{\sec x(\tan x+\sec x)}{\tan x+\sec x}dx=\int\frac{d(\tan x+\sec x)}{\tan x+\sec x}$

$$=\ln|\tan x+\sec x|+C$$

同理：
$$\int \csc x\,dx=\ln|\cot x-\csc x|+C$$

例 8 求不定积分$\int \frac{1}{a^2+x^2}dx \quad (a\neq 0)$.

解 原式$=\frac{1}{a^2}\int \frac{a}{1+\left(\frac{x}{a}\right)^2}d\left(\frac{x}{a}\right)=\frac{1}{a}\arctan\frac{x}{a}+C \quad (a\neq 0)$

同理：
$$\int \frac{1}{\sqrt{a^2-x^2}}dx=\arcsin\frac{x}{a}+C \quad (a>0)$$

例 9 求不定积分$\int \frac{1+x}{\sqrt{4-x^2}}dx$.

解
$$\begin{aligned}\int \frac{1+x}{\sqrt{4-x^2}}dx&=\int \frac{1}{\sqrt{4-x^2}}dx+\int \frac{x}{\sqrt{4-x^2}}dx\\&=\arcsin\frac{x}{2}+\left(-\frac{1}{2}\right)\int \frac{1}{\sqrt{4-x^2}}d(4-x^2)\\&=\arcsin\frac{x}{2}-\frac{1}{2}\cdot 2\sqrt{4-x^2}+C\\&=\arcsin\frac{x}{2}-\sqrt{4-x^2}+C\end{aligned}$$

需注意，有时同一个不定积分，用不同的换元法会得到不同结果.

例 10 求不定积分$\int \sin 2x\,dx$.

解法一 $\int \sin 2x\,dx=\frac{1}{2}\int \sin 2x\,d(2x)=-\frac{1}{2}\cos 2x+C$

解法二 $\int \sin 2x\,dx=\int 2\sin x\cos x\,dx=2\int \sin x\,d(\sin x)=\sin^2 x+C$

解法三 $\int \sin 2x\,dx=\int 2\sin x\cos x\,dx=-2\int \cos x\,d(\cos x)=-\cos^2 x+C$

读者可以验证这三个结果是等价的，但同时也恰恰说明了不定积分的结果形式不唯一.

例 11 求不定积分$\int \frac{3x+1}{x^2+2x+17}dx$.

解 因为$(x^2+2x+17)'=2x+2$，而$3x+1=\frac{3}{2}(2x+2)-2$，所以：

$$\begin{aligned}\int \frac{3x+1}{x^2+2x+17}dx&=\int \frac{\frac{3}{2}(2x+2)-2}{x^2+2x+17}dx\\&=\frac{3}{2}\int \frac{2x+2}{x^2+2x+17}dx-2\int \frac{1}{x^2+2x+17}dx\\&=\frac{3}{2}\ln(x^2+2x+17)-2\int \frac{1}{(x+1)^2+4^2}dx\\&=\frac{3}{2}\ln(x^2+2x+17)-\frac{1}{2}\arctan\frac{x+1}{4}+C\end{aligned}$$

注意：一般地，形如$\int \frac{Ax+B}{x^2+px+q}dx$的不定积分，可将分子中一次项凑成分母的导数，然后将原积分折成两项.其中，第一项等于$\frac{1}{2}\ln|x^2+px+q|$；第二项通过分母配方后，再代用公式$\int \frac{1}{u^2\pm a^2}du$.

例 12　求不定积分$\int \frac{x^2}{(x+2)^3}dx$.

解　令$u=x+2$，则$x=u-2$，$dx=du$.于是：

$$\begin{aligned}\int \frac{x^2}{(x+2)^3}dx &= \int \frac{(u-2)^2}{u^3}du \\ &= \int (u^2-4u+4)u^{-3}du \\ &= \int (u^{-1}-4u^{-2}+4u^{-3})du \\ &= \ln|u|+4u^{-1}-2u^{-2}+C \\ &= \ln|x+2|+4(x+2)^{-1}-2(x+2)^{-2}+C\end{aligned}$$

由例 6、例 7、例 8 可得到公式：

(1) $\int \tan x\,dx=-\ln|\cos x|+C$；

(2) $\int \cot x\,dx=\ln|\sin x|+C$；

(3) $\int \sec x\,dx=\ln|\sec x+\tan x|+C$；

(4) $\int \csc x\,dx=\ln|\csc x-\cot x|+C$；

(5) $\int \frac{1}{\sqrt{a^2-x^2}}dx=\arcsin\frac{x}{a}+C\quad(a>0)$；

(6) $\int \frac{1}{a^2+x^2}dx=\frac{1}{a}\arctan\frac{x}{a}+C\quad(a\neq 0)$；

(7) $\int \frac{1}{a^2-x^2}dx=\frac{1}{2a}\ln\left|\frac{a+x}{a-x}\right|+C\quad(a\neq 0)$.

例 13　求不定积分$\int \frac{1}{1+e^x}dx$.

解

$$\begin{aligned}\int \frac{1}{1+e^x}dx &= \int \frac{(1+e^x)-e^x}{1+e^x}dx=\int \left(1-\frac{e^x}{1+e^x}\right)dx \\ &= x-\int \frac{1}{1+e^x}d(1+e^x) \\ &= x-\ln|1+e^x|+C \\ &= x-\ln(1+e^x)+C\end{aligned}$$

例 14　计算下列积分：

(1) $\int \sin^3 x\,dx$；　　(2) $\int \tan^3 x\,dx$；

(3) $\int \sin^3 x \cos^4 x\,dx$；　　　　(4) $\int \sin^2 x \cos^2 x\,dx$.

解 (1) $\int \sin^3 x\,dx = \int \sin^2 \cdot \sin x\,dx = -\int (1-\cos^2 x)\,d(\cos x)$

$$= -\left(\cos x - \frac{1}{3}\cos^3 x\right) + C = -\cos x + \frac{1}{3}\cos^3 x + C$$

(2) $\int \tan^3 x\,dx = \int \tan x \cdot \tan^2 x\,dx = \int \tan x(\sec^2 x - 1)\,dx$

$$= \int \tan x \sec^2 x\,dx - \int \tan x\,dx = \int \tan x\,d(\tan x) - \int \tan x\,dx$$

$$= \frac{1}{2}\tan^2 x + \ln|\cos x| + C$$

(3) $\int \sin^3 x \cos^4 x\,dx = -\int \sin^2 x \cos^4 x\,d(\cos x)$

$$= -\int (1-\cos^2 x)\cos^4 x\,d(\cos x) = \int (\cos^6 x - \cos^4 x)\,d(\cos x)$$

$$= \frac{1}{7}\cos^7 x - \frac{1}{5}\cos^5 + C$$

(4) $\int \sin^2 x \cos^2 x\,dx = \frac{1}{4}\int \sin^2 2x\,dx$

$$= \frac{1}{8}\int (1-\cos 4x)\,dx = \frac{1}{8}\left(x - \frac{1}{4}\sin 4x\right) + C$$

由上例可见，用第一类换元法解题的关键是将被积表达式写成$\int f[\varphi(x)]\varphi'(x)\,dx$，进而凑成$\int f[\varphi(x)]\,d\varphi(x)$形式，然后利用积分公式求出原函数$F[\varphi(x)]+C$.

二、第二类换元法

定理 2.2 对于不定积分$\int f(x)\,dx$，若所做变量代换 $x=g(t)$单调可导，且 $g'(t)\neq 0$.又设$f[g(t)]g'(t)$具有原函数 $F(t)$，则有：

$$\int f(x)\,dx = \int f[g(t)]g'(t)\,dt = F(t) + C = F[g^{-1}(x)] + C$$

第二类换元积分法的基本思路是：通过适当的变量代换 $x=g(t)$把$\int f(x)\,dx$ 化为容易求出的不定积分$\int f[g(t)]g'(t)\,dt$，然后再把 $t=g^{-1}(x)$代入已求出的不定积分.

1. 三角代换

例 15 求$\int \sqrt{a^2-x^2}\,dx$ $(a>0)$.

解 求这个积分的困难在于有根式$\sqrt{a^2-x^2}$，但我们可以利用三角公式来化去根式.

设 $x=a\sin t$，$-\frac{\pi}{2}<t<\frac{\pi}{2}$，那么$\sqrt{a^2-x^2}=\sqrt{a^2-a^2\sin^2 t}=a\cos t$，$dx=a\cos t\,dt$，于是根式化成了三角式，所求积分化为：

$$\int \sqrt{a^2-x^2}\,dx = \int a\cos t \cdot a\cos t\,dt = a^2\int \cos^2 t\,dt$$

而：

$$\int \cos^2 t\,dt = \int \frac{1}{2}(1+\cos 2t)\,dt = \frac{t}{2} + \frac{\sin 2t}{4} + C$$

从而：

$$\int \sqrt{a^2-x^2}\,dx = a^2\left(\frac{t}{2} + \frac{\sin 2t}{4}\right) + C = \frac{a^2}{2}t + \frac{a^2}{2}\sin t\cos t + C$$

由于 $x = a\sin t, -\frac{\pi}{2} < t < \frac{\pi}{2}$，所以：

$$t = \arcsin\frac{x}{a}$$

$$\cos t = \sqrt{1-\sin^2 t} = \sqrt{1-\left(\frac{x}{a}\right)^2} = \frac{\sqrt{a^2-x^2}}{a}$$

于是所求积分为：

$$\int \sqrt{a^2-x^2}\,dx = \frac{a^2}{2}\arcsin\frac{x}{a} + \frac{1}{2}x\sqrt{a^2-x^2} + C$$

例 16　求 $\int \frac{dx}{\sqrt{x^2+a^2}}$　$(a>0)$.

解　可以利用三角公式

$$1+\tan^2 t = \sec^2 t$$

来化去根式.

设 $x = a\tan t\left(-\frac{\pi}{2} < t < \frac{\pi}{2}\right)$，那么：

$$\sqrt{x^2+a^2} = \sqrt{a^2+a^2\tan^2 t} = a\sqrt{1+\tan^2 t} = a\sec t, dx = a\sec^2 t\,dt$$

于是：

$$\int \frac{dx}{\sqrt{x^2+a^2}} = \int \frac{a\sec^2 t}{a\sec t}\,dt = \int \sec t\,dt$$

利用例 7 的结果得：

$$\int \frac{dx}{\sqrt{x^2+a^2}} = \ln|\sec t + \tan t| + C$$

为了要把 $\sec t$ 及 $\tan t$ 换成 x 的函数，可以根据 $\tan t = \frac{x}{a}$ 做辅助三角形(图 5—1)，便有：

$$\sec t = \frac{\sqrt{x^2+a^2}}{a}$$

且 $\sec t + \tan t > 0$，因此：

$$\int \frac{dx}{\sqrt{x^2+a^2}} = \ln\left(\frac{x}{a} + \frac{\sqrt{x^2+a^2}}{a}\right) + C$$

$$= \ln(x + \sqrt{x^2+a^2}) + C_1$$

其中，$C_1 = C - \ln a$.

例 17　求 $\int \frac{dx}{\sqrt{x^2-a^2}}$　$(a>0)$.

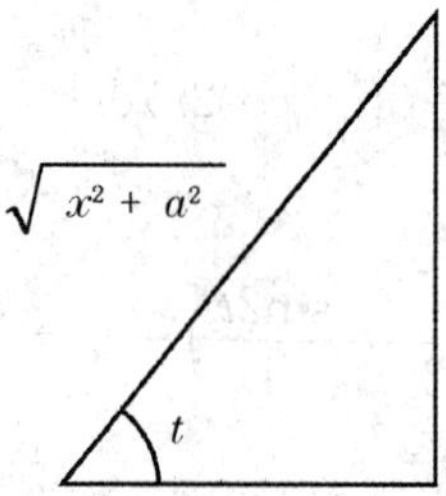

图 5—1

解 可以利用公式

$$\sec^2 t-1=\tan^2 t$$

来化去根式.注意到被积函数的定义域是 $x>a$ 和 $x<-a$ 两个区间,我们在两个区间内分别求不定积分.

当 $x>a$ 时,设 $x=a\sec t\left(0<t<\frac{\pi}{2}\right)$,那么:

$$\sqrt{x^2-a^2}=\sqrt{a^2\sec^2 t-a^2}=a\sqrt{\sec^2 t-1}=a\tan t$$
$$\mathrm{d}x=a\sec t\tan t\,\mathrm{d}t$$

于是:

$$\int\frac{\mathrm{d}x}{\sqrt{x^2-a^2}}=\int\frac{a\sec t\tan t}{a\tan t}\mathrm{d}t=\int\sec t\,\mathrm{d}t=\ln(\sec t+\tan t)+C$$

为了把 $\sec t$ 及 $\tan t$ 换成 x 的函数,我们根据 $\sec t=\frac{x}{a}$ 做辅助三角形(图 5—2),得到:

$$\tan t=\frac{\sqrt{x^2-a^2}}{a}$$

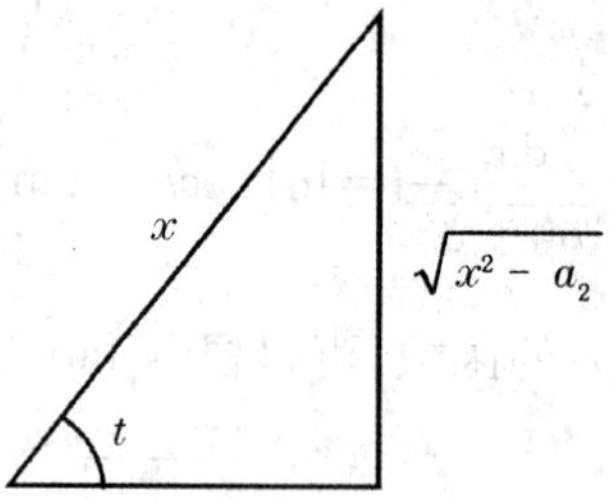

图 5—2

因此:

$$\int\frac{\mathrm{d}x}{\sqrt{x^2-a^2}}=\ln\left(\frac{x}{a}+\frac{\sqrt{x^2-a^2}}{a}\right)+C=\ln(x+\sqrt{x^2-a^2})+C_1$$

其中,$C_1=C-\ln a$.

当 $x<-a$ 时,令 $x=-u$,那么 $u>a$.由上段结果,得:

$$\int \frac{dx}{\sqrt{x^2-a^2}}=-\int \frac{du}{\sqrt{u^2-a^2}}$$
$$=-\ln(u+\sqrt{u^2-a^2})+C$$
$$=-\ln(-x+\sqrt{x^2-a^2})+C$$
$$=\ln \frac{-x-\sqrt{x^2-a^2}}{a^2}+C$$
$$=\ln(-x-\sqrt{x^2-a^2})+C_1$$

其中，$C_1=C-2\ln a$.

把在 $x>a$ 及 $x<-a$ 内的结果合起来，可写作：

$$\int \frac{dx}{\sqrt{x^2-a^2}}=\ln|x+\sqrt{x^2-a^2}|+C$$

从上面的三个例子可以看出，如果被积函数含有$\sqrt{a^2-x^2}$，可以做代换 $x=a\sin t$ 化去根式；如果被积函数含有 $\sqrt{x^2+a^2}$，可以做代换 $x=a\tan t$ 化去根式；如果被积函数含有 $\sqrt{x^2-a^2}$，可以做代换 $x=\pm a\sec t$ 化去根式. 但具体解题时要分析被积函数的具体情况，选取尽可能简洁的代换，不要拘泥于上述的变量代换(如例 9).

2.根式代换

若被积函数含有$\sqrt[n]{ax+b}$根式，则应设这个根式为 t，并解析出 $x=g(t)$；求出 $f[g(t)]$与 $dg(t)=g'(t)dt$，再计算积分$\int f[g(t)]g'(t)dt$，得 $F(t)+C$，将变量代回，即用 $t=g^{-1}(x)$ 把 $F(t)+C$ 变为$F[g^{-1}(x)]+C$.

例 18　求下列不定积分：

(1) $\int \frac{1}{1+\sqrt[3]{1+2x}}dx$；　　　　(2) $\int \frac{1}{\sqrt{x}+\sqrt[3]{x^2}}dx$.

解　(1)设$\sqrt[3]{1+2x}=t$，$x=\frac{1}{2}(t^3-1)$，$dx=\frac{3}{2}t^2dt$，于是：

$$\int \frac{1}{1+\sqrt[3]{1+2x}}dx=\int \frac{1}{1+t}\cdot \frac{3}{2}t^2dt=\frac{3}{2}\int\left(t-1+\frac{1}{1+t}\right)dt$$
$$=\frac{3}{2}\left(\frac{t^2}{2}-t+\ln|1+t|\right)+C$$
$$=\frac{3}{2}\left(\frac{(\sqrt[3]{1+2x})^2}{2}-\sqrt[3]{1+2x}+\ln\left|1+\sqrt[3]{1+2x}\right|\right)+C$$

(2)为了去掉被积函数的根号，取根次数 2 与 3 的最小公倍数 6，可设 $t=\sqrt[6]{x}$，则可以把原来的不定积分化为简单有理式的积分.

因为 $x=t^6$，$dx=6t^5dt$，于是：

$$\int \frac{1}{\sqrt{x}+\sqrt[3]{x^2}}dx=\int \frac{1}{t^3+t^4}\cdot 6t^5dt=6\int \frac{t^2}{1+t}dt=6\int \frac{(t^2-1)+1}{1+t}dt$$
$$=6\int\left(t-1+\frac{1}{1+t}\right)dt=6\left(\frac{t^2}{2}-t+\ln|1+t|\right)+C$$
$$=3\sqrt[3]{x}-6\sqrt[6]{x}+6\ln(1+\sqrt[6]{x})+C$$

3. 倒代换

下面我们通过例子来介绍一种很有用的代换——倒代换，利用它常可消去被积函数的分母中的变量因子.

例 19 求 $\int\frac{\sqrt{a^2-x^2}}{x^4}\mathrm{d}x$.

解 设 $x=\frac{1}{t}$，那么 $\mathrm{d}x=-\frac{\mathrm{d}t}{t^2}$，于是：

$$\int\frac{\sqrt{a^2-\frac{1}{t^2}}\cdot\left(-\frac{\mathrm{d}t}{t^2}\right)}{\frac{1}{t^4}}=-\int(a^2t^2-1)^{\frac{1}{2}}|t|\,\mathrm{d}t$$

当 $x>0$ 时，有：

$$\begin{aligned}\int\frac{\sqrt{a^2-x^2}}{x^4}\mathrm{d}x&=-\frac{1}{2a^2}\int(a^2t^2-1)^{\frac{1}{2}}\mathrm{d}(a^2t^2-1)\\&=-\frac{(a^2t^2-1)^{\frac{3}{2}}}{3a^2}+C\\&=-\frac{(a^2-x^2)^{\frac{3}{2}}}{3a^2x^3}+C\end{aligned}$$

当 $x<0$ 时，有相同的结果.

由例 15、例 16、例 17 可得到公式：

(8) $\int\sqrt{a^2-x^2}\,\mathrm{d}x=\frac{a^2}{2}\arcsin\frac{x}{a}+\frac{1}{2}x\sqrt{a^2-x^2}+C$；

(9) $\int\frac{\mathrm{d}x}{\sqrt{x^2+a^2}}=\ln(x+\sqrt{x^2+a^2})+C$；

(10) $\int\frac{\mathrm{d}x}{\sqrt{x^2-a^2}}=\ln|x+\sqrt{x^2-a^2}|+C$.

例 20 求 $\int\frac{\mathrm{d}x}{\sqrt{4x^2+9}}$.

解

$$\int\frac{\mathrm{d}x}{\sqrt{4x^2+9}}=\int\frac{\mathrm{d}x}{\sqrt{(2x)^2+3^2}}=\frac{1}{2}\int\frac{\mathrm{d}(2x)}{\sqrt{(2x)^2+3^2}}$$

利用公式(9)，便得：

$$\int\frac{\mathrm{d}x}{\sqrt{4x^2+9}}=\frac{1}{2}\ln(2x+\sqrt{4x^2+9})+C$$

第三节　分部积分法

前面我们在复合函数求导法则的基础上，得到了换元积分法.现在我们利用两个函数乘积的求导法则，来推得另一个求积分的基本方法——分部积分法.

设函数 $u=u(x)$ 及 $v=v(x)$ 具有连续导数，那么两个函数乘积的导数公式为：

$$(uv)'=u'v+uv'$$

移项，得：

$$uv'=(uv)'-u'v$$

对这个等式两边求不定积分，得：

$$\int uv'\mathrm{d}x=uv-\int u'v\mathrm{d}x \tag{1}$$

公式(1)称为分部积分公式.如果求 $\int uv'\mathrm{d}x$ 有困难，而求 $\int u'v\mathrm{d}x$ 比较容易时，分部积分公式就可以发挥作用了.

为简便起见，也可把公式(1)写成下面的形式：

$$\int u\mathrm{d}v=uv-\int v\mathrm{d}u \tag{2}$$

现在通过例子说明如何运用这个重要公式.

例 1　求 $\int x\cos x\mathrm{d}x$.

解　这个积分用换元积分法不易求得结果.现在试用分部积分法来求它.但是怎样选取 u 和 $\mathrm{d}v$ 呢？如果设 $u=x$，$\mathrm{d}v=\cos x\mathrm{d}x$，那么 $\mathrm{d}u=\mathrm{d}x$，$v=\sin x$，代入分部积分公式(2)，得：

$$\int x\cos x\mathrm{d}x=x\sin x-\int\sin x\mathrm{d}x$$

而 $\int v\mathrm{d}u=\int\sin x\mathrm{d}x$ 容易积出，所以：

$$\int x\cos x\mathrm{d}x=x\sin x+\cos x+C$$

求这个积分时，如果设 $u=\cos x$，$\mathrm{d}v=x\mathrm{d}x$，那么：

$$\mathrm{d}u=-\sin x\mathrm{d}x,\ v=\frac{x^2}{2}$$

于是：

$$\int x\cos x\mathrm{d}x=\frac{x^2}{2}\cos x+\int\frac{x^2}{2}\sin x\mathrm{d}x$$

上式右端的积分比原积分更不容易求出.

由此可见，如果 u 和 $\mathrm{d}v$ 选取不当，就求不出结果，所以应用分部积分法时，恰当选取 u 和 $\mathrm{d}v$ 是一个关键.选取 u 和 $\mathrm{d}v$ 一般要考虑下面两点：

(1) v 要容易求得；

(2) $\int v\mathrm{d}u$ 要比 $\int u\mathrm{d}v$ 容易积出.

例 2　求 $\int xe^x\mathrm{d}x$.

解　设 $u=x$，$\mathrm{d}v=e^x\mathrm{d}x$，那么 $\mathrm{d}u=\mathrm{d}x$，$v=e^x$，于是：

$$\int xe^x\mathrm{d}x=xe^x-\int e^x\mathrm{d}x=xe^x-e^x+C=e^x(x-1)+C$$

运用分部积分公式(2)的形式，如上列例 1，例 2 的求解过程也可表述为：

$$\begin{aligned}\int x\cos x\mathrm{d}x&=\int x\mathrm{d}(\sin x)=x\sin x-\int\sin x\mathrm{d}x\\&=x\sin x+\cos x+C\end{aligned}$$

$$\int xe^x\mathrm{d}x=\int x\mathrm{d}(e^x)=xe^x-\int e^x\mathrm{d}x$$
$$=xe^x-e^x+C=(x-1)e^x+C$$

例 3 求 $\int x^2e^x\mathrm{d}x$.

解 设 $u=x^2,\mathrm{d}v=e^x\mathrm{d}x=\mathrm{d}(e^x)$，那么：

$$\int x^2e^x\mathrm{d}x=\int x^2\mathrm{d}(e^x)=x^2e^x-\int e^x\mathrm{d}(x^2)=x^2e^x-2\int xe^x\mathrm{d}x$$

这里 $\int x^2e^x\mathrm{d}x$ 比 $\int x^2\mathrm{d}(e^x)$ 容易积出，因为被积函数中 x 的幂次前者比后者降低了一次.由例 2 可知，对 $\int xe^x\mathrm{d}x$ 再使用一次分部积分法就可以了，于是：

$$\int x^2e^x\mathrm{d}x=x^2e^x-2\int xe^x\mathrm{d}x=x^2e^x-2\int x\mathrm{d}(e^x)$$
$$=x^2e^x-2(xe^x-e^x)+C$$
$$=e^x(x^2-2x+2)+C$$

总结上面三个例子可以知道，如果被积函数是幂函数和正(余)弦函数或幂函数和指数函数的乘积，就可以考虑用分部积分法，并设幂函数为 u.这样用一次分部积分法就可以使幂函数的幂次降低一次.这里假定幂指数是正整数.

例 4 求 $\int x\ln x\mathrm{d}x$.

解 设 $u=\ln x,\mathrm{d}x=x\mathrm{d}x$，那么：

$$\int x\ln x\mathrm{d}x=\int\ln x\mathrm{d}\frac{x^2}{2}=\frac{x^2}{2}\ln x-\int\frac{x^2}{2}\mathrm{d}(\ln x)$$
$$=\frac{x^2}{2}\ln x-\frac{1}{2}\int x\mathrm{d}x=\frac{x^2}{2}\ln x-\frac{x^2}{4}+C$$

例 5 求 $\int\arccos x\mathrm{d}x$.

解 设 $u=\arccos x,\mathrm{d}v=\mathrm{d}x$，那么：

$$\int\arccos x\mathrm{d}x=x\arccos x-\int x\mathrm{d}(\arccos x)$$
$$=x\arccos x+\int\frac{x}{\sqrt{1-x^2}}\mathrm{d}x$$
$$=x\arccos x-\frac{1}{2}\int\frac{1}{(1-x^2)^{\frac{1}{2}}}\mathrm{d}(1-x^2)$$
$$=x\arccos x-\sqrt{1-x^2}+C$$

在分部积分法运用比较熟练以后，就不必再写出哪一部分选作 u，哪一部分选作 $\mathrm{d}v$.只要把被积表达式凑成 $\varphi(x)\mathrm{d}\varphi(x)$的形式，便可使用分部积分公式.

例 6 求 $\int x\arctan x\mathrm{d}x$.

解 $$\int x\arctan x\mathrm{d}x=\frac{1}{2}\int\arctan x\mathrm{d}(x^2)=\frac{x^2}{2}\arctan x-\frac{1}{2}\int\frac{x^2}{1+x^2}\mathrm{d}x$$
$$=\frac{x^2}{2}\arctan x-\frac{1}{2}\int\frac{1+x^2-1}{1+x^2}\mathrm{d}x=\frac{x^2}{2}\arctan x-\frac{1}{2}\int\left(1-\frac{1}{1+x^2}\right)\mathrm{d}x$$

$$=\frac{x^2}{2}\arctan x-\frac{1}{2}(x-\arctan x)+C=\frac{1}{2}(x^2+1)\arctan x-\frac{1}{2}x+C$$

总结上面三个例子可以知道，如果被积函数是幂函数和对数函数或幂函数和反三角函数的乘积，就可以考虑用分部积分法，并设对数函数或反三角函数为 u.

例 7　求 $\int e^x \sin x\,dx$.

解

$$\int e^x \sin x\,dx=\int \sin x\,d(e^x)=e^x\sin x-\int e^x\cos x\,dx$$

等式右端的积分与等式左端的积分是同一类的.对右端的积分再用一次分部积分法，得：

$$\begin{aligned}\int e^x \sin x\,dx&=e^x\sin x-\int \cos x\,d(e^x)\\&=e^x\sin x-e^x\cos x-\int e^x\sin x\,dx\end{aligned}$$

由于上式右端的第三项就是所求的积分 $\int e^x\sin x\,dx$，把它移到等号左端去，在两端同除以 2，便得：

$$\int e^x \sin x\,dx=\frac{1}{2}e^x(\sin x-\cos x)+C$$

因为上式右端已不包含积分项，所以必须加上任意常数 C.

例 8　求 $\int \sec^3 x\,dx$.

解

$$\begin{aligned}\int \sec^3 x\,dx&=\int \sec x\,d(\tan x)\\&=\sec x\tan x-\int \sec x\tan^2 x\,dx\\&=\sec x\tan x-\int \sec x(\sec^2 x-1)\,dx\\&=\sec x\tan x-\int \sec^3 x\,dx+\int \sec x\,dx\\&=\sec x\tan x+\ln|\sec x+\tan x|-\int \sec^3 x\,dx\end{aligned}$$

由于上式右端的第三项就是所求的积分 $\int \sec^3 x\,dx$，把它移到等号左端去，在两端同除以 2，便得：

$$\int \sec^3 x\,dx=\frac{1}{2}(\sec x\tan x+\ln|\sec x+\tan x|)+C$$

例 9　求 $\int \sqrt{x^2+a^2}\,dx$.

解

$$\begin{aligned}\int \sqrt{x^2+a^2}\,dx&=x\sqrt{x^2+a^2}-\int x\,d(\sqrt{x^2+a^2})\\&=x\sqrt{x^2+a^2}-\frac{1}{2}\int x\cdot\frac{2x}{\sqrt{x^2+a^2}}\,dx\\&=x\sqrt{x^2+a^2}-\int \frac{(x^2+a^2)-a^2}{\sqrt{x^2+a^2}}\,dx\end{aligned}$$

$$=x\sqrt{x^2+a^2}-\int\sqrt{x^2+a^2}\,dx+a^2\int\frac{dx}{\sqrt{x^2+a^2}}$$

$$=x\sqrt{x^2+a^2}+a^2\ln(x+\sqrt{x^2+a^2})-\int\sqrt{x^2+a^2}\,dx$$

所以：
$$\int\sqrt{x^2+a^2}\,dx=\frac{x}{2}\sqrt{x^2+a^2}+\frac{a^2}{2}\ln(x+\sqrt{x^2+a^2})+C$$

采用同样的方法可推出：

$$\int\sqrt{x^2-a^2}\,dx=\frac{x}{2}\sqrt{x^2-a^2}-\frac{a^2}{2}\ln|x+\sqrt{x^2-a^2}|+C$$

在积分的过程中往往要兼用换元法与分部积分法，如例 5，下面再来举一个例子.

例 10 求 $\int e^{\sqrt{x}}\,dx$.

解 令 $\sqrt{x}=t$，则 $x=t^2$，$dx=2t\,dt$.于是：

$$\int e^{\sqrt{x}}\,dx=2\int te^t\,dt$$

利用例 2 的结果，并用 $t=\sqrt{x}$ 代回，便得所求积分：

$$\int e^{\sqrt{x}}\,dx=2\int te^t\,dt=2e^t(t-1)+C=2e^{\sqrt{x}}(\sqrt{x}-1)+C$$

第四节　有理函数积分

前面已经介绍了求不定积分的两个基本方法——换元积分法和分部积分法，下面简要地介绍有理函数的积分.

两个多项式的商 $\frac{P(x)}{Q(x)}$ 称为有理函数，又称有理分式.我们假定分子多项式 $P(x)$ 与分母多项式 $Q(x)$ 之间是没有公因式的.当分子多项式 $P(x)$ 的次数小于分母多项式 $Q(x)$ 的次数时，称这个有理函数为真分式，否则称为假分式.

利用多项式的除法，总可以将一个假分式化成一个多项式与一个真分式之和的形式。例如有理函数：

$$\frac{2x^4+x^2+3}{x^2+1}=2x^2-1+\frac{4}{x^2+1}$$

对于真分式 $\frac{P(x)}{Q(x)}$，如果分母可分解为两个多项式的乘积：

$$Q(x)=Q_1(x)Q_2(x)$$

且 $Q_1(x)$ 与 $Q_2(x)$ 没有公因式，那么它可分拆成两个真分式之和：

$$\frac{P(x)}{Q(x)}=\frac{P_1(x)}{Q_1(x)}+\frac{P_2(x)}{Q_2(x)}$$

上述步骤称为把真分式化成部分分式之和.如果 $Q_1(x)$ 或 $Q_2(x)$ 还能再分解成两个没有公因式的多项式的乘积，就可再分拆成更简单的部分分式.最后，有理函数的分解式中只出现多项式、$\frac{P_1(x)}{(x-a)^k}$、$\frac{P_2(x)}{(x^2+px+q)^l}$ 三类函数（这里 $p^2-4q<0$，$P_1(x)$ 为小于 k 次的多项式，

$P_2(x)$为小于 $2l$ 次的多项式).多项式的积分容易求得,后两类真分式的积分可参看第二节的例 11 和例 12.

下面举积分真分式的积分的例子.

例 1　求 $\int \frac{x+1}{x^2-5x+6}\mathrm{d}x$.

解　被积函数的分母分解成$(x-3)(x-2)$,故可设:

$$\frac{x+1}{x^2-5x+6}=\frac{A}{x-3}+\frac{B}{x-2}$$

其中 A、B 为待定系数.上式两端去分母后,得:

$$x+1=A(x-2)+B(x-3)$$

即:

$$x+1=(A+B)x-2A-3B$$

比较上式两端同次幂的系数,即有:

$$\begin{cases}A+B=1\\2A+3B=-1\end{cases}$$

从而解得:

$$A=4,B=-3$$

于是:

$$\int \frac{x+1}{x^2-5x+6}\mathrm{d}x=\int\left(\frac{4}{x-3}-\frac{3}{x-2}\right)\mathrm{d}x$$
$$=4\ln|x-3|-3\ln|x-2|+C$$

例 2　求 $\int \frac{x+2}{(2x+1)(x^2+x+1)}\mathrm{d}x$.

解　设

$$\frac{x+2}{(2x+1)(x^2+x+1)}=\frac{A}{2x+1}+\frac{Bx+C}{x^2+x+1}$$

则:

$$x+2=A(x^2+x+1)+(Bx+C)(2x+1)$$

即:

$$x+2=(A+2B)x^2+(A+B+2C)x+A+C$$

有:

$$\begin{cases}A+2B=0\\A+B+2C=1\\A+C=2\end{cases}\quad 解得\quad \begin{cases}A=2\\B=-1\\C=0\end{cases}$$

于是:

$$\int \frac{x+2}{(2x+1)(x^2+x+1)}\mathrm{d}x=\int\left(\frac{2}{2x+1}-\frac{x}{x^2+x+1}\right)\mathrm{d}x$$
$$=\ln|2x+1|-\frac{1}{2}\int\frac{(2x+1)-1}{x^2+x+1}\mathrm{d}x$$
$$=\ln|2x+1|-\frac{1}{2}\int\frac{\mathrm{d}(x^2+x+1)}{x^2+x+1}+\frac{1}{2}\int\frac{\mathrm{d}x}{\left(x+\frac{1}{2}\right)^2+\frac{3}{4}}$$
$$=\ln|2x+1|-\frac{1}{2}\ln(x^2+x+1)+\frac{1}{\sqrt{3}}\arctan\frac{2x+1}{\sqrt{3}}+C$$

例3 求$\int\frac{x-3}{(x-1)(x^2-1)}dx$.

解 被积函数分母的两个因式$x-1$与x^2-1有公因式,故需再分解成$(x-1)^2(x+1)$.设

$$\frac{x-3}{(x-1)^2(x+1)}=\frac{Ax+B}{(x-1)^2}+\frac{C}{x+1}$$

则:

$$x-3=(Ax+B)(x+1)+C(x-1)^2$$

有:

$$\begin{cases}A+C=0\\A+B-2C=1,\\B+C=-3\end{cases}\quad 解得\ \begin{cases}A=1\\B=-2\\C=-1\end{cases}$$

于是:

$$\begin{aligned}\int\frac{x-3}{(x-1)(x^2-1)}dx&=\int\frac{x-3}{(x-1)^2(x+1)}dx\\&=\int\left[\frac{x-2}{(x-1)^2}-\frac{1}{x+1}\right]dx\\&=\int\frac{x-1-1}{(x-1)^2}dx-\ln|x+1|\\&=\ln|x-1|+\frac{1}{x-1}-\ln|x+1|+C\end{aligned}$$

在本章结束之前,我们还要指出:对初等函数来说,在其定义区间上,它的原函数一定存在,但原函数不一定都是初等函数,如:

$$\int e^{-x^2}dx,\int\frac{\sin x}{x}dx,\int\frac{dx}{\ln x},\int\frac{dx}{\sqrt{1+x^4}}$$

等等,它们的原函数就都不是初等函数.

习题五

1. 求下列不定积分:

(1) $\int(3x-x\sqrt{x}+\cos x+2^x)dx$

(2) $\int 2^x e^x dx$

(3) $\int\left(e^x+2^x-\frac{1}{x}\right)dx$

(4) $\int\frac{x^2}{x^2+1}dx$

(5) $\int\sec x(\sec x+2\tan x)dx$

(6) $\int\frac{1+2x^2}{x^2(1+x^2)}dx$

(7) $\int\sqrt{x\sqrt{x\sqrt{x}}}\,dx$

(8) $\int\frac{\cos 2x}{\cos x-\sin x}dx$

2. 用凑微分法求下列不定积分:

(1) $\int(3-x)^5dx$

(2) $\int(e^{3x}+\cos 3x-\frac{1}{\sqrt{2x+1}})dx$

(3) $\int \left(\frac{x}{\sqrt{x^2+1}} - x\sqrt{x^2+1}\right)dx$

(4) $\int \frac{1}{x^2}\sqrt[3]{1+\frac{1}{x}}\,dx$

(5) $\int \frac{dx}{x(1+\ln^2 x)}$

(6) $\int \frac{dx}{\sqrt{4+x^2}} + \int \frac{dx}{\sqrt{4-x^2}}$

(7) $\int \frac{dx}{4-x^2}$

(8) $\int \frac{1+\sin x}{x-\cos x}dx$

(9) $\int \frac{dx}{2+e^x}$

(10) $\int \left(e^x \cos e^x - \frac{e^x}{e^x+1}\right)dx$

(11) $\int \left(\frac{2}{e^x+e^{-x}} - 1\right)dx$

(12) $\int \frac{dx}{e^x(1+e^{-2x})}$

(13) $\int (\sin^3 x + \tan^4 x + \cos^2 x \sin^2 x)dx$

(14) $\int \sin^3 x \cos^2 x\,dx$

(15) $\int \frac{\sin 2x}{\sqrt{1-\cos^4 x}}dx$

(16) $\int [x\sin(x^2+3) - \tan^2 x]dx$

(17) $\int \frac{x}{x^2+2x+3}dx$

(18) $\int \frac{x+3}{x^2+2x+5}dx$

3.用第二类换元积分法求下列不定积分：

(1) $\int \frac{dx}{2+\sqrt{x+1}}$

(2) $\int \frac{dx}{\sqrt[3]{x^2}+\sqrt{x}}$

(3) $\int x\sqrt{2x+1}\,dx$

(4) $\int \frac{dx}{x^2\sqrt{x^2-1}}$

(5) $\int \frac{dx}{\sqrt{(1-x^2)^3}}$

4.用分部积分法求下列不定积分：

(1) $\int \ln(x+1)dx$

(2) $\int \arcsin x\,dx$

(3) $\int x\sin 3x\,dx$

(4) $\int xe^{-2x}dx$

(5) $\int x^3 \ln x\,dx$

(6) $\int x^2 \cos x\,dx$

(7) $\int \frac{\ln x}{x^2}dx$

(8) $\int x^2 \arctan x\,dx$

(9) $\int x \tan^2 x\,dx$

(10) $\int e^{-x}\sin x\,dx$

(11) $\int \sec^3 x\,dx$

5. 用有理函数积分求下列不定积分：

(1) $\int \frac{3x+1}{x^2-7x+10}dx$

(2) $\int \frac{x-14}{x^2-8x+12}dx$

(3) $\int \frac{x^2+1}{x(x-3)^2}dx$

(4) $\int \frac{2x+1}{x^2-3x+5}dx$

(5) $\int \frac{x^2+2x-1}{(x-1)(x^2-x+1)}dx$

(6) $\int \frac{2x^2+1}{x^2(1+x^2)}dx$

(7) $\int \frac{\mathrm{d}x}{x(x^6+1)}$

6. 若 $\int f'(2x)\mathrm{d}x=\sin^2 x+C$，求函数 $f(x)$.

7. 设 $\ln(1+x^2)$ 为函数 $f(x)$ 的一个原函数，求 $\int xf'(2x)\mathrm{d}x$.

8. 设 $\frac{\sin x}{x}$ 是 $f(x)$ 的一个原函数，求 $\int xf'(x)\mathrm{d}x$.

第六章

定积分

定积分的概念与不定积分有着本质区别，它作为一种和的极限，来自大量的实际问题，在众多领域中具有广泛的应用. 本章将从实例出发，引出定积分的概念，讨论它的性质，揭示定积分与不定积分的关系，寻求定积分的计算方法，并说明它在几何及经济中的应用.

第一节　定积分的概念与性质

一、定积分概念引例

1. 曲边梯形的面积

在初等数学中，已经解决了圆、三角形、矩形、梯形等平面图形的面积问题，而对由任意曲线所围成的一般平面图形面积的计算问题尚未解决，其原因是用初等数学方法解决这类问题相当困难. 下面将介绍一种求曲边梯形的面积的方法，有了这种方法，就可以解决一般封闭图形的面积问题.

例 1　所谓曲边梯形，是指由连续曲线 $y=f(x)(f(x)\geqslant 0)$，x 轴以及直线 $x=a$，$x=b$ 所围成的图形(如图 6—1 所示). 现计算它的面积 A.

分析　从图中可以看出，当 $y=f(x)$在$[a,b]$上为常数时，图形变成矩形，其面积为：面积＝底×高.而对于一般的曲面梯形，其高度是变化的，因而不能直接按矩形面积公式来求，然后，由于 $y=f(x)$在区间$[a,b]$上的变化是连续的，在很小的一段区间上它的变化量非常小. 因此，通过分割曲边梯形的底边$[a,b]$，将整个曲边梯形分成若干个小曲边梯形，而每个小曲边梯形的底边长度非常小，并且其面积近似于一个小矩形的面积. 然后，将这些小矩形的面积相加，就是整个曲边梯形面积的近似值. 当然，随着分割的份数增多，近似程度越来越高. 当无

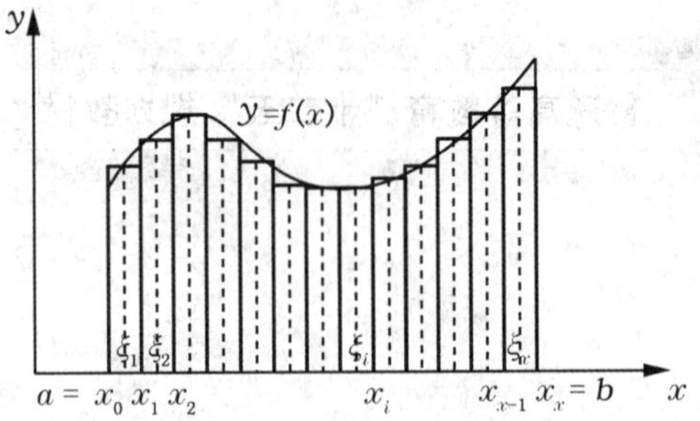

图 6—1

限分割$[a,b]$,令每个小曲边梯形的底边长度趋于 0,那么整个近似值的极限就是我们要求的曲边梯形的面积.先将详细过程叙述如下:

(1)分割:把区间$[a,b]$任意分成 n 份,设分点为 $a=x_0<x_1<x_2<\cdots<x_n=b$,于是每个小曲边梯形的长度为 $\Delta x_i=x_i-x_{i-1}$.过每个分点做 x 轴的垂线,则可把曲边梯形分成 n 个小曲边梯形,再设每个小曲边梯形面积为 A_i.

(2)取近似:对于第 i 个小曲边梯形,在其底边$[x_{i-1},x_i]$上任取一点 ξ_i,并以 $f(\xi_i)$为高作矩形,并用该矩形的面积近似替代每个小曲边梯形的面积,即 $A_i\approx f(\xi_i)\cdot\Delta x_i$,其中 $i=1,2,\cdots,n$.

(3)求和:将所有小矩形的面积求和,即得到原曲边梯形的近似面积:

$$A=\sum_{i=1}^{n}f(\xi_i)\cdot\Delta x_i$$

(4)取极限:无限分割区间$[a,b]$,使所有小区间的长度趋于 0. 为此,记 $\lambda=\max\{\Delta x_1,\Delta x_2,\cdots,\Delta x_n\}$.当 λ 趋向于 0 时,$A=\sum\limits_{i=1}^{n}f(\xi_i)\cdot\Delta x_i$ 的极限就是曲边梯形的面积 A,即:

$$A=\lim_{x\to 0}\sum_{i=1}^{n}f(\xi_i)\cdot\Delta x_i$$

2. 成本问题

例 2 某公司对其产品的变化情况满足如下关系式:

$$f(x)=500-\frac{x}{3}$$

其中,x 表示该产品的数量;$f(x)$表示当产品数量为 x 时,再增加一个单位产品所增加的成本(即边际函数).

试求当产品从 300 件增加到 900 件时,该公司所增加的成本 C.

分析 如同本教材前面章节对边际函数所描述的那样,在经济和商务中遇到的函数自变量往往取正整数,其函数值也是离散型的. 为数学处理方便,下面将其连续化,转化成具有连续倒数的函数来处理. 这时许多结果只能看成近似的,但不影响对实际问题的分析.

(1)分割:该公司产品产量从 300 件增加到 900 件,将其连续化,把区间$[300,900]$任意分成 n 份,设分点为 $300=x_0<x_1<x_2<\cdots<x_n=900$.

(2)取近似:考虑产量从 x_{i-1}增加到 x_i 时所增加的成本,$f(x_{i-1})$作为边际成本在 x_{i-1}的值表示当产量为 x_{i-1}时增加单位产量所增加的成本. 当产品数量增加 Δx_i 单位时,所增加的

成本为 $f(x_{i-1})\cdot\Delta x_i$.

(3)求和：当产量从 300 增加到 900 时，所增加的总成本为 $\sum_{i=1}^{n} f(x_{i-1})\cdot\Delta x_i$.

(4)取极限：为了更精确地估计，同样可设 $\lambda=\max\{\Delta x_1,\Delta x_2,\cdots,\Delta x_n\}$，当 λ 趋向于 0 时，所增加的总成本为：

$$C=\lim_{\lambda\to 0}\sum_{i=1}^{n} f(\Delta x_{i-1})\cdot\Delta x_i$$

二、定积分的定义

抛开这些问题的具体意义，抓住它们在数量关系上共同的本质与特性加以概括，我们就可以抽象出下述定积分的定义：

定义 1.1　设函数 $f(x)$ 在 $[a,b]$ 上有界，在 $[a,b]$ 中任意插入若干个分点：

$$a=x_0<x_1<x_2<\cdots<x_n=b$$

把区间 $[a,b]$ 分成 n 个小区间：

$$[x_0,x_1],[x_1,x_2],\cdots,[x_{n-1},x_n]$$

各个小区间的长度依次为：

$$\Delta x_1=x_1-x_0,\Delta x_2=x_2-x_1,\cdots,\Delta x_n=x_n-x_{n-1}$$

在每个小区间 $[x_{i-1},x_i]$ 上任取一点 $\xi_i(x_{i-1}\leqslant\varepsilon_i\leqslant x_i)$，做函数值 $f(\varepsilon_i)$ 与小区间长度 Δx_i 的乘积 $f(\xi_i)\Delta x_i(i=1,2,\cdots,n)$，并做和：

$$S=\sum_{i=1}^{n} f(\xi_i)\Delta x_i$$

记 $\lambda=\max\{\Delta x_1,\Delta x_2,\cdot\cdot\cdot,\Delta x_n\}$，如果不论对 $[a,b]$ 怎样划分，也不论在小区间 $[x_{i-1},x_i]$ 上点 ξ_i 怎样选取，只要当 $\lambda\to 0$ 时，和 S 总趋于确定的极限 I，那么称函数 $f(x)$ 在区间 $[a,b]$ 上可积，并称这个极限 I 为函数 $f(x)$ 在区间 $[a,b]$ 上的定积分(简称积分)，记作 $\int_a^b f(x)\mathrm{d}x$，即：

$$\int_a^b f(x)\mathrm{d}x=I=\lim_{\lambda\to 0}\sum_{i=1}^{n} f(\xi_i)\cdot\Delta x_i$$

其中，$f(x)$ 称为被积函数，$f(x)\mathrm{d}x$ 称为被积表达式，x 称为积分变量，a 称为积分下限，b 称为积分上限，$[a,b]$ 称为积分区间.

根据积分定义，例 1 中曲边梯形的面积 A 是函数 $f(x)$ 在区间 $[a,b]$ 上的定积分，即 $A=\int_a^b f(x)\mathrm{d}x$；例 2 中当产量从 300 件增加到 900 件时，所增加的成本为 $C=\int_{300}^{900} f(x)\mathrm{d}x$.

关于定积分，做以下几点说明：

(1)函数 $f(x)$ 在区间 $[a,b]$ 上可积是指积分 $\int_a^b f(x)\mathrm{d}x$ 存在，即无论区间如何分割以及 ξ_i 如何选取，$\lim_{\lambda\to 0}\sum_{i=1}^{n} f(\xi_i)\cdot\Delta x_i$ 始终存在.

(2)定积分表示一个数值，它只与被积函数及积分区间有关，而与积分变量用何字母表示无关，即有：

$$\int_a^b f(x)\mathrm{d}x=\int_a^b f(y)\mathrm{d}y=\int_a^b f(t)\mathrm{d}t=\int_a^b f(u)\mathrm{d}u$$

(3)在定义中,记号$\int_a^b f(x)\mathrm{d}x$只有当$a<b$时才有意义,而当$a=b$或$a>b$时是没有意义的.但为以后计算及应用方便起见,规定:

$$\int_a^a f(x)\mathrm{d}x=0,\int_a^b f(x)\mathrm{d}x=-\int_b^a f(x)\mathrm{d}x \quad (a>b)$$

(4)几何意义:定积分$\int_a^b f(x)\mathrm{d}x$的几何意义为由曲线$y=f(x)$,x轴及直线$x=a$,$x=b$所围成的封闭图形在x轴上方与下方面积的代数和,其中x轴上方面积为正,下方面积为负.

对于定积分,有这样一个重要问题:函数$f(x)$在区间$[a,b]$上满足怎样的条件,$f(x)$在$[a,b]$上一定可积?这个问题我们不做深入讨论,而只给出以下两个充分条件.

定理 1.1 设函数$f(x)$在$[a,b]$上连续,则$f(x)$在$[a,b]$上可积.

定理 1.2 设函数$f(x)$在$[a,b]$上有界,且只有有限个间断点,则$f(x)$在$[a,b]$上可积.

最后,举一个按定义计算定积分的例子.

例 3 利用定义计算定积分$\int_0^1 x^2\mathrm{d}x$.

解 因为被积函数$f(x)=x^2$在区间$[0,1]$上连续,而连续函数是可积的,所以,积分与区间$[0,1]$的分法及点ξ_i的取法无关.因此,为了便于计算,不妨把区间$[0,1]$分成n等份,分点为$x_i=\frac{i}{n}$,$i=1,2\cdots,n-1$;这样,每个小区间$[x_{i-1},x_i]$的长度$\Delta x_i=\frac{1}{n}$,$i=1,2\cdots,n$;取$\xi_i=x_i$,$i=1,2\cdots,n$.于是,得和式:

$$\begin{aligned}\sum_{i=1}^{n} f(\xi_i)\cdot\Delta x_i&=\sum_{i=1}^{n}\xi_i^2\Delta x_i=\sum_{i=1}^{n}x_i^2\Delta x_i\\&=\sum_{i=1}^{n}\left(\frac{i}{n}\right)^2\cdot\frac{1}{n}=\frac{1}{n^3}\sum_{i=1}^{n}i^2\\&=\frac{1}{n^3}\cdot\frac{1}{6}n(n+1)(2n+1)\\&=\frac{1}{6}\left(1+\frac{1}{n}\right)\left(2+\frac{1}{n}\right)\end{aligned}$$

当$\lambda\to 0$即$n\to\infty$时,取上式右端的极限.由定积分的定义,即得所要计算的积分为:

$$\int_0^1 x^2\mathrm{d}x=\lim_{\lambda\to 0}\sum_{i=1}^{n}\xi_i^2\Delta x_i=\lim_{n\to\infty}\frac{1}{6}\left(1+\frac{1}{n}\right)\left(2+\frac{1}{n}\right)=\frac{1}{3}$$

三、定积分的基本性质

由定积分的定义与极限运算法则和性质,可以推出下列定积分的基本性质和积分中值定理(下面所涉及的函数在没有说明的情况下均表示在讨论区间上可积).

性质 1 $\int_a^b [f(x)\pm g(x)]\mathrm{d}x=\int_a^b f(x)\mathrm{d}x\pm\int_a^b g(x)\mathrm{d}x$

对有限个函数$f_1(x),f_2(x),\cdots,f_n(x)$亦成立,即:

$$\int_a^b [f_1(x)\pm f_2(x)\pm\cdots\pm f_n(x)]\ \mathrm{d}x=\int_a^b f_1(x)\mathrm{d}x\pm\int_a^b f_2(x)\mathrm{d}x\pm\cdots\pm\int_a^b f_n(x)\mathrm{d}x$$

性质 2 若k为常数,则:

$$\int_a^b kf(x)\mathrm{d}x=k\int_a^b f(x)\mathrm{d}x$$

性质 3（区间可加性）

$$\int_a^b f(x)\mathrm{d}x=\int_a^c f(x)\mathrm{d}x+\int_c^b f(x)\mathrm{d}x$$

若 $f(x)$连续且 c 介于 a 与 b 之间，即 $a<b<c$ 时，该性质从几何意义看是显然的；当不介于 a 与 b 之间，该性质仍然成立. 因为当 $a<b<c$ 时：

$$\int_a^c f(x)\mathrm{d}x=\int_a^b f(x)\mathrm{d}x+\int_b^c f(x)\mathrm{d}x$$

$$\int_a^b f(x)\mathrm{d}x=\int_a^c f(x)\mathrm{d}x-\int_b^c f(x)\mathrm{d}x$$

因为：

$$\int_a^c f(x)\mathrm{d}x=-\int_c^b f(x)\mathrm{d}x$$

所以：

$$\begin{aligned}\int_a^b f(x)\mathrm{d}x&=\int_a^c f(x)\mathrm{d}x-\left(-\int_c^b f(x)\mathrm{d}x\right)\\&=\int_a^c f(x)\mathrm{d}x+\int_c^b f(x)\mathrm{d}x\end{aligned}$$

当 $c<a<b$ 时，可类似证明.

性质 4 如果在区间$[a,b]$上，有 $f(x)\leqslant g(x)$，则：

$$\int_a^b f(x)\mathrm{d}x\leqslant\int_a^b g(x)\mathrm{d}x\quad(a<b)$$

性质 5（估值定值） 如果函数 $f(x)$在区间$[a,b]$上的最大值与最小值分别为 M 与 m，则：

$$m(b-a)\leqslant\int_a^b f(x)\mathrm{d}x\leqslant M(b-a)\quad(a<b)$$

即：

$$m\leqslant\frac{\int_a^b f(x)\mathrm{d}x}{b-a}\leqslant M$$

证明 因为 $m\leqslant f(x)\leqslant M$，由性质 4 得：

$$\int_a^b m\mathrm{d}x\leqslant\int_a^b f(x)\mathrm{d}x\leqslant\int_a^b M\mathrm{d}x$$

再由性质 2 和 $\int_a^b \mathrm{d}x=b-a$，即有：

$$m(b-a)\leqslant\int_a^b f(x)\mathrm{d}x\leqslant M(b-a)$$

估计定值的几何意义是曲边梯形面积介于以区间$[a,b]$为底、以最小纵坐标为高的矩形面积与以最大纵坐标为高的矩形面积之间. 性质 5 可用来估计积分值的大致范围.

性质 6（积分中值定理） 设函数 $y=f(x)$在区间$[a,b]$上连续，则在$[a,b]$上至少存在一点 $\xi(a\leqslant\xi\leqslant b)$，使：

$$\int_a^b f(x)\mathrm{d}x=f(\xi)(b-a)$$

证明 因为 $y=f(x)$在$[a,b]$上连续，由闭区间上连续函数的性质可知，$y=f(x)$在$[a,b]$上必存在最大值 M 和最小值 m. 若 $a=b$，显然；若 $a<b$，利用性质 5，并将不等式除以 $b-a$，得：

$$m\leqslant\frac{1}{b-a}\int_a^b f(x)\mathrm{d}x\leqslant M$$

根据闭区间上连续函数的介值定理，在$[a,b]$上至少存在一点，使得：

$$f(\xi)=\frac{1}{b-a}\int_a^b f(x)\mathrm{d}x$$

即：
$$\int_a^b f(x)\mathrm{d}x=f(\xi)(b-a)$$

几何意义（见图6—2）是在曲边梯形底边上至少存在一点ξ，使得该曲边梯形的面积等于同一底边、高为$f(\xi)$的矩形面积.其中，$f(\xi)=\frac{1}{b-a}\int_a^b f(x)\mathrm{d}x$称为函数$y=f(x)$在区间$[a,b]$上的平均值.

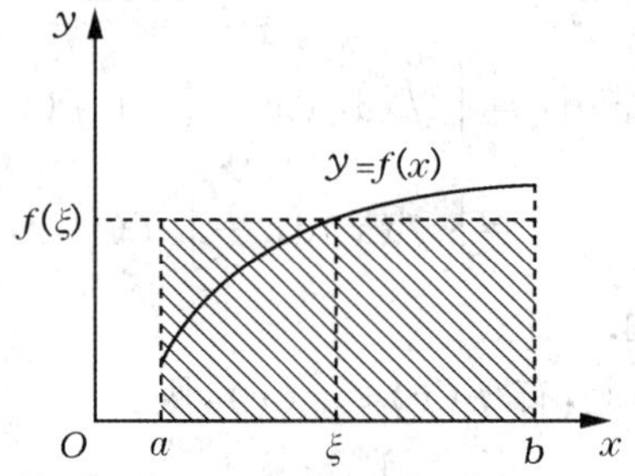

图6—2

第二节　微积分基本定理

原函数概念与定积分概念是从两个完全不同的角度引进来的，我们想通过这一节来探讨原函数与定积分或者不定积分与定积分的关系，使定积分计算归结为求原函数的问题，然后得出定积分的计算方法.

一、变限积分与原函数存在定理

我们先介绍积分上限函数.

设函数$f(x)$在区间$[a,b]$上连续，$x\in[a,b]$，由于$f(x)$在区间$[a,x]$上连续，因此，具有变动积分限的定积分$\int_a^x f(x)\mathrm{d}x$存在，且它的值显然与上限x有关.为避免混淆，可将积分变量改为t，这不影响积分数值.这时，对区间$[a,b]$上的任一x，$\int_a^x f(t)\mathrm{d}t$都有一个确定的值与之对应，所以在$[a,b]$上定义了一个函数，称为积分上限函数，记作$\Phi(x)$，即：

$$\Phi(x)=\int_a^x f(t)\mathrm{d}t \qquad (a\leqslant x\leqslant b)$$

定理2.1　如果函数$f(x)$在区间$[a,b]$上连续，则积分上限函数

$$\Phi(x)=\int_a^x f(t)\mathrm{d}t$$

在$[a,b]$上可导，且导数为：

$$\Phi'(x)=\frac{\mathrm{d}}{\mathrm{d}x}\int_a^x f(t)\mathrm{d}t=f(x) \qquad (a\leqslant x\leqslant b)$$

即 $\Phi(x)$是 $f(x)$在$[a,b]$上的一个原函数.

证明　给自变量以增量 Δx,则:

$$\begin{aligned}\Delta\Phi&=\Phi(x+\Delta x)-\Phi(x)=\int_a^{x+\Delta x}f(t)\mathrm{d}t-\int_a^x f(t)\mathrm{d}t\\&=\left(\int_a^x f(t)\mathrm{d}t+\int_x^{x+\Delta x}f(t)\mathrm{d}t\right)-\int_a^x f(t)\mathrm{d}t\\&=\int_x^{x+\Delta x}f(t)\mathrm{d}t\end{aligned}$$

由第一节性质 6 可知,存在 ξ,使得:

$$\int_x^{x+\Delta x}f(t)\mathrm{d}t=f(\xi)\Delta x\qquad(x\leqslant\xi\leqslant x+\Delta x)$$

从而:

$$\Phi'(x)=\lim_{\Delta x\to 0}\frac{\Delta\Phi}{\Delta x}=\lim_{\xi\to x}f(\xi)=f(x)$$

基于这个定理的重要性,被称为微积分基本定理.它一方面肯定了区间上连续函数的原函数的存在性,从而解决了第五章曾提及的原函数存在问题;另一方面,沟通了导数和定积分这两个从表面上看似乎不相干的概念之间的联系,初步揭示了定积分与原函数的联系.

积分上限函数是一元可导函数,也是连续函数,因此,对积分上限函数可进行极限、微分及有关函数性态的讨论．先举例说明.

例 1　求下列函数的导数:

(1) $\Phi(x)=\int_0^x t\sin t\,\mathrm{d}t$;

(2) $F(x)=\int_1^{\sin x}(1+t^2)\mathrm{d}t$;

(3) $G(x)=\int_{\sqrt{x}}^{x^2}t^2\arctan t\,\mathrm{d}t$.

解　(1) $\Phi'(x)=\frac{\mathrm{d}}{\mathrm{d}t}\int_0^x t\sin t\,\mathrm{d}t=x\sin x$.

(2)由积分上限函数的定义可知,$F(x)$是以 $\sin x$ 为上限的积分,作为 x 的函数可看成是以 $u=\sin x$ 为中间变量的复合函数.

利用复合函数求导法则,得:

$$\begin{aligned}\frac{\mathrm{d}}{\mathrm{d}x}F(x)&=\frac{\mathrm{d}F}{\mathrm{d}u}\cdot\frac{\mathrm{d}u}{\mathrm{d}x}=\frac{\mathrm{d}}{\mathrm{d}u}\int_1^u(1+t^2)\mathrm{d}t\cdot(\sin x)'\\&=(1+u^2)\cos x=(1+\sin^2x)\cos x\end{aligned}$$

熟练以后,可简洁地写成:

$$F'(x)=(1+\sin^2x)\cdot(\sin x)'=\cos x(1+\sin^2x)$$

一般地,有:

$$\frac{\mathrm{d}}{\mathrm{d}x}\int_a^{u(x)}f(t)\mathrm{d}t=f[u(x)]u'(x)$$

(3)利用区间可加性,得:

$$\begin{aligned}G(x)&=\int_{\sqrt{x}}^0 t^2\arctan t\,\mathrm{d}t+\int_0^{x^2}t^2\arctan t\,\mathrm{d}t\\&=\int_0^{x^2}t^2\arctan t\,\mathrm{d}t-\int_0^{\sqrt{x}}t^2\arctan t\,\mathrm{d}t\end{aligned}$$

从而：

$$G'(x)=\frac{\mathrm{d}}{\mathrm{d}x}\int_0^{x^2} t^2\arctan t\,\mathrm{d}t-\frac{\mathrm{d}}{\mathrm{d}x}\int_0^{\sqrt{x}} t^2\arctan t\,\mathrm{d}t$$
$$=x^4\arctan x^2\cdot(x^2)'-(\sqrt{x})^2\arctan\sqrt{x}\cdot(\sqrt{x})'$$
$$=2x^5\arctan x^2-\frac{\sqrt{x}}{2}\arctan\sqrt{x}$$

一般地，有：

$$\frac{\mathrm{d}}{\mathrm{d}x}\int_{s(x)}^{u(x)} f(t)\mathrm{d}t=f[u(x)]\cdot u'(x)-f[s(x)]\cdot s'(x)$$

例 2 求极限 $\lim\limits_{x\to\frac{\pi}{2}}\dfrac{\int_{\frac{\pi}{2}}^{x} t^2\sin t\,\mathrm{d}t}{\left(x-\frac{\pi}{2}\right)}$.

解 此极限为$\dfrac{0}{0}$型的不定式，可用洛必达法则来计算.

$$\text{原极限}=\lim_{x\to\frac{\pi}{2}}\frac{\frac{\mathrm{d}}{\mathrm{d}x}\int_{\frac{\pi}{2}}^{x} t^2\sin t\,\mathrm{d}t}{\left(x-\frac{\pi}{2}\right)'}=\lim_{x\to\frac{\pi}{2}}x^2\sin x=\frac{\pi^2}{4}$$

二、牛顿—莱布尼兹公式

现在我们根据定理 2.1 来证明一个重要定理，它给出了用原函数计算定积分的公式.

定理 2.2 设函数 $F(x)$是连续函数 $f(x)$在区间$[a,b]$上的一个原函数，则：

$$\int_a^b f(x)\mathrm{d}x=F(b)-F(a)$$

这称为牛顿—莱布尼兹公式，它也常写成：

$$\int_a^b f(x)\mathrm{d}x=F(x)\big|_a^b \quad \text{或} \quad \int_a^b f(x)\mathrm{d}x=[F(x)]_a^b$$

证明 已知函数 $F(x)$是连续函数 $f(x)$的一个原函数，又由定理 2.1 可知，积分上限函数

$$\Phi(x)=\int_a^x f(t)\mathrm{d}t$$

也是 $f(x)$的一个原函数.于是，这两个原函数之差 $F(x)-\Phi(x)$在$[a,b]$上必定是某一个常数 C，即：

$$F(x)-\Phi(x)=F(x)-\int_a^x f(t)\mathrm{d}t=C \quad (a\leqslant x\leqslant b)$$

将 $x=a$ 代入上式，得 $C=F(a)$，则：

$$F(x)-\int_a^x f(t)\mathrm{d}t=F(a)$$

将 $x=b$ 代入上式，得：

$$\int_a^b f(x)\mathrm{d}x=F(b)-F(a)$$

这个公式进一步揭示了定积分与被积函数的原函数或不定积分之间的联系.它表明：一个连续函数在区间$[a,b]$上的定积分等于它的任一原函数在区间$[a,b]$上的增量. 这就给定积分

提供了一个有效而简单的计算方法，大大简化了定积分的计算手续.

下面我们来举几个应用牛顿—莱布尼兹公式计算定积分的简单例子.

例 3　计算第一节中的定积分$\int_0^1 x^2\mathrm{d}x$.

解　由于$\frac{x^3}{3}$是x^2的一个原函数，所以按牛顿—莱布尼兹公式，有：

$$\int_0^1 x^2\mathrm{d}x=\frac{x^3}{3}\Big|_0^1=\frac{1}{3}-0=\frac{1}{3}$$

例 4　计算$\int_{-1}^{\sqrt{3}}\frac{\mathrm{d}x}{1+x^2}$.

解　由于 $\arctan x$ 是$\frac{1}{1+x^2}$的一个原函数，所以：

$$\int_{-1}^{\sqrt{3}}\frac{\mathrm{d}x}{1+x^2}=\arctan x\Big|_{-1}^{\sqrt{3}}=\arctan\sqrt{3}-\arctan(-1)$$

$$=\frac{\pi}{3}-\left(-\frac{\pi}{4}\right)=\frac{7}{12}\pi$$

例 5　计算$\int_1^2\left(\frac{1}{x}+e^x\right)\mathrm{d}x$.

解

$$\int_1^2\left(\frac{1}{x}+e^x\right)\mathrm{d}x=(\ln|x|+e^x)\Big|_1^2=\ln2+e^2-e$$

例 6　计算$\int_{-2}^3|x-2|\mathrm{d}x$.

解

$$\int_{-2}^3|x-2|\mathrm{d}x=\int_{-2}^2(2-x)\mathrm{d}x+\int_2^3(x-2)\mathrm{d}x$$

$$=\left(2x-\frac{x^2}{2}\right)\Big|_{-2}^2+\left(\frac{x^2}{2}-2x\right)\Big|_2^3$$

$$=\left(2\cdot2-\frac{2^2}{2}\right)-\left[2\cdot(-2)-\frac{(-2)^2}{2}\right]+\left(\frac{3^2}{2}-2\cdot3\right)-\left(\frac{2^2}{2}-2\cdot2\right)$$

$$=\frac{17}{2}$$

由上例可知，带有绝对值的函数可化为分段函数来处理，然后根据区间可加性分段计算.

例 7　计算正弦曲线 $y=\sin x$ 在$[0,\pi]$上与 x 轴所围成的平面图形(图 6—3)的面积.

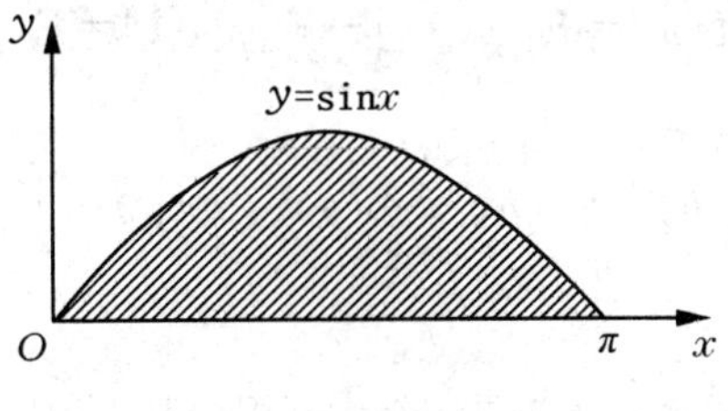

图 6—3

解　这个图形是曲边梯形的一个特例. 它的面积为：

$$A=\int_0^\pi\sin x\mathrm{d}x=(-\cos x)\Big|_0^\pi=-(-1)-(-1)=2$$

第三节　定积分的计算

由上节结果可知，计算定积分 $\int_a^b f(x)\mathrm{d}x$ 的简便方法是把它转化为求 $f(x)$ 的原函数的增量. 在第五章中，我们可用换元积分法和分部积分法求出一些函数的原函数. 因此，在一定条件下，可以用换元积分法和分部积分法来计算定积分.下面就来讨论定积分的这两种计算方法.

一、换元积分法

为了说明如何用换元法来计算定积分，首先证明以下定理：

定理 3.1　设函数 $f(x)$ 在区间 $[a,b]$ 上连续，函数 $x=\varphi(t)$ 满足条件：

(1) $\varphi(\alpha)=a,\varphi(\beta)=b$；

(2) $\varphi(t)$ 在 $[\alpha,\beta]$（或 $[\beta,\alpha]$）上具有连续导数，且其值域 $R_\varphi=[a,b]$，则有：

$$\int_a^b f(x)\mathrm{d}x=\int_\alpha^\beta f[\varphi(t)]\varphi'(t)\mathrm{d}t \tag{1}$$

公式(1)称为定积分的换元积分公式.

证明　由假设可知，上式两边的被积函数都是连续的，因此，不仅上式两边的定积分都存在，且由定理 2.1 可知，被积函数的原函数也都存在. 所以，(1)式两边的定积分都可应用牛顿—莱布尼茨公式. 设 $F(x)$ 是 $f(x)$ 的一个原函数，则：

$$\int_a^b f(x)\mathrm{d}x=F(b)-F(a)$$

另一方面，记 $\Phi(t)=F[\varphi(t)]$，它是由 $F(x)$ 与 $x=\varphi(t)$ 复合而成的函数.由复合函数求导法则，得：

$$\Phi'(t)=\frac{\mathrm{d}F}{\mathrm{d}x}\frac{\mathrm{d}x}{\mathrm{d}t}=f(x)\varphi'(t)=f[\varphi(t)]\varphi'(t)$$

这表明 $\Phi(t)$ 是 $f[\varphi(t)]\varphi'(t)$ 的一个原函数.因此有：

$$\int_\alpha^\beta f[\varphi(t)]\varphi'(t)\mathrm{d}t=\Phi(\beta)-\Phi(\alpha)$$

又由 $\Phi(t)=F[\varphi(t)]$ 及 $\varphi(\alpha)=a,\varphi(\beta)=b$ 可知：

$$\Phi(\beta)-\Phi(\alpha)=F[\varphi(\beta)]-F[\varphi(\alpha)]=F(b)-F(a)$$

所以：

$$\int_a^b f(x)\mathrm{d}x=F(b)-F(a)=\Phi(\beta)-\Phi(\alpha)=\int_\alpha^\beta f[\varphi(t)]\varphi'(t)\mathrm{d}t$$

这就证明了换元公式.

在定积分 $\int_a^b f(x)\mathrm{d}x$ 中的 $\mathrm{d}x$，本来是整个定积分记号中不可分割的一部分，但由上述定理可知，在一定条件下，它确实可以作为微分记号来对待. 这就是说，应用换元公式时，如果把 $\int_a^b f(x)\mathrm{d}x$ 中的 x 换成 $\varphi(t)$，则 $\mathrm{d}x$ 就换成 $\varphi'(t)\mathrm{d}t$，这正好是 $x=\varphi(t)$ 的微分 $\mathrm{d}x$.

应用换元公式时，应注意以下两点：

(1)用 $x=\varphi(t)$ 把原来变量 x 代换成新变量 t 时，积分限也要换成相应于新变量 t 的积分限；

(2)求出 $f[\varphi(t)]\varphi'(t)$ 的一个原函数 $\Phi(t)$ 后，不必像计算不定积分那样再要把 $\Phi(t)$ 变换成原来的变量 x 的函数，而只需把新变量 t 的上、下限分别代入 $\Phi(t)$ 中然后相减就行了.

例 1　计算 $\int_0^a \sqrt{a^2-x^2}\,dx \quad (a>0)$.

解　设 $x=a\sin t$，则 $dx=a\cos t\,dt$. 当 $x=0$ 时，取 $t=0$；当 $x=a$ 时，取 $t=\frac{\pi}{2}$. 于是：

$$\int_0^a \sqrt{a^2-x^2}\,dx=a^2\int_0^{\frac{\pi}{2}}\cos^2 t\,dt=\frac{a^2}{2}\int_0^{\frac{\pi}{2}}(1+\cos 2t)\,dt$$

$$=\frac{a^2}{2}\left[t+\frac{1}{2}\sin 2t\right]_0^{\frac{\pi}{2}}=\frac{\pi a^2}{4}$$

换元公式也可反过来使用. 为使用方便起见，把换元公式中左右两边对调位置，同时把 t 改记为 x，而 x 改记为 t，得：

$$\int_a^b f[\varphi(x)]\varphi'(x)\,dx=\int_\alpha^\beta f(t)\,dt$$

这样，我们可用 $t=\varphi(x)$ 来引入新变量 t，而 $\alpha=\varphi(a)$，$\beta=\varphi(b)$.

例 2　计算 $\int_0^{\frac{\pi}{2}}\cos^5 x\sin x\,dx$.

解　设 $t=\cos x$，则 $dt=-\sin x\,dx$，且当 $x=0$ 时，$t=1$；当 $x=\frac{\pi}{2}$ 时，$t=0$.

于是：

$$\int_0^{\frac{\pi}{2}}\cos^5 x\sin x\,dx=-\int_1^0 t^5\,dt=\int_0^1 t^5\,dt=\frac{t^6}{6}\bigg|_0^1=\frac{1}{6}$$

在例 2 中，如果我们不明显地写出新变量 t，那么定积分的上、下限就不要变更. 现在用这种记法写出计算过程如下；

$$\int_0^{\frac{\pi}{2}}\cos^5 x\sin x\,dx=-\int_0^{\frac{\pi}{2}}\cos^5 x\,d(\cos x)$$

$$=-\frac{\cos^6 x}{6}\bigg|_0^{\frac{\pi}{2}}=-\left(0-\frac{1}{6}\right)=\frac{1}{6}$$

例 3　计算 $\int_0^4 \frac{x+2}{\sqrt{2x+1}}\,dx$.

解　设 $\sqrt{2x+1}=t$，则 $x=\frac{t^2-1}{2}$，$dx=t\,dt$，且当 $x=0$ 时，$t=1$；当 $x=4$ 时，$t=3$. 于是：

$$\int_0^4 \frac{x+2}{\sqrt{2x+1}}\,dx=\int_1^3 \frac{\frac{t^2-1}{2}+2}{t}t\,dt=\frac{1}{2}\int_1^3(t^2+3)\,dt$$

$$=\frac{1}{2}\left[\frac{t^3}{3}+3t\right]_1^3=\frac{1}{2}\left[\left(\frac{27}{3}+9\right)-\left(\frac{1}{3}+3\right)\right]=\frac{22}{3}$$

例 4　计算 $\int_1^{\sqrt{e}} \frac{dx}{x\sqrt{1-(\ln x)^2}}$.

解 $\int_1^{\sqrt{e}}\frac{\mathrm{d}x}{x\sqrt{1-(\ln x)^2}}=\int_1^{\sqrt{e}}\frac{\mathrm{d}\ln x}{\sqrt{1-(\ln x)^2}}=[\arcsin(\ln x)]\Big|_1^{\sqrt{e}}=\arcsin\frac{1}{2}=\frac{\pi}{6}$

例 5 设 $f(x)$ 在 $[-a,a]$ 上连续，证明：

(1)当 $f(x)$ 为偶函数时，$\int_{-a}^{a}f(x)\mathrm{d}x=2\int_0^a f(x)\mathrm{d}x$；

(2)当 $f(x)$ 为奇函数时，$\int_{-a}^{a}f(x)\mathrm{d}x=0$.

证明 由积分区间的可加性，得：

$$\int_{-a}^{a}f(x)\mathrm{d}x=\int_{-a}^{0}f(x)\mathrm{d}x+\int_0^a f(x)\mathrm{d}x$$

而由 $f(x)$ 为偶函数以及定积分的基本性质可知：

$$\int_{-a}^{0}f(x)\mathrm{d}x=\int_{-a}^{0}f(-x)\mathrm{d}x=-\int_0^{-a}f(-x)\mathrm{d}x=\int_0^{-a}f(-x)\mathrm{d}(-x)=\int_0^a f(t)\mathrm{d}t$$

再根据定积分的变量无关性，得 $\int_0^a f(t)\mathrm{d}t=\int_0^a f(x)\mathrm{d}x$. 因此：

$$\int_{-a}^{a}f(x)\mathrm{d}x=\int_{-a}^{0}f(x)\mathrm{d}x+\int_0^a f(x)\mathrm{d}x=2\int_0^a f(x)\mathrm{d}x$$

同理可证(2)，读者可自行完成证明.

例 6 若 $f(x)$ 在 $[0,1]$ 上连续，证明：

(1) $\int_0^{\frac{\pi}{2}}f(\sin x)\mathrm{d}x=\int_0^{\frac{\pi}{2}}f(\cos x)\mathrm{d}x$；

(2) $\int_0^{\pi}xf(\sin x)\mathrm{d}x=\frac{\pi}{2}\int_0^{\pi}f(\sin x)\mathrm{d}x$，由此计算 $\int_0^{\pi}\frac{x\sin x}{1+\cos^2 x}\mathrm{d}x$.

证明 (1)设 $x=\frac{\pi}{2}-t$，则 $\mathrm{d}x=-\mathrm{d}t$，且当 $x=0$ 时，$t=\frac{\pi}{2}$；当 $x=\frac{\pi}{2}$ 时，$t=0$. 于是：

$$\int_0^{\frac{\pi}{2}}f(\sin x)\mathrm{d}x=-\int_{\frac{\pi}{2}}^{0}f\left[\sin\left(\frac{\pi}{2}-t\right)\right]\mathrm{d}t$$

$$=\int_0^{\frac{\pi}{2}}f(\cos t)\mathrm{d}t=\int_0^{\frac{\pi}{2}}f(\cos x)\mathrm{d}x$$

(2)设 $x=\pi-t$，则 $\mathrm{d}x=-\mathrm{d}t$，且当 $x=0$ 时，$t=\pi$；当 $x=\pi$ 时，$t=0$.

于是：

$$\int_0^{\pi}xf(\sin x)\mathrm{d}x=-\int_{\pi}^{0}(\pi-t)f[\sin(\pi-t)]\mathrm{d}t$$

$$=\int_0^{\pi}(\pi-t)f(\sin t)\mathrm{d}t$$

$$=\pi\int_0^{\pi}f(\sin t)\mathrm{d}t-\int_0^{\pi}tf(\sin t)\mathrm{d}t$$

$$=\pi\int_0^{\pi}f(\sin x)\mathrm{d}x-\int_0^{\pi}xf(\sin x)\mathrm{d}x$$

所以：

$$\int_0^{\pi}xf(\sin x)\mathrm{d}x=\frac{\pi}{2}\int_0^{\pi}f(\sin x)\mathrm{d}x$$

利用上述结论，即得：

$$\int_0^{\pi}\frac{x\sin x}{1+\cos^2 x}\mathrm{d}x=\frac{\pi}{2}\int_0^{\pi}\frac{\sin x}{1+\cos^2 x}\mathrm{d}x=-\frac{\pi}{2}\int_0^{\pi}\frac{\mathrm{d}(\cos x)}{1+\cos^2 x}$$

$$= -\frac{\pi}{2}[\arctan(\cos x)]\Big|_0^{\pi}$$

$$= -\frac{\pi}{2}\left(-\frac{\pi}{4}-\frac{\pi}{4}\right)=\frac{\pi^2}{4}$$

例 7 设 $f(x)$是连续的周期函数,周期为 T,证明:

(1) $\int_a^{a+T} f(x)\mathrm{d}x = \int_0^T f(x)\mathrm{d}x$;

(2) $\int_a^{a+nT} f(x)\mathrm{d}x = n\int_0^T f(x)\mathrm{d}x \quad (n\in N)$,由此计算$\int_0^{n\pi}\sqrt{1+\sin 2x}\,\mathrm{d}x$.

证明 (1)令 $\Phi(a)=\int_a^{a+T} f(x)\mathrm{d}x$,则 $\Phi'(a)=f(a+T)-f(a)=0$,从而 $\Phi(a)$ 与 a 无关,因此 $\Phi(a)=\Phi(0)$,即$\int_a^{a+T} f(x)\mathrm{d}x=\int_0^T f(x)\mathrm{d}x$.

(2) $\int_a^{a+nT} f(x)\mathrm{d}x = \sum_{k=0}^{n-1}\int_{a+kT}^{a+kT+T} f(x)\mathrm{d}x$

由(1)可知:

$$\int_{a+kT}^{a+kT+T} f(x)\mathrm{d}x = \int_0^T f(x)\mathrm{d}x$$

因此:

$$\int_a^{a+nT} f(x)\mathrm{d}x = n\int_0^T f(x)\mathrm{d}x$$

由于$\sqrt{1+\sin 2x}$是以 π 为周期的周期函数,利用上述结论,有:

$$\begin{aligned}\int_0^{n\pi}\sqrt{1+\sin 2x}\,\mathrm{d}x &= n\int_0^{\pi}\sqrt{1+\sin 2x}\,\mathrm{d}x\\ &= n\int_0^{\pi}|\sin x+\cos x|\,\mathrm{d}x = \sqrt{2}n\int_0^{\pi}\left|\sin\left(x+\frac{\pi}{4}\right)\right|\mathrm{d}x\\ &= \sqrt{2}n\int_{\frac{\pi}{4}}^{\frac{5\pi}{4}}|\sin t|\,\mathrm{d}t = \sqrt{2}n\int_0^{\pi}|\sin t|\,\mathrm{d}t\\ &= \sqrt{2}n\int_0^{\pi}\sin t\,\mathrm{d}t = 2\sqrt{2}n\end{aligned}$$

例 8 设函数 $f(x)=\begin{cases} xe^{-x^2}, x\geqslant 0\\ \dfrac{1}{1+\cos x}, -\pi<x<0,\end{cases}$,计算 $\int_1^4 f(x-2)\mathrm{d}x$.

解 设 $x-2=t$,则 $\mathrm{d}x=\mathrm{d}t$,且当 $x=1$ 时,$t=-1$;$x=4$ 时,$t=2$. 于是:

$$\begin{aligned}\int_1^4 f(x-2)\mathrm{d}x &= \int_{-1}^2 f(t)\mathrm{d}t = \int_{-1}^0 \frac{\mathrm{d}t}{1+\cos t}+\int_0^2 te^{-t^2}\mathrm{d}t\\ &= \tan\frac{t}{2}\Big|_{-1}^0 - \frac{1}{2}e^{-t^2}\Big|_0^2\\ &= \tan\frac{1}{2}-\frac{1}{2}e^{-4}+\frac{1}{2}\end{aligned}$$

二、分部积分法

依据不定积分的分部积分法,可得:

$$\int_a^b u(x)v'(x)\mathrm{d}x=\left[\int u(x)v'(x)\mathrm{d}x\right]_a^b$$
$$=\left[u(x)v(x)-\int v(x)u'(x)\mathrm{d}x\right]_a^b$$
$$=[u(x)v(x)]_a^b-\int_a^b v(x)u'(x)\mathrm{d}x$$

简记作：
$$\int_a^b uv'\mathrm{d}x=[uv]_a^b-\int_a^b vu'\mathrm{d}x$$

或：
$$\int_a^b u\mathrm{d}v=[uv]_a^b-\int_a^b v\mathrm{d}u$$

这就是定积分的分部积分公式.公式表明，原函数已经积出的部分可以先用上、下限代入.

例 9 计算 $\int_0^{\frac{1}{2}}\arcsin x\,\mathrm{d}x$.

解
$$\int_0^{\frac{1}{2}}\arcsin x\,\mathrm{d}x=\left(x\arcsin x\right)_0^{\frac{1}{2}}-\int_0^{\frac{1}{2}}\frac{x}{\sqrt{1-x^2}}\mathrm{d}x$$
$$=\frac{1}{2}\cdot\frac{\pi}{6}+\left(\sqrt{1-x^2}\right)_0^{\frac{1}{2}}=\frac{\pi}{12}+\frac{\sqrt{3}}{2}-1$$

例 10 计算 $\int_0^1 e^{\sqrt{x}}\mathrm{d}x$.

解 先用换元法.令 $\sqrt{x}=t$，则 $x=t^2$，$\mathrm{d}x=2t\mathrm{d}t$，且当 $x=0$ 时，$t=0$；当 $x=1$ 时，$t=1$.

于是：
$$\int_0^1 e^{\sqrt{x}}\mathrm{d}x=2\int_0^1 te^t\mathrm{d}t=2\int_0^1 t\mathrm{d}(e^t)$$
$$=2\left([te^t]_0^1-\int_0^1 e^t\mathrm{d}t\right)=2(e-[e^t]_0^1)$$
$$=2[e-(e-1)]=2$$

例 11 证明定积分公式：

$$I_n=\int_0^{\frac{\pi}{2}}\sin^n x\,\mathrm{d}x\left(=\int_0^{\frac{\pi}{2}}\cos^n x\,\mathrm{d}x\right)$$
$$=\begin{cases}\dfrac{n-1}{n}\cdot\dfrac{n-3}{n-2}\cdots\dfrac{3}{4}\cdot\dfrac{1}{2}\cdot\dfrac{\pi}{2},n\text{ 为正偶数},\\ \dfrac{n-1}{n}\cdot\dfrac{n-3}{n-2}\cdots\dfrac{4}{5}\cdot\dfrac{2}{3},n\text{ 为大于 1 的正奇数}.\end{cases}$$

证明
$$I_n=-\int_0^{\frac{\pi}{2}}\sin^{n-1}x\,\mathrm{d}(\cos x)$$
$$=\left(-\cos x\sin^{n-1}x\right)_0^{\frac{\pi}{2}}+(n-1)\int_0^{\frac{\pi}{2}}\sin^{n-2}x\cos^2 x\,\mathrm{d}x$$

右端第一项等于零；将第二项里的 $\cos^2 x$ 写成 $1-\sin^2 x$，并把积分分成两个，得：

$$I_n=(n-1)\int_0^{\frac{\pi}{2}}\sin^{n-2}x\,\mathrm{d}x-(n-1)\int_0^{\frac{\pi}{2}}\sin^n x\,\mathrm{d}x$$
$$=(n-1)I_{n-2}-(n-1)I_n$$

由此得：
$$I_n=\frac{n-1}{n}I_{n-2}$$

这个等式叫做积分 I_n 关于下标的递推公式.

如果把 n 换成 $n-2$，则得：

$$I_{n-2}=\frac{n-3}{n-2}I_{n-4}$$

同样地依次进行下去，直到 I_n 的下标递减到 0 或 1 为止. 于是：

$$I_{2m}=\frac{2m-1}{2m}\cdot\frac{2m-3}{2m-2}\cdots\frac{5}{6}\cdot\frac{3}{4}\cdot\frac{1}{2}I_0$$

$$I_{2m+1}=\frac{2m}{2m+1}\cdot\frac{2m-2}{2m-1}\cdots\frac{6}{7}\cdot\frac{4}{5}\cdot\frac{2}{3}I_1\quad(m=1,2,\cdots)$$

而：
$$I_0=\int_0^{\frac{\pi}{2}}\mathrm{d}x=\frac{\pi}{2},\quad I_1=\int_0^{\frac{\pi}{2}}\sin x\,\mathrm{d}x=1$$

因此：

$$I_{2m}=\frac{2m-1}{2m}\cdot\frac{2m-3}{2m-2}\cdots\frac{5}{6}\cdot\frac{3}{4}\cdot\frac{1}{2}\cdot\frac{\pi}{2}$$

$$I_{2m+1}=\frac{2m}{2m+1}\cdot\frac{2m-2}{2m-1}\cdots\frac{6}{7}\cdot\frac{4}{5}\cdot\frac{2}{3}\quad(m=1,2,\cdots)$$

至于定积分 $\int_0^{\frac{\pi}{2}}\cos^n x\,\mathrm{d}x$ 与 $\int_0^{\frac{\pi}{2}}\sin^n x\,\mathrm{d}x$ 相等，由本节例 6(1) 即可知．证毕.

第四节　广义积分

前面我们讲的定积分 $\int_a^b f(x)\mathrm{d}x$ 是在下述条件下讨论的：

(1)积分区间 $[a,b]$ 有限；

(2)被积分函数 $f(x)$ 在 $[a,b]$ 上有界.

然而，在实际问题中，常会遇到积分区间为无穷区间或者被积函数在有限积分区间上为无界函数的积分. 因此，有必要将定积分加以推广，引入广义积分的概念.

一、无穷限的广义积分

定义 4.1　设函数 $f(x)$ 在区间 $[a,+\infty)$ 上连续，取 $u>a$，如果极限

$$\lim_{u\to+\infty}\int_a^u f(x)\mathrm{d}x=J$$

存在，则此极限 J 为函数 $f(x)$ 在 $[a,+\infty)$ 上的广义积分或反常积分. 记作：

$$J=\int_a^{+\infty}f(x)\mathrm{d}x=\lim_{u\to+\infty}\int_a^u f(x)\mathrm{d}x$$

此时，我们称广义积分 $\int_a^{+\infty}f(x)\mathrm{d}x$ 存在或收敛；如果上述极限不存在，称 $\int_a^{+\infty}f(x)\mathrm{d}x$ 发散.

类似地，可定义函数 $f(x)$ 在 $(-\infty,b]$ 上的广义积分为：

$$\int_{-\infty}^b f(x)\mathrm{d}x=\lim_{u\to-\infty}\int_u^b f(x)\mathrm{d}x$$

如果上述极限存在，则称广义积分 $\int_{-\infty}^b f(x)\mathrm{d}x$ 收敛；否则称为发散.

也可定义函数 $f(x)$ 在 $(-\infty,+\infty)$ 上的广义积分. 称 $\int_{-\infty}^{+\infty}f(x)\mathrm{d}x$ 为收敛的，当且仅当广义积分 $\int_{-\infty}^{c}f(x)\mathrm{d}x$ 与 $\int_{c}^{+\infty}f(x)\mathrm{d}x$ 均收敛，且

$$\int_{-\infty}^{+\infty}f(x)\mathrm{d}x=\int_{-\infty}^{c}f(x)\mathrm{d}x+\int_{c}^{+\infty}f(x)\mathrm{d}x\quad(c\text{ 为实数})$$

当 $\int_{-\infty}^{c}f(x)\mathrm{d}x$ 与 $\int_{c}^{+\infty}f(x)\mathrm{d}x$ 中至少有一个发散时，则称广义积分 $\int_{-\infty}^{+\infty}f(x)\mathrm{d}x$ 为发散的.

例 1 设 p 为常数，试讨论 $\int_{1}^{+\infty}\frac{1}{x^{p}}\mathrm{d}x$ 的敛散性.

解 当 $p=1$ 时：

$$\int_{1}^{+\infty}\frac{1}{x}\mathrm{d}x=\lim_{u\to+\infty}\int_{1}^{u}\frac{1}{x}\mathrm{d}x=\lim_{u\to+\infty}\ln|x|\Big|_{1}^{u}=\lim_{u\to+\infty}\ln|u|-\ln1=+\infty(\text{不存在})$$

所以，$\int_{1}^{+\infty}\frac{1}{x}\mathrm{d}x$ 是发散的.

当 $p\neq1$ 时：

$$\int_{1}^{+\infty}\frac{1}{x^{p}}\mathrm{d}x=\lim_{u\to+\infty}\int_{1}^{u}\frac{1}{x^{p}}\mathrm{d}x=\lim_{u\to+\infty}\frac{1}{-p+1}x^{-p+1}\Big|_{1}^{u}$$
$$=\lim_{u\to+\infty}\frac{1}{-p+1}u^{-p+1}-\frac{1}{1-p}$$

因为 $-p+1>0$，即 $p<1$ 时，$\lim\limits_{u\to+\infty}u^{-p+1}=+\infty$；而 $-p+1<0$，即 $p>1$ 时，$\lim\limits_{u\to+\infty}u^{-p+1}=0$. 所以，当 $p<1$ 时，$\int_{1}^{+\infty}\frac{1}{x^{p}}\mathrm{d}x=+\infty$，即 $\int_{1}^{+\infty}\frac{1}{x^{p}}\mathrm{d}x$ 是发散的. 当 $p>1$ 时，$\int_{1}^{+\infty}\frac{1}{x^{p}}\mathrm{d}x=\frac{1}{1-p}$，即 $\int_{1}^{+\infty}\frac{1}{x^{p}}\mathrm{d}x$ 是收敛的.

综上所述：当 $p\leqslant1$ 时，广义积分 $\int_{1}^{+\infty}\frac{1}{x^{p}}\mathrm{d}x$ 发散；当 $p>1$ 时，广义积分 $\int_{1}^{+\infty}\frac{1}{x^{p}}\mathrm{d}x$ 收敛，且其值为 $\frac{1}{1-p}$.

由无穷区间广义积分的定义，可知无穷区间广义积分的计算是一般在计算定积分 $\int_{a}^{b}f(x)\mathrm{d}x$ 之后再求极限. 若极限存在，则收敛；若极限不存在，则发散.

另外，为了书写方便，在具体计算中，可以将无穷区间上的广义积分的积分限看作 $+\infty$ 或 $-\infty$，即：

$$\int_{a}^{+\infty}f(x)\mathrm{d}x=F(x)\Big|_{a}^{+\infty}=F(+\infty)-F(a)=\lim_{x\to+\infty}F(x)-F(a)$$
$$\int_{-\infty}^{b}f(x)\mathrm{d}x=F(x)\Big|_{-\infty}^{+b}=F(b)-F(-\infty)=F(b)-\lim_{x\to-\infty}F(x)$$

其中，$F(x)$ 为 $f(x)$ 的一个原函数.

例 2 计算 $\int_{0}^{+\infty}\frac{1}{1+x^{2}}\mathrm{d}x$.

解 $$\int_{0}^{+\infty}\frac{1}{1+x^{2}}\mathrm{d}x=\arctan x\Big|_{0}^{+\infty}=\lim_{x\to+\infty}\arctan x-\arctan0=\frac{\pi}{2}$$

例 3 计算$\int_0^{+\infty} xe^{-x}\mathrm{d}x$.

解 $$\int_0^{+\infty} xe^{-x}\mathrm{d}x = -\int_0^{+\infty} x\mathrm{d}e^{-x} = -\left(xe^{-x}\Big|_0^{+\infty} - \int_0^{+\infty} e^{-x}\mathrm{d}x\right)$$

$$= -\lim_{x\to+\infty} xe^{-x} - e^{-x}\Big|_0^{+\infty} = -\lim_{x\to+\infty} xe^{-x} + 1 = 1$$

例 4 计算$\int_{-\infty}^{+\infty} \frac{\arctan^2 x}{1+x^2}\mathrm{d}x$.

解 $$\int_{-\infty}^{+\infty} \frac{\arctan^2 x}{1+x^2}\mathrm{d}x = \int_{-\infty}^{0} \frac{\arctan^2 x}{1+x^2}\mathrm{d}x + \int_0^{+\infty} \frac{\arctan^2 x}{1+x^2}\mathrm{d}x$$

而：$$\int_{-\infty}^{0} \frac{\arctan^2 x}{1+x^2}\mathrm{d}x = \frac{1}{3}\arctan^3 x\Big|_{-\infty}^{0} = 0 - \frac{1}{3}\left(-\frac{\pi}{2}\right)^3 = \frac{\pi}{24}$$

$$\int_0^{+\infty} \frac{\arctan^2 x}{1+x^2}\mathrm{d}x = \frac{1}{3}\arctan^3 x\Big|_0^{+\infty} = \frac{1}{3}\left(\frac{\pi}{2}\right)^3 - 0 = \frac{\pi}{24}$$

故：$$\int_{-\infty}^{+\infty} \frac{\arctan^2 x}{1+x^2}\mathrm{d}x = \frac{\pi}{24} + \frac{\pi}{24} = \frac{\pi}{12}$$

二、无界函数的广义积分

定义 4.2 设函数 $f(x)$在区间$(a,b]$上连续，而 $\lim\limits_{x\to a^+} f(x)=\infty$，任取 $\varepsilon>0$，如果极限

$$\lim_{\varepsilon\to0^+}\int_{a+\varepsilon}^{b} f(x)\mathrm{d}x = J$$

存在，则此极限 J 为函数 $f(x)$在$(a,b]$上的广义积分，记作$\int_a^b f(x)\mathrm{d}x$，即：

$$\int_a^b f(x)\mathrm{d}x = \lim_{\varepsilon\to0^+}\int_{a+\varepsilon}^{b} f(x)\mathrm{d}x = J$$

此时，我们称广义积分$\int_a^b f(x)\mathrm{d}x$ 收敛；如果上述极限不存在，则称广义积分$\int_a^b f(x)\mathrm{d}x$ 发散.

类似地，对于函数 $f(x)$在$[a,b)$上连续，而 $\lim\limits_{x\to b^-} f(x)=\infty$的广义积分为：

$$\int_a^b f(x)\mathrm{d}x = \lim_{\varepsilon\to0^+}\int_a^{b-\varepsilon} f(x)\mathrm{d}x$$

如果上述极限存在，则称广义积分$\int_a^b f(x)\mathrm{d}x$ 收敛；否则称为发散.

对于函数 $f(x)$在区间$[a,b]$上除 $x=c$，$a<c<b$ 外均连续，而$\lim\limits_{x\to c} f(x)=\infty$的广义积分$\int_a^b f(x)\mathrm{d}x$ 为收敛，当且仅当广义积分$\int_a^c f(x)\mathrm{d}x$ 与$\int_c^b f(x)\mathrm{d}x$ 均收敛，且

$$\int_a^b f(x)\mathrm{d}x = \int_a^c f(x)\mathrm{d}x + \int_c^b f(x)\mathrm{d}x$$

当$\int_a^c f(x)\mathrm{d}x$ 与$\int_c^b f(x)\mathrm{d}x$ 中至少有一个发散时，则称广义积分$\int_a^b f(x)\mathrm{d}x$ 为发散的.

例 5 计算广义积分$\int_2^3 \frac{1}{\sqrt{x-2}}\mathrm{d}x$.

解 函数 $f(x)=\frac{1}{\sqrt{x-2}}$在区间$(2,3]$上连续，而 $\lim\limits_{x\to2^+}\frac{1}{\sqrt{x-2}}=\infty$，任取 $\varepsilon>0$：

$$\int_2^3 \frac{1}{\sqrt{x-2}}\mathrm{d}x = \lim_{\varepsilon\to 0+}\int_{2+\varepsilon}^3 \frac{1}{\sqrt{x-2}}\mathrm{d}x = \lim_{\varepsilon\to 0+} 2\sqrt{x-2}\,\Big|_{2+\varepsilon}^3$$
$$= \lim_{\varepsilon\to 0+} 2[\sqrt{3-2}-\sqrt{\varepsilon}] = 2$$

即广义积分 $\int_2^3 \frac{1}{\sqrt{x-2}}\mathrm{d}x$ 收敛于 2.

例 6 计算广义积分 $\int_0^1 \ln x\,\mathrm{d}x$.

解 函数 $f(x)=\ln x$ 在区间 $(0,1]$ 内连续，而 $\lim\limits_{x\to 0+}\ln x=-\infty$，任取 $\varepsilon>0$：

$$\int_0^1 \ln x\,\mathrm{d}x = \lim_{\varepsilon\to 0+}\int_{0+\varepsilon}^1 \ln x\,\mathrm{d}x = \lim_{\varepsilon\to 0+}(x\ln x - x)\Big|_{\varepsilon}^1$$
$$= [\ln 1 - 1] - \lim_{\varepsilon\to 0+}[\varepsilon\ln\varepsilon - \varepsilon]$$

其中：
$$\lim_{\varepsilon\to 0+}\varepsilon\ln\varepsilon = 0.$$

所以：
$$\int_0^1 \ln x\,\mathrm{d}x = -1$$

例 7 证明广义积分 $\int_a^b \frac{\mathrm{d}x}{(x-a)^q}$ 当 $0<q<1$ 时收敛；当 $q\geqslant 1$ 时发散.

证明 当 $q=1$ 时：

$$\int_a^b \frac{\mathrm{d}x}{(x-a)^q} = \int_a^b \frac{\mathrm{d}x}{(x-a)} = \ln(x-a)\Big|_a^b$$
$$= \ln(b-a) - \lim_{x\to a+}\ln(x-a) = +\infty$$

当 $q\neq 1$ 时：

$$\int_a^b \frac{\mathrm{d}x}{(x-a)^q} = \frac{(x-a)^{1-q}}{1-q}\Big|_a^b = \begin{cases} \dfrac{(b-a)^{1-q}}{1-q}, 0<q<1, \\ +\infty, q>1. \end{cases}$$

因此，当 $0<q<1$ 时，此广义积分收敛，其值是 $\frac{(b-a)^{1-q}}{1-q}$；当 $q\geqslant 1$ 时，此广义积分为发散.

例 8 考察 $\int_{-1}^1 \frac{\mathrm{d}x}{x^3}$.

解 被积函数在区间 $[-1,0)\cup(0,1]$ 内连续，$x=0$ 处为无穷间断点.

利用定义：

$$\int_{-1}^1 \frac{\mathrm{d}x}{x^3} = \int_{-1}^0 \frac{\mathrm{d}x}{x^3} + \int_0^1 \frac{\mathrm{d}x}{x^3}$$

其中：

$$\int_{-1}^0 \frac{\mathrm{d}x}{x^3} = \lim_{\varepsilon\to 0-}\int_{-1}^{\varepsilon} \frac{\mathrm{d}x}{x^3} = \lim_{\varepsilon\to 0-}\left[\left(-\frac{1}{2}\right)\frac{1}{\varepsilon^2}+\frac{1}{2}\right] = -\infty$$

所以 $\int_{-1}^0 \frac{\mathrm{d}x}{x^3}$ 发散，同理 $\int_0^1 \frac{\mathrm{d}x}{x^3}$ 也发散. 因此，广义积分 $\int_{-1}^1 \frac{\mathrm{d}x}{x^3}$ 发散.

注意：如果不注意到 $\int_{-1}^0 \frac{\mathrm{d}x}{x^3}$ 的被积函数在 $x=0$ 处为无穷间断点，会发生如下错误：

$$\int_{-1}^1 \frac{\mathrm{d}x}{x^3} = 0$$

三、Γ 函数

定义 4.3　广义积分$\int_0^{+\infty} x^{\alpha-1}e^{-x}\mathrm{d}x(\alpha>0)$，作为参变量 α 的函数，称为 Γ 函数，记为 $\Gamma(\alpha)$，即：

$$\Gamma(\alpha)=\int_0^{+\infty} x^{\alpha-1}e^{-x}\mathrm{d}x$$

可以证明 $\alpha>0$ 时，$\Gamma(\alpha)$收敛.Γ 函数是概率论中一个重要函数，并有下列性质：

性质 1　$\Gamma(1)=1$.

性质 2　$\Gamma(\alpha+1)=\alpha\Gamma(\alpha)$.

性质 3　n 为自然数，$\Gamma(n+1)=n!$.

性质 4　$\Gamma(\frac{1}{2})=\sqrt{\pi}$.

下面我们证明之.

证明　显然，$\Gamma(1)=\int_0^{+\infty} e^{-x}\mathrm{d}x=1$.由分部积分公式：

$$\begin{aligned}\Gamma(\alpha+1)&=\int_0^{+\infty} x^{\alpha}e^{-x}\mathrm{d}x=-\int_0^{+\infty} x^{\alpha}\mathrm{d}(e^{-x})=-\left(x^{\alpha}e^{-x}\Big|_0^{+\infty}-\int_0^{+\infty} e^{-x}\mathrm{d}x^{\alpha}\right)\\&=-x^{\alpha}e^{-x}\Big|_0^{+\infty}+\int_0^{+\infty} e^{-x}\alpha x^{\alpha-1}\mathrm{d}x\\&=-x^{\alpha}e^{-x}\Big|_0^{+\infty}+\alpha\int_0^{+\infty} e^{-x}x^{\alpha-1}\mathrm{d}x\end{aligned}$$

利用洛必达法则，可得：

$$x^{\alpha}e^{-x}\Big|_0^{+\infty}=\lim_{x\to+\infty} x^{\alpha}e^{-x}-0=0$$

所以：

$$\Gamma(\alpha+1)=\alpha\int_0^{+\infty} x^{\alpha-1}e^{-x}\mathrm{d}x=\alpha\Gamma(\alpha)$$

当 α 为自然数时，性质 3 成立.

性质 4 将在后面章节中证明.

例 8　计算下列积分：

(1)$\int_0^{+\infty} e^{-x^2}\mathrm{d}x$；　　(2)$\int_0^{+\infty} \sqrt{x}e^{-2x}\mathrm{d}x$.

解　(1)利用$\Gamma\left(\frac{1}{2}\right)=\sqrt{\pi}$，即$\int_0^{+\infty} x^{-\frac{1}{2}}e^{-x}\mathrm{d}x=\sqrt{\pi}$.令 $t=x^{\frac{1}{2}}$，则 $x=t^2$，$\mathrm{d}x=2t\mathrm{d}t$. 得 $\int_0^{+\infty} t^{-1}e^{-t^2}2t\mathrm{d}t=\sqrt{\pi}$，即$2\int_0^{+\infty} e^{-t^2}\mathrm{d}t=\sqrt{\pi}$，从而$\int_0^{+\infty} e^{-x^2}\mathrm{d}x=\frac{\sqrt{\pi}}{2}$.

(2)令 $t=2x$，则 $x=\frac{t}{2}$，$\mathrm{d}x=\frac{\mathrm{d}t}{2}$. 于是：

$$\begin{aligned}\int_0^{+\infty} \sqrt{x}e^{-2x}\mathrm{d}x&=\int_0^{+\infty} \sqrt{\frac{t}{2}}e^{-t}\,\frac{\mathrm{d}t}{2}=\frac{\sqrt{2}}{4}\int_0^{+\infty} \sqrt{t}e^{-t}\mathrm{d}t=\frac{\sqrt{2}}{4}\Gamma\left(\frac{3}{2}\right)\\&=\frac{\sqrt{2}}{4}\,\frac{1}{2}\Gamma\left(\frac{1}{2}\right)=\frac{1}{8}\sqrt{2\pi}\end{aligned}$$

第五节 定积分的应用

一、定积分的元素法

在定积分的应用中，经常采用所谓的元素法.为了说明这种说法，我们先回顾一下本章第一节中讨论过的曲边梯形的面积问题.

设 $f(x)$ 在区间 $[a,b]$ 上连续且 $f(x)\geqslant 0$，求以曲线 $y=f(x)$ 为曲边、底为 $[a,b]$ 的曲边梯形的面积 A.把这个面积表示为定积分 $A=\int_a^b f(x)\mathrm{d}x$ 的步骤是：

(1)用任意一组分点把区间 $[a,b]$ 分成长度为 $\Delta x_i(i=1,2,\cdots,n)$ 的 n 个小区间，相应地把曲边梯形分成 n 个小曲边梯形，第 i 个小曲边梯形的面积设为 ΔA_i，于是有 $A=\sum\limits_{i=1}^{n}\Delta A_i$；

(2)计算 ΔA_i 的近似值 $\Delta A_i\approx f(\xi_i)\Delta x_i \quad (x_{i-1}\leqslant\xi_i\leqslant x_i)$；

(3)求和，得 A 的近似值 $A\approx\sum\limits_{i=1}^{n}f(\xi_i)\Delta x_i$；

(4)求极限，记 $\lambda=\max\{\Delta x_1,\Delta x_2,\cdots,\Delta x_i\}$，得 $A=\lim\limits_{\lambda\to 0}\sum\limits_{i=1}^{n}f(\xi_i)\Delta x_i=\int_a^b f(x)\mathrm{d}x$.

在上述问题中我们注意到，所求量(即面积 A)与区间 $[a,b]$ 有关.如果把区间 $[a,b]$ 分成许多部分区间，则所求量相应地分成许多部分量(即 ΔA_i)，而所求量等于所有部分量之和(即 $A=\sum\limits_{i=1}^{n}\Delta A_i$)，这一性质称为所求量对于区间 $[a,b]$ 具有可加性.此外，以 $f(\xi_i)\Delta x_i$ 近似代替部分量 ΔA_i 时，要求它们只相差一个比 Δx_i 高阶的无穷小，以使和式 $\sum\limits_{i=1}^{n}f(\xi_i)\Delta x_i$ 的极限是 A 的精确值，从而 A 可以表示为定积分：

$$A=\int_a^b f(x)\mathrm{d}x$$

在引出 A 的积分表达式的四个步骤中，主要的是第二步，这一步是要确定 ΔA_i 的近似值 $f(\xi_i)\Delta x_i$，使得：

$$A=\lim_{\lambda\to 0}\sum_{i=1}^{n}f(\xi_i)\Delta x_i=\int_a^b f(x)\mathrm{d}x$$

在实用上，为了简便起见，省略下标 i，用 ΔA 表示任一小区间 $[x,x+\mathrm{d}x]$ 上的小曲边梯形的面积，从而：

$$A=\sum\Delta A$$

取 $[x,x+\mathrm{d}x]$ 的左端点 x 为 ξ，以点 x 处的函数值 $f(x)$ 为高、$\mathrm{d}x$ 为底的矩形的面积 $f(x)\mathrm{d}x$ 为 ΔA 的近似值(如图 6－4 中的阴影部分所示)，即：

$$\Delta A\approx f(x)\mathrm{d}x$$

上式右端 $f(x)\mathrm{d}x$ 叫做面积元素，记为 $\mathrm{d}A=f(x)\mathrm{d}x$. 于是：

$$A\approx\sum f(x)\mathrm{d}x$$

因此：
$$A=\lim_{\lambda\to 0}\sum f(x)\mathrm{d}x=\int_a^b f(x)\mathrm{d}x$$

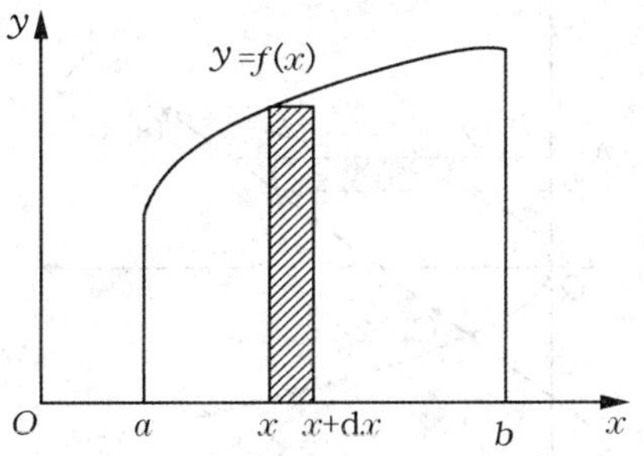

图 6－4

一般地，如果某一实际问题中的所求量 U 符合下列条件：

(1)U 是一个变量 x 的变化区间$[a,b]$有关的量；

(2)U 对于区间$[a,b]$具有可加性，也就是说，如果把区间$[a,b]$分成许多部分区间，则 U 相应地分成许多部分量，而 U 等于所有部分量之和；

(3)部分量 ΔU_i 的近似值可表示为 $f(\xi_i)\Delta x_i$.

那么，就可以考虑用定积分来表示这个量 U.

通常写出这个量 U 的定积分表达式的步骤是：

(1)根据问题的具体情况，选取一个变量如 x 为积分变量，并确定它的变化区间$[a,b]$；

(2)设想把区间$[a,b]$分成 n 个小区间并记作$[x,x+\mathrm{d}x]$，求出相应于这个小区间的部分量 ΔU 的近似值.如果 ΔU 能近似地表示为$[a,b]$上的一个连续函数在 x 处的值 $f(x)$与 $\mathrm{d}x$ 的乘积，就把 $f(x)\mathrm{d}x$ 称为量 U 的元素且记作 $\mathrm{d}U$，即：

$$\mathrm{d}U=f(x)\mathrm{d}x$$

(3)以所求量 U 的元素 $f(x)\mathrm{d}x$ 为被积分表达式，在区间$[a,b]$上做定积分，得：

$$U=\int_a^b f(x)\mathrm{d}x$$

这就是所求量 U 的积分表达式.

这个方法通常叫做元素法.下面我们将应用这个方法来讨论几何、经济中的一些问题.

二、定积分在几何学中的应用

1. 平面图形的面积

由定积分的元素法可知，由曲线 $y=f(x)(f(x)\geqslant 0)$及直线 $x=a,x=b(a<b)$与 x 轴所围成的曲边梯形的面积 A 是定积分：

$$A=\int_a^b f(x)\mathrm{d}x$$

其中，被积表达式 $f(x)\mathrm{d}x$ 就是直角坐标下的面积元素，它表示高为 $f(x)$、底为 $\mathrm{d}x$ 的一个矩形面积.

例 1　计算抛物线 $y^2=2x$ 与直线 $y=x-4$ 所围成图形的面积.

解　此图形如图 6－5 所示. 为了定出这个图形所在的范围，先求出所给抛物线和直线的交点.解方程组 $\begin{cases} y^2=2x \\ y=x-4 \end{cases}$，得交点$(2,-2)$和$(8,4)$，从而知道这个图形在直线 $y=-2$ 及 $y=4$ 之间.

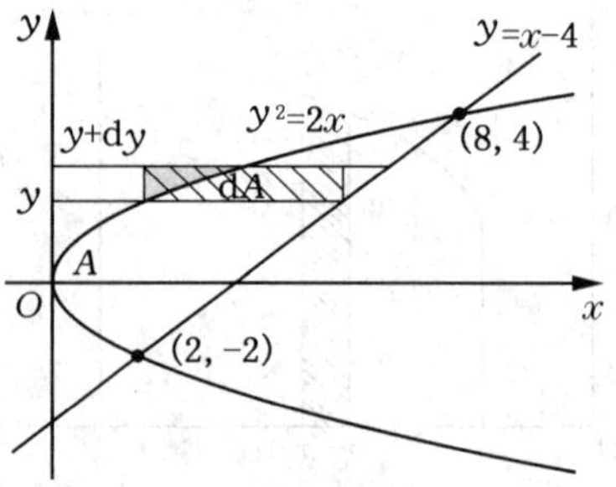

图 6—5

现在，选取纵坐标 y 为积分变量，它的变化区间为[$-2,4$]（读者可以思考一下，取横坐标 x 为积分变量，有什么不方便的地方）. 相应于[$-2,4$]上任一小区间[$y,y+dy$]的窄条面积，近似于高为 dy、底为 $(y+4)-\frac{1}{2}y^2$ 的窄矩形的面积，从而得到面积元素：

$$dA=\left(y+4-\frac{1}{2}y^2\right)dy$$

以 $\left(y+4-\frac{1}{2}y^2\right)dy$ 为被积表达式，在闭区间[$-2,4$]上做定积分，便得所求面积为：

$$A=\int_{-2}^{4}\left(y+4-\frac{1}{2}y^2\right)dy=\left[\frac{y^2}{2}+4y-\frac{y^3}{6}\right]_{-2}^{4}=18$$

由例 1 可以发现，积分变量选得适当，可使计算方便.

2. 体积

(1) 旋转体的体积

旋转体就是由一个平面图形绕这个平面内一条直线旋转一周而成的立体. 这条直线叫做旋转轴. 圆柱、圆锥、圆台、球体可以分别看成是由矩形绕它的一条边、直角三角形绕它的直角边、直角梯形绕它的直角腰、半圆绕它的直径旋转一周而成的立体，所以它们都是旋转体.

上述旋转体都可以看作是由连续曲线 $y=f(x)$、直线 $x=a$、$x=b$ 及 x 轴所围成的曲边梯形绕 x 轴旋转一周而成的立体. 现在我们考虑用定积分来计算这种旋转体的体积.

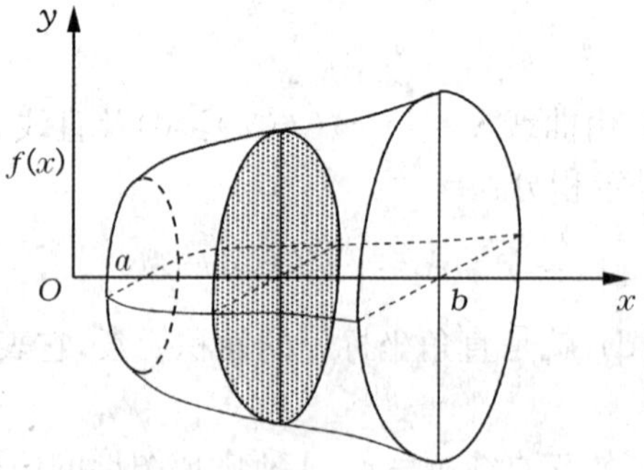

图 6—6

取横坐标 x 为积分变量，它的变化区间为[a,b]. 相应于[a,b]上任一小区间[$x,x+dx$]的窄曲边梯形绕 x 轴旋转而成的薄片的体积，近似于以 $f(x)$ 为底半径、dx 为高的扁圆柱体的

体积(图 6—6),即体积元素:

$$dV=\pi\left[f(x)\right]^2dx$$

以 $\pi\left[f(x)\right]^2dx$ 为被积表达式,在闭区间 $[a,b]$ 上做定积分,便得所求旋转体体积为:

$$V=\int_a^b\pi\left[f(x)\right]^2dx$$

例 2 计算由椭圆 $\frac{x^2}{a^2}+\frac{y^2}{b^2}=1$ 绕 x 轴旋转而成的旋转体(称为旋转椭球体)的体积.

解 绕 x 轴旋转形成的椭球体可看作是由上半椭圆 $y=b\sqrt{1-\frac{x^2}{a^2}}$ 以及 x 轴围成的封闭图形绕 x 轴旋转而成的立体.

取 x 为积分变量,它的变化区间为 $[-a,a]$. 旋转椭球体中相应于 $[-a,a]$ 上任一小区间 $[x,x+dx]$ 的薄片的体积,近似于底半径为 $b\sqrt{1-\frac{x^2}{a^2}}$、高为 dx 的扁圆柱体的体积(图 6—7),即体积元素:

$$dV=\pi\left[b\sqrt{1-\frac{x^2}{a^2}}\right]^2dx$$

于是,所求旋转椭球体的体积为:

$$V=\pi\int_{-a}^{a}\left[b\sqrt{1-\frac{x^2}{a^2}}\right]^2dx=2\pi b^2\int_0^a\left(1-\frac{x^2}{a^2}\right)dx$$

$$=2\pi b^2\left(x-\frac{x^3}{3a^2}\right)\Bigg|_0^a=\frac{4}{3}\pi ab^2$$

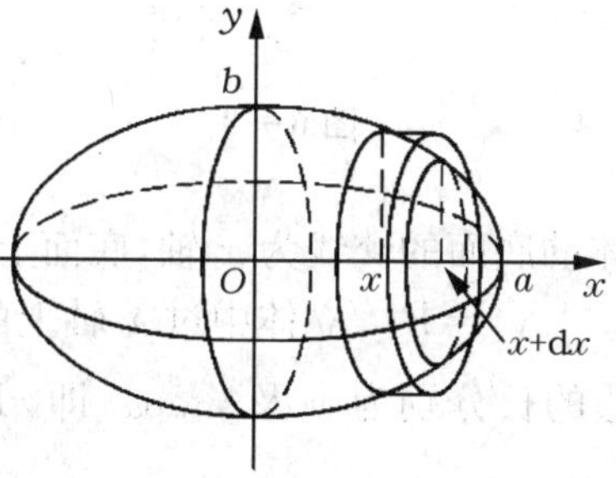

图 6—7

当 $a=b$ 时,旋转椭球体就成为半径为 a 的球体,它的体积为 $\frac{4}{3}\pi a^3$.

(2) 平行截面面积为已知的立体的体积

从计算旋转体体积的过程中可以看出:如果一个立体不是旋转体,但如果知道该立体上垂直于一定轴的各个截面的面积,那么这个立体的体积也可以用定积分来计算.

如图 6—8 所示,取定轴为 x 轴,并设该立体在过点 $x=a$、$x=b$ 且垂直于 x 轴的两个平面之间,以 $A(x)$ 表示过点 x 且垂直于 x 轴的截面面积. 假定 $A(x)$ 为 x 的已知的连续函数. 这时,取 x 为积分变量,它的变化区间为 $[a,b]$;立体中相应于 $[a,b]$ 上任一小区间 $[x,x+dx]$ 的薄片的体积,近似于底面积为 $A(x)$、高为 dx 的扁柱体的体积,即体积元素:

$$dV=A(x)dx$$

以 $A(x)\mathrm{d}x$ 为被积表达式，在闭区间 $[a,b]$ 上做定积分，便得所求立体的体积：

$$V=\int_a^b A(x)\mathrm{d}x$$

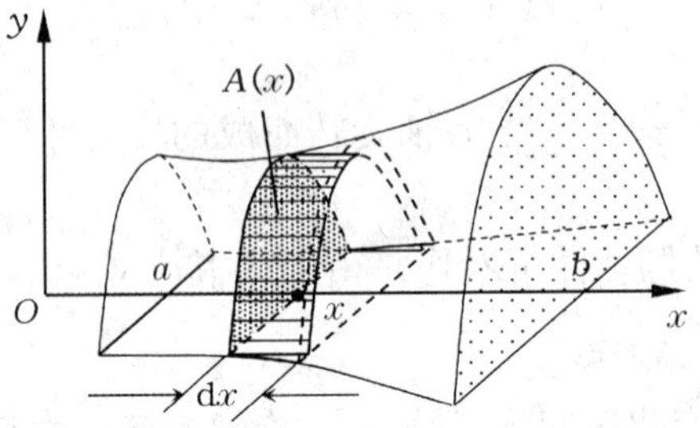

图 6－8

例 3　一个平面经过半径为 R 的圆柱体的底圆中心，并与底面交成角 α（图 6－9）. 计算这个平面截圆柱体所得立体的体积.

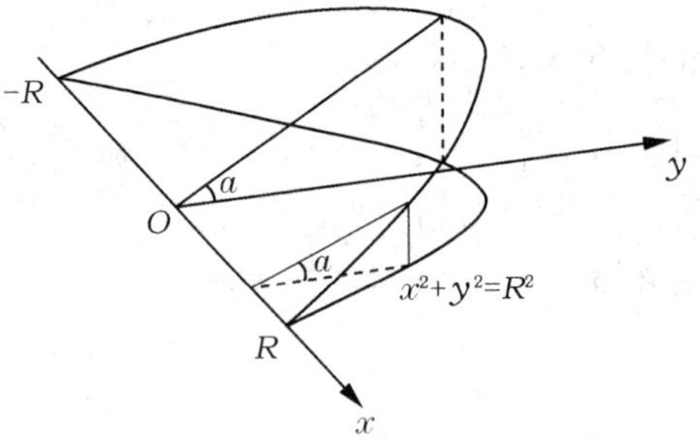

图 6－9

解　取这个平面与圆柱体的底面的交线为 x 轴，底面上过圆中心，且垂直于 x 轴的直线为 y 轴. 那么，底圆的方程为 $x^2+y^2=R^2$. 立体中过 x 轴上的点 x 且垂直于 x 轴的截面是一个直角三角形. 它的两条直角边的长分别为 y 及 $y\tan\alpha$，即 $\sqrt{R^2-x^2}$ 及 $\sqrt{R^2-x^2}\tan\alpha$. 因而截面积为：

$$A(x)=\frac{1}{2}(R^2-x^2)\tan\alpha$$

于是所求立体体积为：

$$V=\int_{-R}^{R}\frac{1}{2}(R^2-x^2)\tan\alpha\,\mathrm{d}x=\frac{1}{2}\tan\alpha\left[R^2x-\frac{1}{3}x^3\right]_{-R}^{R}=\frac{2}{3}R^3\tan\alpha$$

3. 平面曲线的弧长

我们知道，圆的周长可以利用圆的内接正多边形的周长当边数无限增多时的极限来确定. 现在用类似的方法来建立平面的连续曲线弧长的概念，从而应用定积分来计算弧长.

设 A、B 是曲线弧的两个端点. 在弧 $\overset{\frown}{AB}$ 上依次任取分点 $A=M_0,M_1,M_2\cdots,M_{i-1},M_i,\cdots,M_{n-1},M_n=B$，并依次连接相邻的分点的一折线（图 6－10）.

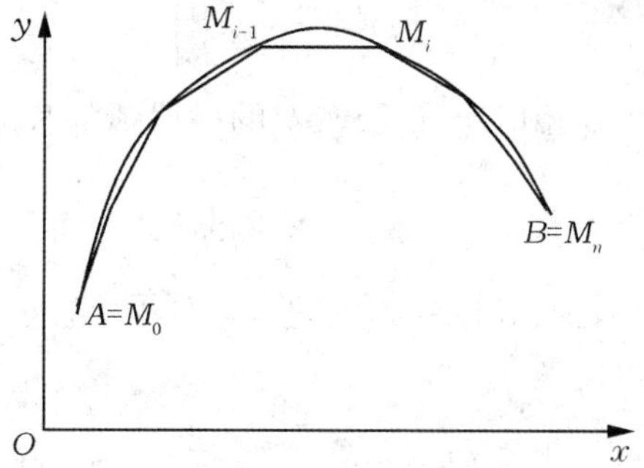

图 6—10

当分点的数目无限增加且每个小段 $\widehat{M_{i-1}M_i}$ 都缩向一点时，如果此折线的长 $\sum_{i=1}^{n}|M_{i-1}M_i|$ 的极限存在，则称此极限为曲线弧 $\widehat{AB}$ 的弧长，并称此曲线弧 $\widehat{AB}$ 是可求长的.

对光滑的曲线弧（当曲线上每一点处都具有切线，且切线随切点的移动而连续运动时，这样的曲线称为光滑曲线），有如下结论：

定理 5.1　光滑曲线弧是可求长的.

这个定理我们不加证明. 由于光滑曲线弧是可求长的，故可应用定积分来计算弧长. 下面我们利用定积分的元素法来讨论平面光滑曲线弧长的计算公式.

设曲线弧由参数方程

$$\begin{cases} x=\varphi(t) \\ y=\psi(t) \end{cases} \quad (\alpha\leqslant t\leqslant\beta)$$

给出，其中 $\varphi(t)$、$\psi(t)$ 在 $[\alpha,\beta]$ 上具有连续导数，且 $\varphi'(t)$、$\psi'(x)$ 不同时为零. 现在来计算这段曲线弧的长度.

取参数 t 为积分变量，它的变化区间为 $[\alpha,\beta]$. 相应于 $[\alpha,\beta]$ 上任一小区间 $[t,t+\mathrm{d}t]$ 的小弧段的长度 Δs，近似等于对应的弦的长度 $\sqrt{(\Delta x)^2+(\Delta y)^2}$，因为：

$$\Delta x=\varphi(t+\mathrm{d}t)-\varphi(t)\approx \mathrm{d}x=\varphi'(t)\mathrm{d}t$$
$$\Delta y=\psi(t+\mathrm{d}t)-\psi(t)\approx \mathrm{d}y=\psi'(t)\mathrm{d}t$$

所以，Δs 的近似值（弧微分）即弧长元素为：

$$\mathrm{d}s=\sqrt{(\mathrm{d}x)^2+(\mathrm{d}y)^2}=\sqrt{\varphi'^2(t)(\mathrm{d}t)^2+\psi'^2(t)(\mathrm{d}t)^2}$$
$$=\sqrt{\varphi'^2(t)+\psi'^2(t)}\,\mathrm{d}t$$

于是所求弧长为：

$$s=\int_{\alpha}^{\beta}\sqrt{\varphi'^2(t)+\psi'^2(t)}\,\mathrm{d}t$$

当曲线弧由直角坐标方程

$$y=f(x)\quad(a\leqslant x\leqslant b)$$

给出，其中 $f(x)$ 在 $[a,b]$ 上具有一阶连续导数，这时曲线弧有参数方程：

$$\begin{cases} x=x \\ y=f(x) \end{cases} \quad (a\leqslant x\leqslant b)$$

从而所求的弧长为：

$$s=\int_a^b\sqrt{1+y'^2}\,dx$$

例 4 计算曲线 $y=\frac{2}{3}x^{\frac{3}{2}}$ 上相应于 $a\leqslant x\leqslant b$ 的一段弧的长度.

解 因 $y'=x^{\frac{1}{2}}$，从而弧长元素为：

$$ds=\sqrt{1+(x^{\frac{1}{2}})^2}\,dx=\sqrt{1+x}\,dx$$

因此，所求弧长为：

$$s=\int_a^b\sqrt{1+x}\,dx=\left[\frac{2}{3}(1+x)^{\frac{3}{2}}\right]_a^b=\frac{2}{3}\left[(1+b)^{\frac{3}{2}}-(1+a)^{\frac{3}{2}}\right]$$

三、定积分在经济学中的应用

1. 由边际函数求总函数

(1)已知某产品的总成本 $C(Q)$ 的边际成本为 $C'(Q)=MC$，则该产品产量为 Q 时的总成本为：

$$C(Q)=\int_0^Q MC\,dQ+C_0$$

其中，C_0 为固定成本，$\int_0^Q MC\,dQ$ 为可变成本.

由上式进一步推得，当产量从 Q_1 变到 Q_2 时，总成本的改变量为：

$$\Delta C=\int_{Q_1}^{Q_2}MC\,dQ$$

平均改变量为：

$$\overline{\Delta C}=\frac{\Delta C}{\Delta Q}$$

(2)若边际收益函数为：

$$R'(Q)=MR$$

则总收益函数可表示为：

$$R(Q)=\int_0^Q MR\,dQ$$

(3)若边际利润函数为：

$$L'(Q)=MR-MC$$

则总利润函数为：

$$L(Q)=\int_0^Q(MR-MC)\,dQ-C_0$$

其中，C_0 为固定成本，$\int_0^Q(MR-MC)\,dQ$ 为不计固定成本下的利润函数，也称毛利润.

例 5 某工厂生产一种产品，每天产量为 Q(单位：t)时的总成本为 $C(Q)$，已知边际成本为 $MC=\frac{dC}{dQ}=100+6Q-0.6Q^2$. 试求：产品从 2t 增加到 4t 时的总成本及平均成本.

解 当产量从 2t 增加到 4t 时，总成本的改变量为：

$$\Delta C=\int_2^4(100+6Q-0.6Q^2)\,dQ=\left[100Q+3Q^2-0.2Q^3\right]\Big|_2^4=224.8$$

此时的平均成本为：

$$\overline{\Delta C}=\frac{\Delta C}{\Delta Q}=\frac{224.8}{2}=112.4$$

例 6　已知某产品的边际成本 $MC=2$(元/件)，固定成本为 0，边际收益为 $MR=20-0.02Q$，求：

(1)产量为多少时，利润最大？

(2)在最大利润产量的基础上，再生产 40 件，利润会发生什么变化？

解　(1)由条件可知，$ML=MR-MC=20-0.02Q-2=18-0.02Q$，令$\frac{dL}{dQ}=ML=0$，即 $18-0.02Q=0$，解出驻点为 $Q=900$(件).

又 $L''(Q)=\frac{dML}{dQ}=-0.02<0$，因此，$Q=900$ 为 $L(Q)$的极大值点，即当产量为 900 件时，可获得最大利润.

(2)当产量由 900 增加到 940 时，利润的改变量为：

$$\Delta L=\int_{900}^{940}ML\,dQ=\int_{900}^{940}(18-0.02Q)dQ=18Q-0.01Q^2\Big|_{900}^{940}=-16(\text{元})$$

也就是说，产量增加了，利润反而减少了 16 元.

2. 收支流的贴现价值

在现代经济理论中，常常谈到货币的时间价值. 若现有的 A_0 元钱按年利率 r 进行连续复利计算，则 t 年后的价值为 A_0e^{rt}元. 同样，若 t 年后有 A_0 元钱，其现值即贴现价值为 A_0e^{-rt}.

如果支付或收入不是一次实现，而是在每个时间周期里连续均匀地收入或支出一个固定的数额 A_0，则称此类收入或支出为均匀收支流，A_0 称为收入或支出的流量. 对更一般的收支流，并不要求收入关于时间变化率为常数 A_0，它也可以是时间变量的函数 $f(t)$，这时称为非均匀收支流.

设 r 表示一周期利率(若周期为年，r 就是年利率)，t 表示时间，在 t 时刻的收支流为 $f(t)$，在时间间隔$[t,t+\Delta t]$内可得收入(或支出)为 $f(t)\Delta t$，而在$[t,t+\Delta t]$内，按连续复利计算，收入(或支出)的现值近似地为 $A_0e^{-rt}\Delta t$. 如果这个收入(或支出)一共延续了 T 年，在时间间隔$[0,T]$内的总收入(或支出)的贴现价值 N 可用定积分计算如下：

$$N=\int_0^T f(t)e^{-rt}dt$$

若收支流为流量 A_0 的均匀流，即 $f(t)=A_0$，则得贴现价值为：

$$N=\int_0^T A_0e^{-rt}dt=-\frac{A_0}{r}e^{-rt}\Big|_0^T=\frac{A_0}{r}(1-e^{-rT})$$

如有一笔投资 I，则这笔投资的纯收入的贴现价值 P 为：

$$P=N-I=\frac{A_0}{r}\left(1-e^{-rt}\right)-I$$

当 $P=0$ 时表示收回投资，则收回投资的时间 T 可用下式计算：

$$T=\frac{1}{r}\ln\frac{A_0}{A_0-Ir}$$

例 7　设某投资公司投资 100 万元建造一个游乐场，在 10 年内获得收入流量 $A_0=20$ 万元/年，设银行利率 $r=0.05$，按连续复利计息，试求：

(1)这笔投资纯收入的贴现价值 P；

(2)回收这笔投资所需时间 T.

解 (1)我们取投资的时刻作为时间基准，则在10年内投资总收入的现值为：

$$N=\int_0^{10}20e^{-0.05t}\,\mathrm{d}t=\frac{20}{0.05}\left(1-e^{-0.5}\right)\approx 157.388(\text{万元})$$

所以，投资的纯收入的贴现价值约为：

$$P\approx 157.388-100=57.388(\text{万元})$$

(2)回收投资的时间为：

$$T=\frac{1}{0.05}\ln\frac{20}{20-100\times 0.05}=\frac{\ln\frac{4}{3}}{0.05}$$

$$=\frac{2\ln 2-\ln 3}{0.05}\approx 5.57(\text{年})$$

例8 设一辆轿车的售价为14万元，现某人分期支付购买，准备20年付清，年利息按年利率0.05连续复利计息，问每年应支付多少元?

解 设某人每年付款数相同，为 A_0 万元，共付20年，即 $T=20$，全部付款的总贴现价值 $N=14$ 万元，年利率 $r=0.05$. 于是：

$$14=\frac{A_0}{0.05}\left(1-e^{-0.05\times 20}\right),0.7=A_0(1-e^{-1})$$

$$A_0\approx 1.1006(\text{万元})$$

所以，每年应付款约1.1006万元.

习题六

1. 利用定积分的性质确定下列各组值的大小：

(1) $\int_1^2\frac{\mathrm{d}x}{x},\int_1^2\frac{\mathrm{d}x}{x^2}$ (2) $\int_0^1 e^x\,\mathrm{d}x,\int_0^1 e^{x^2}\,\mathrm{d}x$

2. 利用定积分的定义和性质求下列极限：

(1) $\lim\limits_{n\to\infty}\frac{1}{n^4}(1+2^3+\cdots+n^3)$

(2) $\lim\limits_{n\to\infty}\left[\frac{1}{(n+1)^2}+\frac{1}{(n+2)^2}+\cdots+\frac{1}{(n+n)^2}\right]$

(3) $\lim\limits_{n\to\infty}\left(\frac{1}{n+1}+\frac{2}{n+2}+\cdots+\frac{1}{2n}\right)$

(4) $\lim\limits_{n\to\infty}\frac{1}{n}\left[\sin\frac{\pi}{n}+\sin\frac{2\pi}{n}+\cdots+\sin\frac{(n-1)\pi}{n}\right]$

3. 求下列导数：

(1) 设 $\Phi(x)=\int_0^{\cos x}t\ln t\,\mathrm{d}t$，求 $\Phi'(x)$；

(2) 设 $\Phi(x)=\int_x^{3x}\frac{\sin t}{t}\,\mathrm{d}t$，求 $\Phi'(x)$；

(3) 设 $g(x)=\int_0^{x^2}\frac{\mathrm{d}x}{1+x^3}$，求 $g''(1)$.

4. 求下列极限：

(1) $\lim\limits_{x\to+\infty}\dfrac{\int_0^x \arcsin t\,dt}{x^2}$　　(2) $\lim\limits_{x\to0}\dfrac{\int_0^x (e^t+e^{-t}-2)\,dt}{1-\cos x}$

(3) $\lim\limits_{x\to0}\dfrac{\int_0^x (\sqrt{1+t^2}-\sqrt{1-t^2})\,dt}{x^3}$　　(4) $\lim\limits_{x\to+\infty}\dfrac{\left(\int_0^x e^{t^2}dt\right)^2}{\int_0^x e^{2t^2}}$

5. 计算下列各定积分：

(1) $\int_1^2 \left(x^2+\dfrac{1}{x^2}\right)dx$　　(2) $\int_{-1}^{\sqrt{3}} \dfrac{1}{1+x^2}dx$；

(3) $\int_{-1}^0 \dfrac{3x^4+3x^2+1}{x^2+1}dx$　　(4) $\int_0^{\frac{\pi}{3}} \tan^2 x\,dx$

(5) $\int_0^{2\pi} |\sin x|\,dx$　　(6) $\int_0^2 \max\{x,x^2\}\,dx$

6. 用换元积分法求下列函数的定积分：

(1) $\int_0^2 \dfrac{1}{(1+3x)^2}dx$　　(2) $\int_0^{\frac{\pi}{2}} \dfrac{\cos x}{1+\sin^2 x}dx$

(3) $\int_0^1 \dfrac{x}{\sqrt{x^2+1}}dx$　　(4) $\int_0^1 \dfrac{1}{1+e^x}dx$

(5) $\int_1^e \dfrac{1}{x(1+\ln x)}dx$　　(6) $\int_0^1 e^x\sqrt{e^x-1}\,dx$

7. 用换元积分法求下列函数的定积分：

(1) $\int_0^8 \dfrac{1}{\sqrt[3]{x}+1}dx$　　(2) $\int_0^3 \dfrac{1}{1+\sqrt{x+1}}dx$

(3) $\int_0^1 \dfrac{\sqrt{x}}{\sqrt[3]{x}+1}dx$　　(4) $\int_0^{\ln 2} \sqrt{e^x-1}\,dx$

(5) $\int_{\frac{3}{4}}^1 \dfrac{1}{\sqrt{1-x}-1}dx$　　(6) $\int_{-1}^1 \dfrac{x}{\sqrt{5-4x}}dx$

(7) $\int_1^{\sqrt{3}} \dfrac{x}{\sqrt{(4-x^2)^3}}dx$　　(8) $\int_0^1 (1+x^2)^{-\frac{3}{2}}dx$

8. 用分部积分法求下列定积分：

(1) $\int_0^{\frac{\pi}{2}} x\cos 3x\,dx$　　(2) $\int_1^4 \dfrac{\ln x}{\sqrt{x}}dx$

(3) $\int_{\frac{1}{e}}^e |\ln x|\,dx$　　(4) $\int_e^{e^2} x\ln x\,dx$

(5) $\int_0^1 e^{\sqrt{x}}dx$　　(6) $\int_0^{\frac{\pi}{2}} e^x\sin x\,dx$

9. 设 $f(x)$ 在 $[0,1]$ 上连续，且 $f(x)=e^x-4x\int_0^1 f(x)dx$，求 $\int_0^1 f(x)dx$ 和 $f(x)$.

10. 讨论下列广义积分的敛散性：

(1) $\int_0^{+\infty} \dfrac{x\,dx}{\sqrt{x^2+1}}$　　(2) $\int_0^{+\infty} \dfrac{dx}{(1+x)\sqrt{x}}$

(3) $\int_{-\infty}^{+\infty} \frac{1}{1+x^2}\mathrm{d}x$

(4) $\int_{-\infty}^{+\infty} \frac{(\arctan x)^2}{1+x^2}\mathrm{d}x$

(5) $\int_{e}^{+\infty} \frac{1}{x\ln^2 x}\mathrm{d}x$

(6) $\int_{0}^{+\infty} xe^{-2x}\mathrm{d}x$

(7) $\int_{0}^{1} \frac{x\mathrm{d}x}{\sqrt{1-x^2}}$

(8) $\int_{1}^{2} \frac{x\mathrm{d}x}{\sqrt{x-1}}$

(9) $\int_{0}^{2} \frac{\mathrm{d}x}{(1-x)^2}$

(10) $\int_{0}^{\mathrm{d}} \frac{\mathrm{d}x}{(2-x)\sqrt{1-x}}$

11. 求由下列各组曲线所围成的图形的面积：

(1) $y=\frac{1}{2}x^2$ 与 $x^2+y^2=8$（两部分都要计算）；

(2) $y=\frac{1}{x}$ 与直线 $y=x$ 及 $x=2$；

(3) $y=e^x$，$y=e^{-x}$ 与 $x=1$；

(4) $y=\ln x$，y 轴与直线 $y=\ln a$，$y=\ln b(b>a>0)$.

12. 求抛物线 $y=-x^2+4x-3$ 及其在点 $(0,-3)$ 和 $(0,3)$ 处的切线所围成的图形的面积.

13. 由 $y=x^3$，$x=2$ 和 $y=0$ 所围成的图形，分别绕 x 轴及 y 轴旋转，计算所得两个旋转体的体积.

14. 计算曲线 $y=\frac{\sqrt{x}}{3}(3-x)$ 上相应于 $1\leqslant x\leqslant 3$ 的一段弧的长度.

15. 已知某产品生产 Q 个单位时，边际收益 $MR=200-\frac{Q}{100}$.

(1)求生产了 50 个单位时的总收益；

(2)如果已知生产了 100 个单位，求如果再生产 100 个单位，总收益将增加多少？

16. 设某产品的总成本 C（万元）的变化率是产量 Q（百台）的函数 $\frac{\mathrm{d}C(Q)}{\mathrm{d}Q}=6-\frac{Q}{2}$，且总收入函数 R（万元）的变化率也是产量 Q 的函数 $\frac{\mathrm{d}R(Q)}{\mathrm{d}Q}=12-Q$，求：

(1)产量从 1 百台增加到 3 百台时，总成本与总收入各增加多少？

(2)产量是多少时，总利润 $L(Q)$ 最大？

(3)已知固定成本 $C(Q)=5$ 万元，求总利润与产量 Q 的函数关系式.

(4)若在最大利润产量的基础上再生产 2 百台，总利润将发生什么样的变化？

17. 现有一笔年利率 6.5%的投资，在 16 年后得到 12 万元，问当初的投资额是多少？

18. 现有 2 万元存入银行，按年利率 6%进行复利计算，问 20 年后本利和是多少？

第七章

重积分

在一元函数积分学中我们知道,定积分是某种确定形式的和的极限.这种和的极限的概念推广到定义在区域上多元函数的情形,便得到重积分的概念. 本章将介绍二重积分的概念、计算方法以及它们的一些应用.

第一节　二重积分的概念与性质

一、二重积分的概念

观察如图 7—1 所示的三个柱体,我们讨论它们的体积.

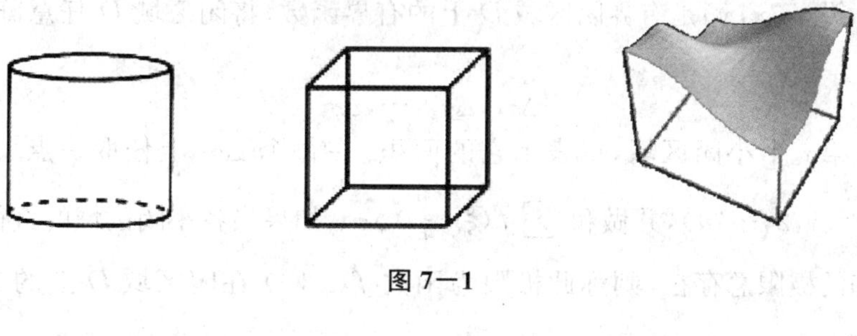

图 7—1

我们看到第一个是圆柱体,第二个是立方体. 它们有共同的特点:顶是平的,即立体的高是不变的. 我们将这一类立体称为平顶柱体. 它们的体积可用公式

体积=底面积×高

来定义与计算. 关于第三个立体,它是以曲面 $z=f(x,y)$ 为顶,以区域 D 为底,母线平行于 z

轴的柱体，假设函数 $z=f(x,y)$ 在有界闭区域 D 上连续，且 $f(x,y)\geqslant 0,(x,y)\in D$. 我们称此类立体为曲顶柱体. 当 (x,y) 在区域 D 上变动时，高度 $f(x,y)$ 是个变量，因此，我们不能直接用平顶柱体的体积公式来定义与计算它的体积. 我们可以仿照曲边梯形面积的方法来定义曲顶柱体的体积.

(1)用一组曲线网将区域 D 任意分成 n 个小区域，$\Delta\sigma_1,\Delta\sigma_2,\cdots,\Delta\sigma_n$，且以 $\Delta\sigma_i$ 表示第 i 个小区域的面积，如图 7—2 所示. 这样就把曲顶柱体分成 n 个小曲顶柱体. 当这些小闭区域的直径很小时，由于 $f(x,y)$ 是连续函数，我们可以将这些小曲顶柱体近似地看成是平顶柱体.

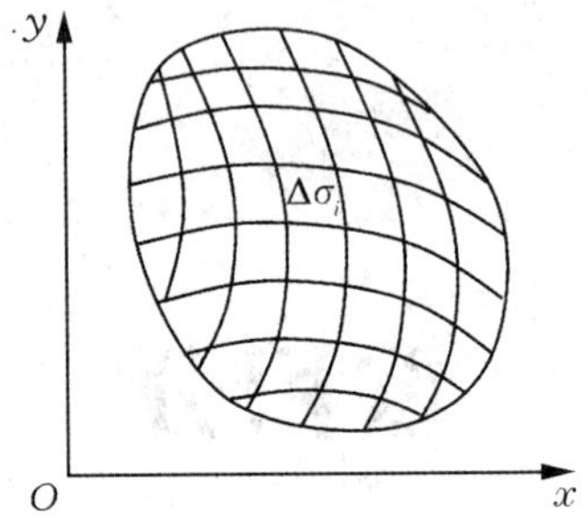

图 7—2

(2)在每个小区域 $\Delta\sigma_i(i=1,2,\cdots,n)$ 内，任取一点 (ξ_i,η_i)，以 $f(\xi_i,\eta_i)$ 为高、$\Delta\sigma_i$ 为底的平顶柱体的体积为 $f(\xi_i,\eta_i)\Delta\sigma_i(i=1,2,\cdots,n)$. 这些平顶柱体的体积之和为：

$$V_n=\sum_{i=1}^{n}f(\xi_i,\eta_i)\Delta\sigma_i$$

则 V_n 是曲顶柱体的体积 V 的一个近似值.

(3)当分割越来越细时，小区域 $\Delta\sigma_i$ 越来越小，而逐渐收缩接近于一个点时，总和 V_n 就趋于 V. 我们用 λ_i 表示 $\Delta\sigma_i$ 内任意两点间距离的最大值，称为该区域的直径，设 $\lambda=\max\{\lambda_1,\lambda_2,\cdots\lambda_n\}$. 当 $\lambda\to 0(n\to\infty)$ 时，V_n 的极限存在，我们将这个极限自然地定义为曲顶柱体的体积 V，即：

$$V=\lim_{\lambda\to 0}\sum_{i=1}^{n}f(\xi_i,\eta_i)\Delta\sigma_i$$

我们将上述这种和的极限加以抽象，从而给出二重积分的定义.

定义 1.1 设 $f(x,y)$ 是有界闭区域 D 上的有界函数，将闭区域 D 任意分成 n 个小闭区域：

$$\Delta\sigma_1,\Delta\sigma_2,\cdots,\Delta\sigma_n$$

其中，$\Delta\sigma_i$ 表示第 i 个小闭区域，也表示它的面积. 在每个 $\Delta\sigma_i$ 上任取一点 (ξ_i,η_i)，做乘积 $f(\xi_i,\eta_i)\Delta\sigma_i(i=1,2,\cdots,n)$，并做和 $\sum\limits_{i=1}^{n}f(\xi_i,\eta_i)\Delta\sigma_i$. 如果当各小闭区域的直径中的最大值 λ 趋于零时，这和的极限总存在，则称此极限为函数 $f(x,y)$ 在闭区域 D 上的二重积分，记作 $\iint\limits_{D}f(x,y)\mathrm{d}\sigma$，即：

$$\iint\limits_{D}f(x,y)\mathrm{d}\sigma=\lim_{\lambda\to 0}\sum_{i=1}^{n}f(\varepsilon_i,\eta_i)\Delta\sigma_i \tag{1}$$

其中，$f(x,y)$ 称为被积函数，$f(x,y)\mathrm{d}\sigma$ 称为被积表达式，$\mathrm{d}\sigma$ 称为面积元素，x 与 y 称为积分

变量，D 称为积分区域，$\sum_{i=1}^{n} f(\xi_i,\eta_i)\Delta\sigma_i$ 称为积分和.

在二重积分的定义中，对闭区域 D 的划分是任意的，如果在指教坐标系中用平行与坐标轴的直线网来划分 D，那么除了包含边界点的一些小闭区域外，其余的小闭区域都是矩形区域. 设矩形闭区域 $\Delta\sigma_i$ 的边长为 Δx_j 和 Δy_k，则 $\Delta\sigma_i=\Delta x_j\cdot\Delta y_k$. 因此，在直角坐标系中，有时也把面积元素 $d\sigma$ 记作 $dxdy$，而把二重积分记作：

$$\iint_D f(x,y)dxdy$$

其中，$dxdy$ 称为直角坐标系中的面积元素.

这里我们要指出，当 $f(x,y)$ 在闭区域 D 上连续时，(1)式右端的和的极限必定存在，也就是说，函数 $f(x,y)$ 在 D 上的二重积分必定存在. 我们总假定函数 $f(x,y)$ 在闭区域 D 上连续，不再每次加以说明.

二重积分的几何意义为：当 $f(x,y)\geqslant 0$ 时，$\iint_D f(x,y)d\sigma$ 的值就等于以曲面 $z=f(x,y)$ 为顶、以 D 为底、母线平行于 z 轴的曲顶柱体的体积. 如果函数 $f(x,y)$ 是负的，柱体就在 xOy 面的下方，二重积分的绝对值仍等于柱体的体积，但二重积分的值是负的. 如果 $f(x,y)$ 在 D 的若干部分区域上是正的，而在其他的部分区域上是负的，那么 $f(x,y)$ 在 D 上的二重积分就等于 xOy 面上方的柱体体积减去 xOy 面下方的柱体体积所得之差.

二、二重积分的性质

比较定积分与二重积分的定义可以想到，二重积分与定积分有类似的性质，现叙述如下：

性质 1　设 α、β 为常数，则：

$$\iint_D [\alpha f(x,y)+\beta g(x,y)]d\sigma=\alpha\iint_D f(x,y)d\sigma+\beta\iint_D g(x,y)d\sigma$$

性质 2　如果闭区域 D 被有线条曲线分为有限个部分闭区域，则在 D 上的二重积分等于在各部分闭区域上的二重积分的和. 例如，D 分为两个闭区域 D_1 和 D_2，则：

$$\iint_D f(x,y)d\sigma=\iint_{D_1} f(x,y)d\sigma+\iint_{D_2} f(x,y)d\sigma$$

这个性质表示二重积分对于积分区域具有可加性.

性质 3　如果在 D 上，$f(x,y)=1$，σ 为 D 的面积，则：

$$\sigma=\iint_D 1\cdot d\sigma=\iint_D d\sigma$$

这个性质的几何意义是很明显的，因为高为 1 的平顶柱体的体积在数值上就等于柱体的底面积.

性质 4　如果在 D 上，$f(x,y)\leqslant\varphi(x,y)$，则有：

$$\iint_D f(x,y)d\sigma\leqslant\iint_D \varphi(x,y)d\sigma$$

特殊地，由于 $-|f(x,y)|\leqslant f(x,y)\leqslant|f(x,y)|$，又有：

$$\left|\iint_D f(x,y)d\sigma\right|\leqslant\iint_D |f(x,y)|d\sigma$$

性质 5　设 M、m 分别是 $f(x,y)$ 在有界闭区域 D 上的最大值和最小值，σ 是 D 的面积，则有：

$$m\sigma \leqslant \iint_D f(x,y)\mathrm{d}\sigma \leqslant M\mathrm{d}\sigma$$

上述不等式是对以二重积分估值的不等式.因为 $m \leqslant f(x,y) \leqslant M$，所以由性质 4 得：

$$\iint_D m\,\mathrm{d}\sigma \leqslant \iint_D f(x,y)\mathrm{d}\sigma \leqslant \iint_D M\mathrm{d}\sigma$$

再应用性质 1 和性质 3，便得此估值不等式.

性质 6（二重积分的中值定理） 设函数 $f(x,y)$ 在有界闭区域 D 上连续，σ 是 D 的面积，则在 D 上至少存在一点 (ξ,η)，使得：

$$\iint_D f(x,y)\mathrm{d}\sigma = f(\xi,\eta)\cdot\sigma$$

证明 显然 $\sigma \neq 0$.把性质 5 中不等式各除以 σ，有：

$$m \leqslant \frac{1}{\sigma}\iint_D f(x,y)\mathrm{d}\sigma \leqslant M$$

这就是说，确定数值 $\frac{1}{\sigma}\iint_D f(x,y)\mathrm{d}\sigma$ 是介于函数 $f(x,y)$ 在 D 上的最大值 M 与最小值 m 之间的.根据在有界闭区域上连续函数的介值定理知，在 D 上至少存在一点 (ξ,η)，使得函数在该点的值与这个确定的数值相等，即：

$$\frac{1}{\sigma}\iint_D f(x,y)\mathrm{d}\sigma = f(\xi,\eta)$$

上式两端各乘以 σ，就可以得到所需要证明的公式.

中值定理的几何意义如下：以 D 为底，$z=f(x,y)$（$f(x,y)\geqslant 0$）为曲顶的曲顶柱体的体积等于一个同底的平顶柱体的体积，这个平顶柱体的高等于函数 $f(x,y)$ 在 D 中某点 (ξ,η) 的函数值 $f(\xi,\eta)$.所以，$\frac{1}{\sigma}\iint_D f(x,y)\mathrm{d}\sigma$ 又称为函数 $f(x,y)$ 在 D 上的平均值.

例 1 设 D 为中心在原点、以 r 为半径的圆域，求极限：

$$\lim_{r\to 0}\frac{1}{\pi r^2}\iint_D e^{x^2-y^2}\cos(x+y)\mathrm{d}x\mathrm{d}y$$

解 根据中值定理，在 D 上至少存在一点 (ξ,η)，使得

$$\iint_D e^{x^2-y^2}\cos(x+y)\mathrm{d}x\mathrm{d}y = \pi r^2 e^{\xi^2-\eta^2}\cos(\xi+\eta)$$

当 $r\to 0$ 时，$(\xi,\eta)\to(0,0)$.于是：

$$\lim_{r\to 0}\frac{1}{\pi r^2}\iint_D e^{x^2-y^2}\cos(x+y)\mathrm{d}x\mathrm{d}y = \lim_{(\xi,\eta)\to(0,0)} e^{\xi^2-\eta^2}\cos(\xi+\eta) = 1$$

例 2 估计下列积分之值：

$$I = \iint_D \frac{\mathrm{d}x\mathrm{d}y}{100+\cos^2 x+\sin^2 x}$$

$$D = \left\{(x,y)\,\middle|\,|x|+|y|\leqslant 10\right\}$$

解 积分区域 D 如图 7－3 所示，它的面积 $\sigma=(10\sqrt{2})^2=200$，且在 D 上：

$$\frac{1}{102} \leqslant \frac{1}{100+\cos^2 x+\sin^2 x} \leqslant \frac{1}{100}$$

由性质 5,得 $\frac{200}{102}\leqslant I\leqslant\frac{200}{100}$,即 $1.96\leqslant I\leqslant 2$.

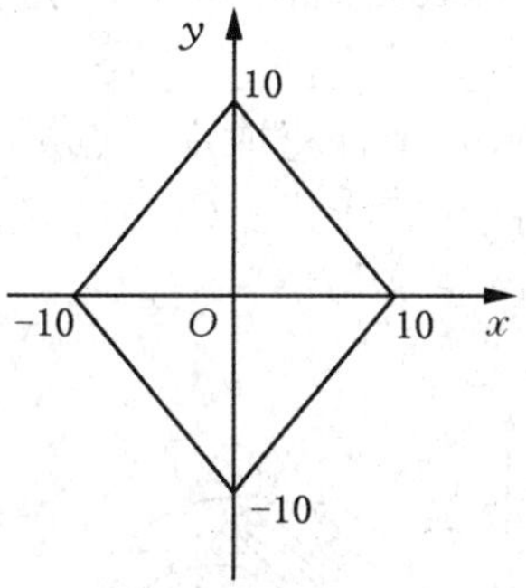

图 7—3

第二节　二重积分的计算

根据二重积分的定义来计算二重积分,对于少数特别简单的被积函数和积分区域来说是可行的,但对一般的函数和区域来说,常常是很困难的.因此,需要我们探求新的简便可行的计算方法.本节我们将介绍把二重积分化为累次积分(即两次定积分)的方法.

一、利用直角坐标系计算二重积分

下面我们利用二重积分的几何意义讨论 $\iint\limits_D f(x,y)\mathrm{d}\sigma$ 的计算问题,以下假定 $f(x,y)\geqslant 0$.

在直角坐标系中,二重积分的面积元素 $\mathrm{d}\sigma$ 可表示为 $\mathrm{d}x\mathrm{d}y$,即:

$$\iint\limits_D f(x,y)\mathrm{d}\sigma=\iint\limits_D f(x,y)\mathrm{d}x\mathrm{d}y$$

设积分区域 D 可表示为不等式:

$$a\leqslant x\leqslant b,\varphi_1(x)\leqslant y\leqslant\varphi_2(x)$$

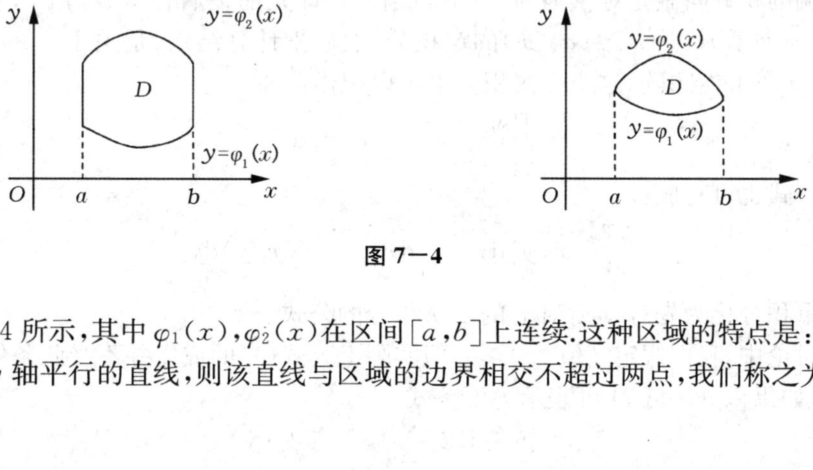

图 7—4

如图 7—4 所示,其中 $\varphi_1(x),\varphi_2(x)$在区间$[a,b]$上连续.这种区域的特点是:若穿过 D 内部的一点与 y 轴平行的直线,则该直线与区域的边界相交不超过两点,我们称之为 X 型区域.

按照二重积分的几何意义，$\iint\limits_D f(x,y)\mathrm{d}\sigma$ 的值等于以 D 为底、以曲面 $z=f(x,y)$ 为顶的曲顶柱体的体积.我们可以应用“平行截面面积为已知的立体的体积”的方法计算这个曲顶柱体的体积.

先计算截面积.为此，在区间 $[a,b]$ 上任意取定一点 x_0，做平行于 yOz 面的平面 $x=x_0$.这个平面截曲顶柱体所得的截面是一个以区间 $[\varphi_1(x_0),\varphi_2(x_0)]$ 为底、曲线 $z=f(x_0,y)$ 为曲边的曲边梯形(图 7—5 中的阴影部分).

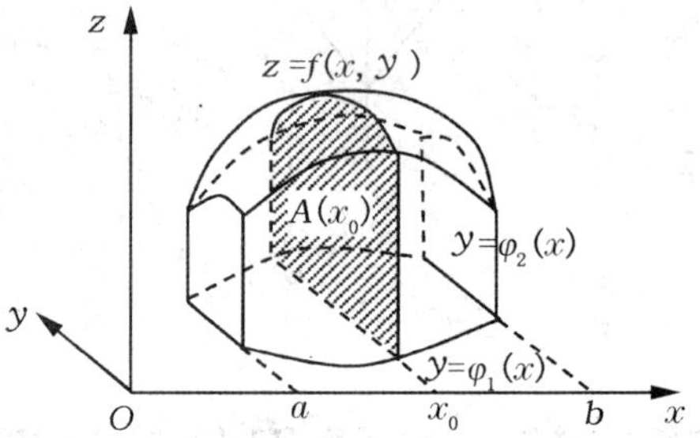

图 7—5

所以这个截面的面积为：

$$A(x_0)=\int_{\varphi_1(x_0)}^{\varphi_2(x_0)} f(x_0,y)\mathrm{d}y$$

一般地，过区间 $[a,b]$ 上任一点 x 且平行于 yOz 面的平面截曲顶柱体所得截面的面积为：

$$A(x)=\int_{\varphi_1(x)}^{\varphi_2(x)} f(x,y)\mathrm{d}y$$

于是，应用计算平行截面面积为已知的立体的体积的方法，得曲顶柱体的体积为：

$$V=\int_a^b A(x)\mathrm{d}x=\int_b^a\left[\int_{\varphi_1(x)}^{\varphi_2(x)} f(x,y)\mathrm{d}y\right]\mathrm{d}x$$

这个体积就是所求的二重积分的值，从而有等式：

$$\iint\limits_D f(x,y)\mathrm{d}\sigma=\int_a^b\left[\int_{\varphi_1(x)}^{\varphi_2(x)} f(x,y)\mathrm{d}y\right]\mathrm{d}x \qquad (1)$$

上式右端的积分叫做先对 y 后对 x 的二次积分，即先把 x 看作常数，$f(x,y)$ 只看作是 y 的函数，并对 y 计算从 $\varphi_1(x)$ 到 $\varphi_2(x)$ 的定积分，然后把计算结果(是关于 x 的函数)对 x 计算在区间 $[a,b]$ 上的定积分.这个二次积分也可以记作：

$$\int_a^b \mathrm{d}x\int_{\varphi_1(x)}^{\varphi_2(x)} f(x,y)\mathrm{d}y$$

因此，(1)式也可写成：

$$\iint\limits_D f(x,y)\mathrm{d}\sigma=\int_a^b \mathrm{d}x\int_{\varphi_1(x)}^{\varphi_2(x)} f(x,y)\mathrm{d}y \qquad (2)$$

这就是把二重积分化为先对 y 后对 x 的二次积分的公式.

在上述讨论中，我们假定 $f(x,y)\geqslant 0$，但实际上公式(1)的成立并不受此条件的限制.

类似地，如果积分区域 D 可表示为不等式

$$c\leqslant y\leqslant \mathrm{d},\psi_1(y)\leqslant x\leqslant \psi_2(y)$$

如图 7—6 所示，其中 $\varphi_1(y)$、$\varphi_2(y)$ 在区间 $[c,d]$ 上连续，那么就有：

$$\iint_D f(x,y)\mathrm{d}\sigma=\int_c^d\left[\int_{\psi_1(y)}^{\psi_2(y)}f(x,y)\mathrm{d}x\right]\mathrm{d}y \tag{3}$$

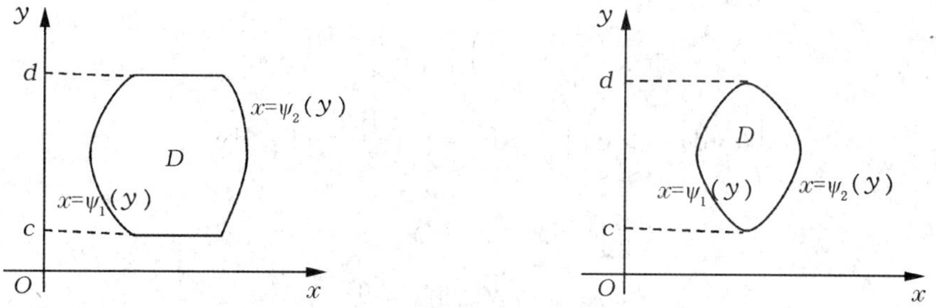

图 7—6

(3)式右端的积分叫做先对 x 再对 y 的二次积分，该积分区域的特点是穿过 D 内部的一点做与 x 轴平行的直线.则该直线与区域的边界相交不超过两点，我们称之为 Y 型区域.这个二次积分也可以记作：

$$\int_c^d \mathrm{d}y\int_{\psi_1(y)}^{\psi_2(y)}f(x,y)\mathrm{d}x$$

因此，(3)式也可写成：

$$\iint_D f(x,y)\mathrm{d}\sigma=\int_c^d \mathrm{d}y\int_{\psi_1(y)}^{\psi_2(y)}f(x,y)\mathrm{d}x \tag{4}$$

一般地，对于二重积分 $\iint_D f(x,y)\mathrm{d}\sigma$，根据积分区域 D 的特点，若既是 X 型又是 Y 型，则公式(2)、(4)均可用，且这两个不同次序的二次积分相等，因为它们都等于同一个二重积分 $\iint_D f(x,y)\mathrm{d}\sigma$；若既不是 X 型又不是 Y 型，则我们要利用分割把区域分成几部分，使每个部分或是 X 型或是 Y 型.在图 7—7 中，把 D 分成三部分，它们都是 X 型区域，从而在三部分上的二重积分都可应用公式(2)，再根据二重积分的性质 2，它们的和就是在 D 上的二重积分.

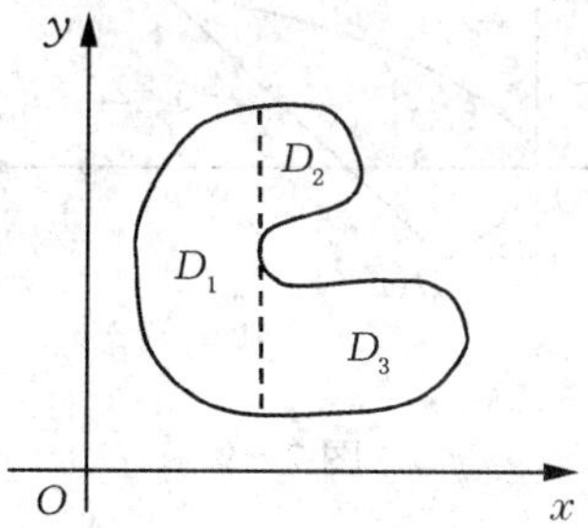

图 7—7

下面我们通过例子来说明.

例 1　计算 $\iint_D xy\,\mathrm{d}\sigma$，其中 D 是由直线 $y=1$，$x=2$ 及 $y=x$ 所围成的闭区域.

解 首先画出积分区域 D(如图 7—8 所示),D 既是 X 型的,又是 Y 型的,因此,既可以利用公式(2),也可以利用公式(4),即有两种解法,如下:

解法一
$$\iint_D xy\,d\sigma=\int_1^2 dx\int_1^x xy\,dy=\int_1^2\left(\frac{1}{2}xy^2\right)\Big|_1^x dx$$
$$=\frac{1}{2}\left(\frac{x^4}{4}-\frac{x^2}{2}\right)\Big|_1^2=\frac{9}{8}$$

解法二
$$\iint_D xy\,d\sigma=\int_1^2 dx\int_y^2 xy\,dy=\int_1^2\left(\frac{1}{2}x^2y\right)\Big|_y^2 dy$$
$$=\frac{1}{2}\int_1^2(4y-y^3)dy$$
$$=\frac{1}{2}\left(2y^2-\frac{y^4}{4}\right)\Big|_1^2=\frac{9}{8}$$

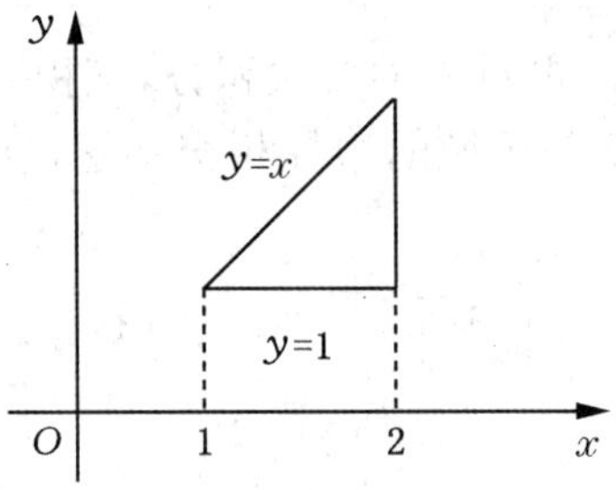

图 7—8

例 2 计算 $\iint_D xy\,d\sigma$,其中 D 是由抛物线 $y^2=x$ 及直线 $y=x-2$ 所围成的闭区域.

解 首先画出积分区域 D(如图 7—9 所示),D 既是 X 型的,又是 Y 型的,因此,既可以利用公式(2),也可以利用公式(4),即有两种解法,如下:

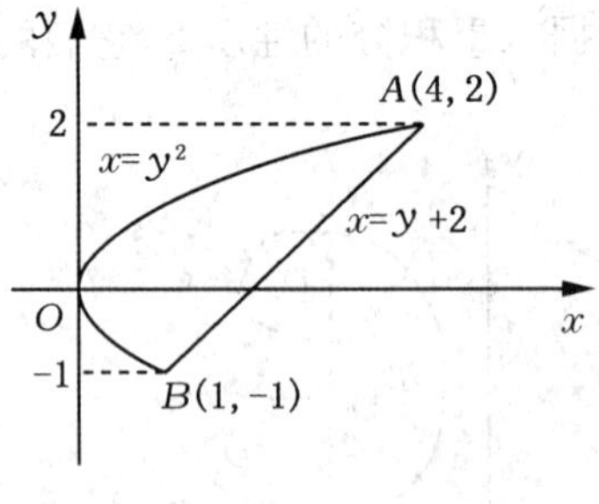

图 7—9

解法一 将它看成 X 型区域,则由于在区间[0,1]及[1,4]上表示 $\varphi_1(x)$的式子不同,需要分成两个小区域,我们分别记为 D_1 和 D_2,其中:

$$D_1=\left\{(x,y)\mid -\sqrt{x}\leqslant y\leqslant\sqrt{x},0\leqslant x\leqslant 1\right\}$$
$$D_2=\left\{(x,y)\mid x-2\leqslant y\leqslant\sqrt{x},0\leqslant x\leqslant 1\right\}$$

因此，根据二重积分的性质 2，有：

$$\iint\limits_{D} xy\,d\sigma = \iint\limits_{D} xy\,d\sigma + \iint\limits_{D_2} xy\,d\sigma = \int_0^1 dx \int_{-\sqrt{x}}^{\sqrt{x}} xy\,dx + \int_1^4 dx \int_{x-2}^{\sqrt{x}} xy\,dy$$
$$= \int_0^1 x\left(\frac{1}{2}y^2\right)\Big|_{-\sqrt{x}}^{\sqrt{x}} dx + \int_1^4 x\left(\frac{1}{2}y^2\right)\Big|_{x-2}^{\sqrt{x}} dx$$
$$= \frac{45}{8}$$

解法二 将它看成 Y 型区域，则：

$$D = \left\{(x,y) \mid -1 \leqslant y \leqslant 2, y^2 \leqslant x \leqslant y+2\right\}$$

于是：

$$\iint\limits_{D} xy\,d\sigma = \int_{-1}^{2} dy \int_{y^2}^{y+2} xy\,dx = \int_{-1}^{2} \frac{x^2}{2}y\Big|_{y^2}^{y+2} = \frac{45}{8}$$

由此可见，利用公式(2)来计算比较麻烦.

例 3 计算 $\iint\limits_{D} y\sqrt{1+x^2-y^2}\,d\sigma$，其中 D 是由直线 $y=x$、$x=-1$ 和 $y=1$ 所围成的闭区域.

解 画出积分区域 D（如图 7－10 所示），D 既是 X 型的，又是 Y 型的.若利用公式(2)，得：

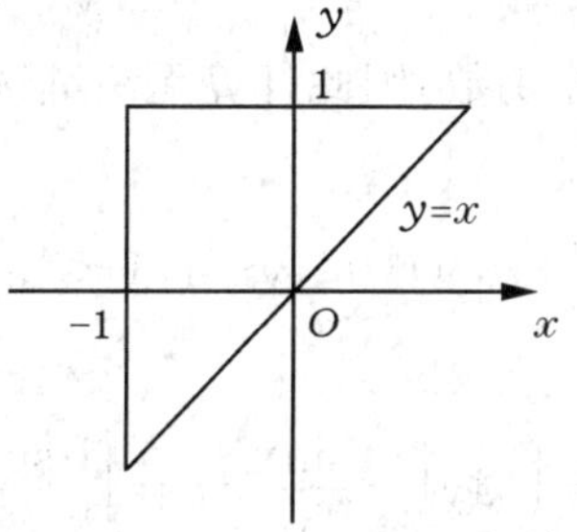

图 7－10

$$\iint\limits_{D} y\sqrt{1+x^2-y^2}\,d\sigma = \int_{-1}^{1} dx \int_{x}^{1} y\sqrt{1+x^2-y^2}\,dy$$
$$= -\frac{1}{3}\int_{-1}^{1}\left(1+x^2-y^2\right)^{\frac{3}{2}}\Big|_{x}^{1} dx$$
$$= -\frac{1}{3}\int_{-1}^{1}\left(|x|^3-1\right)dx$$
$$= -\frac{2}{3}\int_{0}^{1}(x^3-1)\,dx = \frac{1}{2}$$

若利用公式(4)，得：

$$\iint\limits_{D} y\sqrt{1+x^2-y^2}\,d\sigma = \int_{-1}^{1} dy \int_{-1}^{y} y\sqrt{1+x^2-y^2}\,dx$$

其中关于 x 的积分计算比较麻烦.所以，这里用公式(2)计算较为方便.

例 4 计算$\iint\limits_D \frac{\sin y}{y}\mathrm{d}\sigma$，其中 D 是由抛物线 $y^2=x$ 及直线 $y=x$ 所围成的闭区域.

解 首先画出积分区域 D(如图 7—11 所示)，D 既是 X 型的，又是 Y 型的.

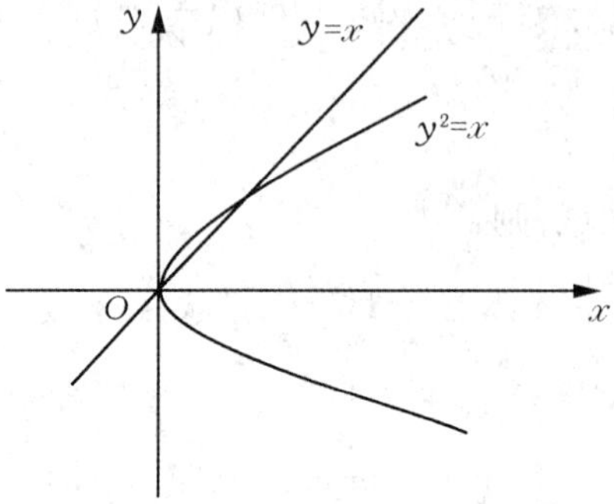

图 7—11

如果将 D 看成 X 型区域：

$$D=\left\{(x,y)\mid 0\leqslant x\leqslant 1, x\leqslant y\leqslant \sqrt{x}\right\}$$

则：

$$\iint\limits_D \frac{\sin y}{y}\mathrm{d}\sigma=\int_0^1\mathrm{d}x\int_x^{\sqrt{x}}\frac{\sin y}{y}\mathrm{d}y$$

这个关于 y 的积分不易求出原函数，因此计算无法继续下去.

如果将 D 看成 Y 型区域：

$$D=\left\{(x,y)\mid 0\leqslant y\leqslant 1, y^2\leqslant x\leqslant y\right\}$$

则：

$$\iint\limits_D \frac{\sin y}{y}\mathrm{d}x\mathrm{d}y=\int_0^1\mathrm{d}y\int_{y^2}^{y}\frac{\sin y}{y}\mathrm{d}x=\int_0^1\frac{\sin y}{y}(y-y^2)\mathrm{d}y$$

$$=-\cos y\Big|_0^1-\int_0^1 y\sin y\mathrm{d}y=1-\cos 1+\int_0^1 y\mathrm{d}\cos y$$

$$=1-\cos 1+\left(y\cos y\right)\Big|_0^1-\int_0^1\cos y\mathrm{d}y=1-\sin 1$$

上述几个例子说明，在化二重积分为二次积分时，为了计算方便，需要选择恰当的二次积分的次序.这时，不仅需要考虑积分区域 D 的形状，还要考虑被积函数 $f(x,y)$的特性.

例 5 试证：$\int_0^a\mathrm{d}y\int_0^y e^{b(x-a)}f(x)\mathrm{d}x=\int_0^a(a-x)e^{b(x-a)}f(x)\mathrm{d}x$，其中 a，b 均为常数，且 $a>0$.

证明 等式左边是一个先对 x 再对 y 的二次积分，等式右边是一个关于 x 的定积分，而被积函数是关于 x 的函数，所以不妨交换积分次序，即换成先对 y 再对 x 的二次积分，如图 7—12所示.

$$\text{等式左边}=\int_0^a\mathrm{d}x\int_x^a e^{b(x-a)}f(x)\mathrm{d}y=\int_0^a(a-x)e^{b(x-a)}f(x)\mathrm{d}x$$

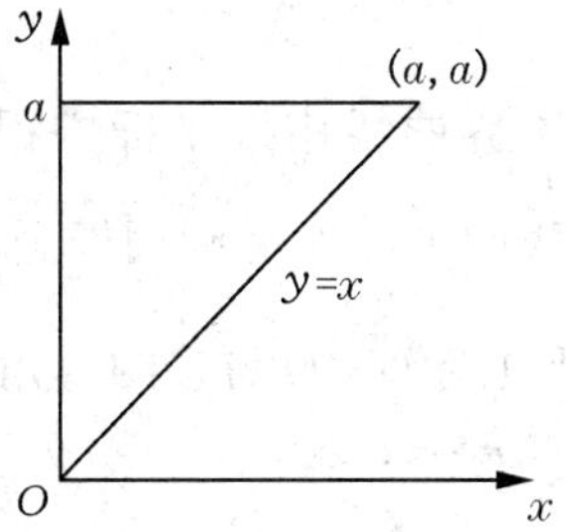

图 7—12

例 6　求两个底圆半径都等于 R 的直交圆柱面所围成的立体的体积.

解　设这两个圆柱面的方程分别为：

$$x^2+y^2=R^2 \quad 及 \quad x^2+z^2=R^2$$

利用立体关于坐标平面的对称性，只要计算它在第一卦限部分[图 7—13(a)]的体积 V_1，然后再乘以 8，就是所求立体的体积.

所求立体在第一卦限部分可以看成是一个曲顶柱体，它的底为：

$$D=\left\{(x,y)\,\middle|\,0\leqslant x\leqslant R,0\leqslant y\leqslant\sqrt{R^2-x^2}\right\}$$

如图 7—13(b)所示.它的顶是柱面 $z=\sqrt{R^2-x^2}$.于是：

$$V_1=\iint\limits_D\sqrt{R^2-x^2}\,\mathrm{d}\sigma$$

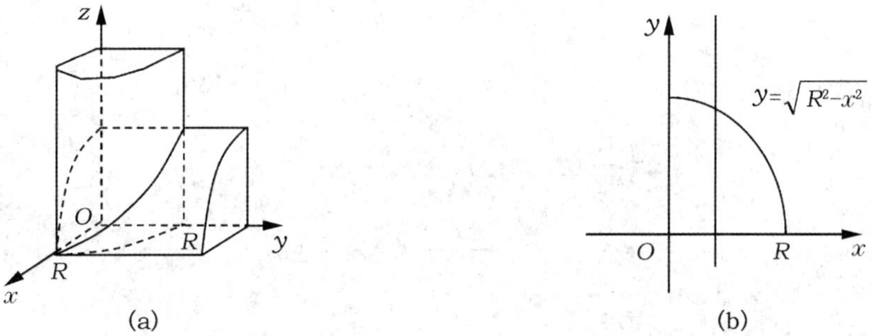

图 7—13

利用公式(2)，得：

$$V_1=\iint\limits_D\sqrt{R^2-x^2}\,\mathrm{d}\sigma=\int_0^R\mathrm{d}x\int_0^{\sqrt{R^2-x^2}}\sqrt{R^2-x^2}\,\mathrm{d}y$$

$$=\int_0^R\left(\sqrt{R^2-x^2}\,y\right)\Big|_0^{\sqrt{R^2-x^2}}\mathrm{d}x=\int_0^R\left(R^2-x^2\right)\mathrm{d}x=\frac{2}{3}R^3$$

从而所求立体的体积为：

$$V=8V_1=\frac{16}{3}R^3$$

二、利用极坐标计算二重积分

有些二重积分，积分区域 D 的边界曲线用极坐标方程表示比较方便，而且被积函数用极坐标变量 r,θ 表示比较简单.这时，我们可以考虑利用极坐标来计算二重积分 $\iint\limits_D f(x,y)\mathrm{d}\sigma$.

我们知道，平面上任意一点的极坐标 (r,θ) 与它的直角坐标 (x,y) 之间的变换公式为：

$$x=r\cos\theta,\ y=r\sin\theta$$

按照二重积分的定义 $\iint\limits_D f(x,y)\mathrm{d}\sigma=\lim\limits_{\lambda\to 0}\sum\limits_{i=1}^{n}f(\varepsilon_i,\eta_i)\Delta\sigma_i$，下面我们来研究这个和的极限在极坐标系中的形式.

假定从极点 O 出发且穿过闭区域 D 内部的射线与 D 的边界曲线相交不多于两点.我们用以极点为中心的一族同心圆：$r=$常数，以及从极点出发的一族射线：$\theta=$常数，把 D 分成 n 个小闭区域(图 7－14).除了包含边界点的一些小闭区域外，小闭区域的面积 $\Delta\sigma_i$ 可计算如下：

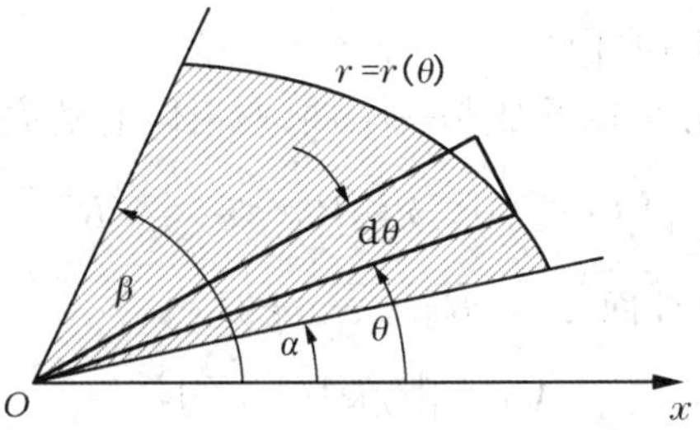

图 7－14

$$\begin{aligned}\Delta\sigma_i&=\frac{1}{2}(r_i+\Delta r_i)^2\cdot\Delta\theta_i-\frac{1}{2}r_i^{\ 2}\cdot\Delta\theta_i\\&=\frac{1}{2}(2r_i+\Delta r_i)\Delta r_i\cdot\Delta\theta_i\\&=\frac{r_i+(r_i+\Delta r_i)}{2}\cdot\Delta r_i\cdot\Delta\theta_i\\&=\overline{r_i}\cdot\Delta r_i\cdot\Delta\theta_i\end{aligned}$$

其中，$\overline{r_i}$ 表示相邻两个圆弧的半径的平均值.在这小闭区域内取圆周 $r=\overline{r_i}$ 上的一点 $(\overline{r_i},\overline{\theta_i})$，该点的直角坐标设为 ξ_i,η_i，则由直角坐标与极坐标之间的关系有：

$$\xi_i=\overline{r_i}\cos\overline{\theta_i},\ \eta_i=\overline{r_i}\sin\overline{\theta_i}$$

于是：

$$\lim_{\lambda\to 0}\sum_{i=1}^{n}f(\xi_i,\eta_i)\Delta\sigma_i=\lim_{\lambda\to 0}\sum_{i=1}^{n}f(\overline{r_i}\cos\overline{\theta_i},\overline{r_i}\sin\overline{\theta_i})\ \overline{r_i}\cdot\Delta r_i\cdot\Delta\theta_i$$

即：

$$\iint\limits_D f(x,y)\mathrm{d}\sigma=\iint\limits_D f(r\cos\theta,r\sin\theta)r\mathrm{d}r\mathrm{d}\theta$$

这里我们把点 (r,θ) 看做是在同一平面上的点 (x,y) 的极坐标表示，所以上式右端的积分

区域仍然记作 D.由于在直角坐标系中 $\iint\limits_D f(x,y)\mathrm{d}\sigma$ 也常记作 $\iint\limits_D f(x,y)\mathrm{d}x\mathrm{d}y$,所以上式又可写成:

$$\iint\limits_D f(x,y)\mathrm{d}x\mathrm{d}y=\iint\limits_D f(r\cos\theta,r\sin\theta)r\mathrm{d}r\mathrm{d}\theta \tag{5}$$

这就是二重积分的变量从直角坐标变换为极坐标的变换公式,其中 $r\mathrm{d}r\mathrm{d}\theta$ 就是极坐标系中的面积元素.

公式(5)表明,要把二重积分中的变量从直角坐标变换为极坐标,只要把被积函数中的 x,y 分别换成 $r\cos\theta$,$r\sin\theta$,并把直角坐标系中的面积元素 $\mathrm{d}x\mathrm{d}y$ 换成极坐标系中的面积元素 $r\mathrm{d}r\mathrm{d}\theta$ 即可.

同样,在极坐标系下计算二重积分也要将它化为二次积分,我们根据极点与积分区域的关系分三种情况介绍.

(1)极点 O 在区域 D 之外,如图 7—15 所示,这时区域 D 在 $\theta=\alpha$ 与 $\theta=\beta$ 两条射线之间,这两条射线与区域 D 的边界的交点把区域边界分为两部分,$r=r_1(\theta)$,$r=r_2(\theta)$.这时区域 D 可以表示为:

$$D=\left\{(r,\theta)\,|\,\alpha\leqslant\theta\leqslant\beta,r_1(\theta)\leqslant r\leqslant r_2(\theta)\right\}$$

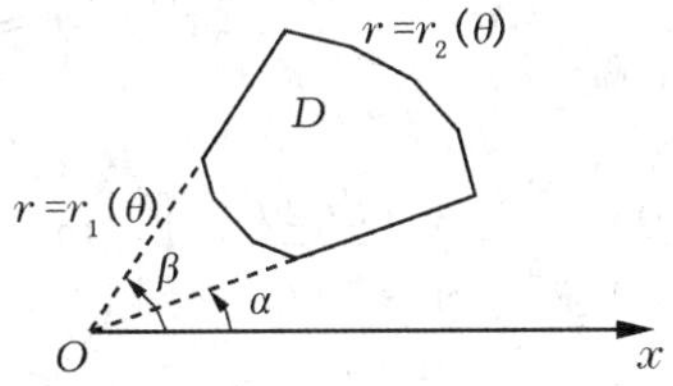

图 7—15

于是:

$$\iint\limits_D f(r\cos\theta,r\sin\theta)r\mathrm{d}r\mathrm{d}\theta=\int_\alpha^\beta\mathrm{d}\theta\int_{r_1(\theta)}^{r_2(\theta)}f(r\cos\theta,r\sin\theta)r\mathrm{d}r$$

(2)极点 O 在区域 D 的边界上,如图 7—16 所示,这时 $r_1(\theta)=0$,区域 D 可以表示为:

$$D=\{(r,\theta)\,|\,\alpha\leqslant\theta\leqslant\beta,0\leqslant r\leqslant r(\theta)\}$$

于是:

$$\iint\limits_D f(r\cos\theta,r\sin\theta)r\mathrm{d}r\mathrm{d}\theta=\int_\alpha^\beta\mathrm{d}\theta\int_0^{r(\theta)}f(r\cos\theta,r\sin\theta)r\mathrm{d}r$$

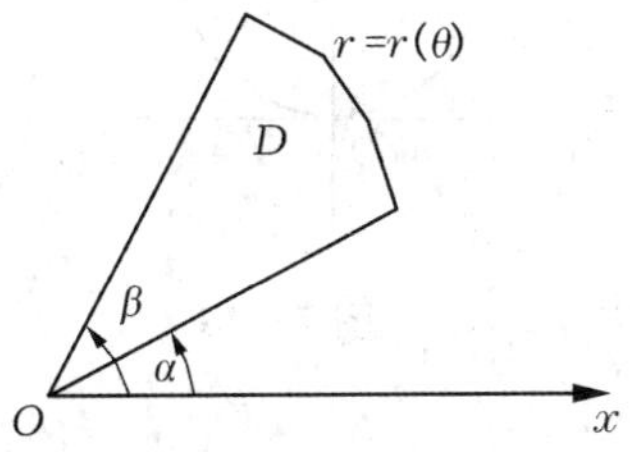

图 7—16

(3)极点 O 在区域 D 的内部,如图 7—17 所示,这时区域 D 可表示为:

$$D=\{(r,\theta)\mid 0\leqslant\theta\leqslant 2\pi,0\leqslant r\leqslant r(\theta)\}$$

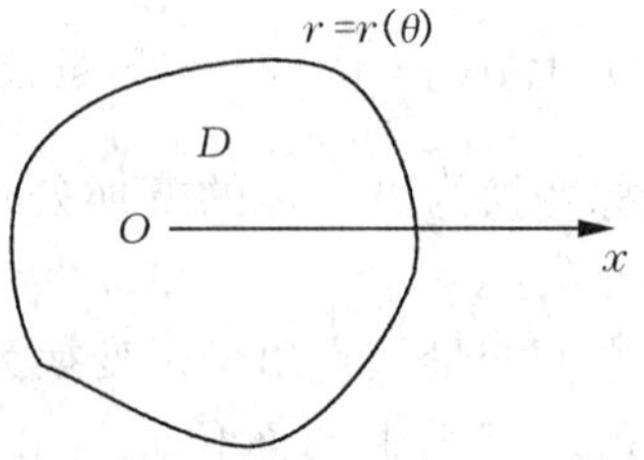

图 7—17

于是:

$$\iint_D f(r\cos\theta,r\sin\theta)r\,\mathrm{d}r\,\mathrm{d}\theta=\int_0^{2\pi}\mathrm{d}\theta\int_0^{r(\theta)}f(r\cos\theta,r\sin\theta)r\,\mathrm{d}r$$

例 7 计算二重积分 $\iint_D\frac{\mathrm{d}x\,\mathrm{d}y}{1+x^2+y^2}$,其中 D 是由 $x^2+y^2\leqslant 1$ 所确定的圆域.

解 在极坐标中,积分区域 D 可以表示为:

$$D=\left\{(r,\theta)\mid 0\leqslant\theta\leqslant 2\pi,0\leqslant r\leqslant 1\right\}$$

于是:

$$\iint_D\frac{\mathrm{d}x\,\mathrm{d}y}{1+x^2+y^2}=\iint_D\frac{r\,\mathrm{d}r\,\mathrm{d}\theta}{1+r^2}=\int_0^{2\pi}\mathrm{d}\theta\int_0^1\frac{r}{1+r^2}\mathrm{d}r$$

$$=\frac{1}{2}\int_0^{2\pi}\ln(1+r^2)\Big|_0^1\mathrm{d}\theta=\pi\ln 2$$

例 8 计算二重积分 $\iint_D\sqrt{x^2+y^2}\,\mathrm{d}\sigma$,其中 D 是圆 $x^2+y^2=2y$ 围成的闭区域.

解 圆 $x^2+y^2=2y$ 的极坐标方程是 $r=2\sin\theta$,如图 7—18 所示,积分区域 D 可以表示为:

$$D=\{(r,\theta)\mid 0\leqslant\theta\leqslant\pi,0\leqslant r\leqslant 2\sin\theta\}$$

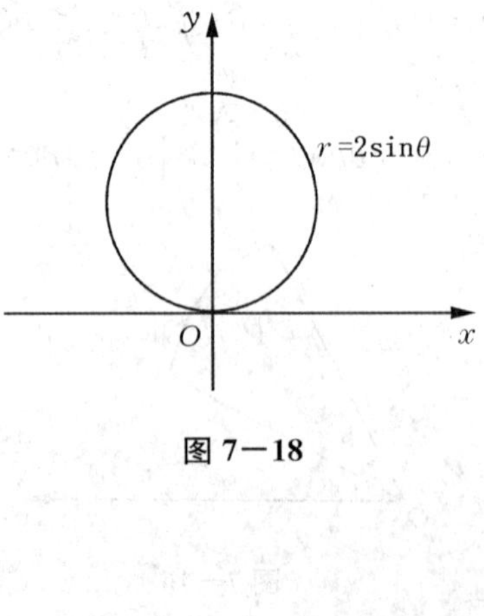

图 7—18

于是:

$$\iint_D \sqrt{x^2+y^2}\,d\theta = \iint_D r^2\,dr\,d\theta = \int_0^{\pi} d\theta \int_0^{2\sin\theta} r^2\,dr$$

$$= \frac{8}{3}\int_0^{\pi} \sin^3\theta\,d\theta = -\frac{8}{3}\int_0^{\pi}(1-\cos^2\theta)\,d\cos\theta$$

$$= -\frac{8}{3}\left(\cos\theta - \frac{1}{3}\cos^3\theta\right)\Big|_0^{\pi} = \frac{32}{9}$$

例 9　计算二重积分 $\iint_D e^{-(x^2+y^2)}\,dx\,dy$，其中 $D=\{(x,y)\mid x^2+y^2\leqslant R^2\}$.

解　在极坐标中，积分区域 D 可以表示为：

$$D=\{(r,\theta)\mid 0\leqslant\theta\leqslant 2\pi, 0\leqslant r\leqslant R\}$$

于是：

$$\iint_D e^{-(x^2+y^2)}\,dx\,dy = \int_0^{2\pi} d\theta \int_0^{R} e^{-r^2} r\,dr = 2\pi\cdot\left(-\frac{1}{2}e^{-r^2}\right)\Big|_0^{R} = \pi(1-e^{-R^2})$$

例 10　计算二重积分 $I=\iint_D \frac{1}{\sqrt{(x^2+y^2)^3}}\,d\sigma$，其中 D 是直线 $y=x$、$x=2$ 及上半圆周 $y=\sqrt{2x-x^2}$ 所围成的闭区域.

解　画出积分区域 D，如图 7—19 所示，它在极坐标下可表示为：

$$D=\left\{(r,\theta)\,\middle|\, 0\leqslant\theta\leqslant\frac{\pi}{4}, 2\cos\theta\leqslant r\leqslant\frac{2}{\cos\theta}\right\}$$

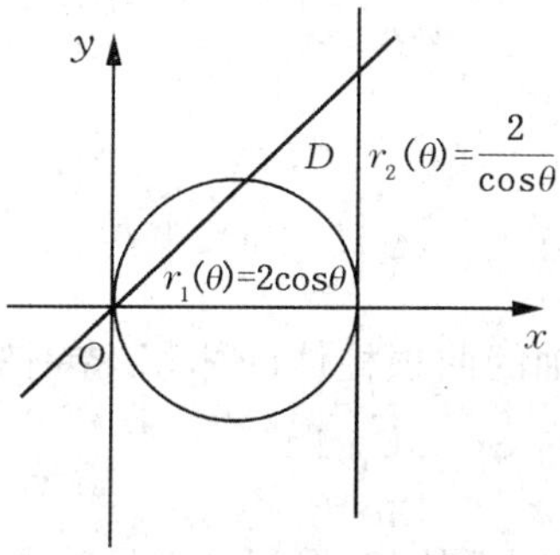

图 7—19

于是：

$$I=\int_0^{\frac{\pi}{4}} d\theta \int_{2\cos\theta}^{\frac{2}{\cos\theta}} \frac{1}{r^3} r\,dr = -\int_0^{\frac{\pi}{4}}\left(\frac{1}{2}\cos\theta - \frac{1}{2\cos\theta}\right)d\theta$$

$$= -\frac{1}{2}\left(\sin\theta - \ln|\sec\theta+\tan\theta|\right)\Big|_0^{\frac{\pi}{4}}$$

$$= -\frac{1}{2}\left[\frac{\sqrt{2}}{2} - \ln(\sqrt{2}+1)\right]$$

三、广义二重积分

若二元函数的积分区域是无界的，则类似于一元函数，我们可以先在有界区域内积分，然后通过取极限求此积分.这类积分在概率统计中有广泛的应用.

例 11 计算定积分 $I=\int_{-\infty}^{+\infty}e^{-x^2}\mathrm{d}x$.

解 本题如果用定积分计算，由于 e^{-x^2} 的原函数不能用初等函数表示，所以算不出来.我们采用的技巧是先计算二重积分 $\iint\limits_D e^{-(x^2+y^2)}\mathrm{d}x\mathrm{d}y$，其中区域 D 是整个平面.

一方面，我们利用直角坐标系计算，可将积分区域 D 表示为：

$$D=\{(x,y)\mid -\infty<x<+\infty,-\infty<y<+\infty\}$$

则：

$$\iint\limits_D e^{-(x^2+y^2)}\mathrm{d}x\mathrm{d}y=\int_{-\infty}^{+\infty}\mathrm{d}x\int_{-\infty}^{+\infty}e^{-(x^2+y^2)}\mathrm{d}y=\int_{-\infty}^{+\infty}e^{-x^2}\mathrm{d}x\int_{-\infty}^{+\infty}e^{-y^2}\mathrm{d}y=I^2$$

另一方面，我们利用极坐标系进行计算，可将积分区域 D 表示为：

$$D=\{(r,\theta)\mid 0\leqslant\theta\leqslant 2\pi,0\leqslant r<+\infty\}$$

于是：

$$\iint\limits_D e^{-(x^2+y^2)}\mathrm{d}x\mathrm{d}y=\int_0^{2\pi}\mathrm{d}\theta\int_0^{+\infty}e^{-r^2}r\mathrm{d}r=-\pi e^{-r^2}\Big|_0^{+\infty}=\lim_{r\to+\infty}\pi(1-e^{-r^2})=\pi$$

综上，我们有 $I^2=\pi$，所以 $I=\sqrt{\pi}$.

第三节 重积分的应用

一、重积分在几何上的应用

根据二重积分的几何意义，当 $f(x,y)\geqslant 0$ 时，$\iint\limits_D f(x,y)\mathrm{d}\sigma$ 的值等于以曲面 $z=f(x,y)$ 为顶、以 D 为底、母线平行于 z 轴的曲顶柱体的体积.特别地，当被积函数 $f(x,y)=1$ 时，二重积分的值是平面区域的面积，即 $S_D=\iint\limits_D\mathrm{d}\sigma$.

根据二重积分的几何意义，也可利用二重积分来计算立体的体积.

设空间有一立体，它的上、下顶面分别是曲面 $z=f_2(x,y)$，$z=f_1(x,y)$，它的侧面是以 xOy 平面上的闭区域 D 的边界曲线为准线而母线平行于 z 轴的柱面.设在区域 D 上，$f_1(x,y)\geqslant 0$，$f_2(x,y)\geqslant 0$，且 $f_1(x,y)$，$f_2(x,y)$ 为连续函数，我们来求该立体的体积 V.

显然，该立体的体积 V 等于区域 D 上以曲面 $z=f_2(x,y)$ 为顶的曲顶柱体体积减去 D 上以曲面 $z=f_1(x,y)$ 为顶的曲顶柱体体积，即

$$\begin{aligned}V=V_2-V_1&=\iint\limits_D f_2(x,y)\mathrm{d}\sigma-\iint\limits_D f_1(x,y)\mathrm{d}\sigma\\&=\iint\limits_D[f_2(x,y)-f_1(x,y)]\mathrm{d}\sigma\end{aligned}\tag{6}$$

例 1 已知 xOy 平面第一象限内的区域 D 是由直线 $x=0$、$y=2$ 和抛物线 $y=\frac{x^2}{2}$ 所围成的.

(1)求区域 D 的面积 S_D；

(2)求以曲面 $z=f(x,y)=xy$ 为顶、以 D 为底的曲顶柱体的体积 V.

解　(1)画出区域 D 的图形,如图 7—20 所示,它可表示为:

$$D=\left\{(x,y)\mid 0\leqslant x\leqslant 2,\frac{x^2}{2}\leqslant y\leqslant 2\right\}$$

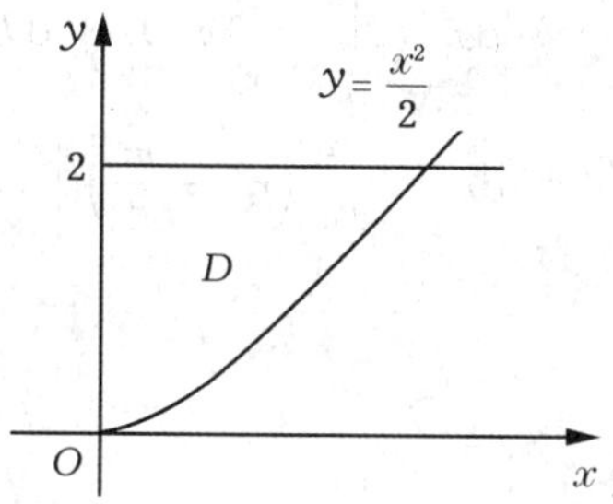

图 7—20

于是:

$$S_D=\iint_D \mathrm{d}\sigma=\iint_D \mathrm{d}x\,\mathrm{d}y$$

$$=\int_0^2\mathrm{d}x\int_{\frac{x^2}{2}}^2\mathrm{d}y=\int_0^2\left(2-\frac{x^2}{2}\right)\mathrm{d}x=\frac{8}{3}$$

(2)根据二重积分的几何意义,可得:

$$V=\iint_D xy\,\mathrm{d}x\,\mathrm{d}y=\int_0^2\mathrm{d}x\int_{\frac{x^2}{2}}^2 xy\,\mathrm{d}y=\frac{1}{2}\int_0^2(xy^2)\Big|_{\frac{x^2}{2}}^2\mathrm{d}x=\frac{1}{2}\int_0^2 x\left(4-\frac{x^4}{4}\right)\mathrm{d}x=\frac{8}{3}$$

例 2　求曲面 $z=4-x^2-y^2$ 与平面 $z=0$ 所围成立体的体积 V.

解　$z=4-x^2-y^2$ 为开口朝下的旋转抛物面,$z=0$ 为 xOy 平面,它们所围成的立体是以由 $x^2+y^2\leqslant 4$ 所确定的圆域为底,以曲面 $z=4-x^2-y^2$ 为顶的曲顶柱体.

在极坐标中,该积分区域 D 可以表示为:

$$D=\{(r,\theta)\mid 0\leqslant\theta\leqslant 2\pi,0\leqslant r\leqslant 2\}$$

于是,该立体的体积为:

$$V=\iint_D f(x,y)\mathrm{d}\sigma=\iint_D(4-x^2-y^2)\mathrm{d}\sigma$$

$$=\iint_D(4-r^2)r\,\mathrm{d}r\,\mathrm{d}\theta=\int_0^{2\pi}\mathrm{d}\theta\int_0^2(4r-r^3)\mathrm{d}r=8\pi$$

例 3　求曲面 $z=4-x^2-y^2$ 与曲面 $z=x^2+y^2$ 所围成立体的体积 V.

解　这两个曲面所围成的立体的体积可用公式(6)求出,其中:

$$f_2(x,y)=4-x^2-y^2,f_1(x,y)=x^2+y^2$$

而积分区域 D 则由这两个曲面的交线 C 在 xOy 平面上的投影曲线 L 所围成.曲线 C 的方程是:

$$\begin{cases}z=4-x^2-y^2\\ z=x^2+y^2\end{cases}$$

所以,在 xOy 平面上的区域 D 为中心在原点、以 $\sqrt{2}$ 为半径的圆域,它在极坐标下可表示为:

$$D=\{(r,\theta)\mid 0\leqslant\theta\leqslant 2\pi, 0\leqslant r\leqslant\sqrt{2}\}$$

于是，所求立体的体积为：

$$V=\iint_D[f_2(x,y)-f_1(x,y)]\mathrm{d}\sigma=\iint_D[4-x^2-y^2-(x^2+y^2)]\mathrm{d}\sigma$$

$$=2\iint_D[2-(x^2+y^2)]\mathrm{d}\sigma=2\iint_D(2-r^2)r\mathrm{d}r\mathrm{d}\theta$$

$$=2\int_0^{2\pi}\mathrm{d}\theta\int_0^{\sqrt{2}}(2r-r^3)\mathrm{d}r=2\int_0^{2\pi}\left(r^2-\frac{r^4}{4}\right)\Big|_0^{\sqrt{2}}\mathrm{d}\theta$$

$$=2\int_0^{2\pi}\mathrm{d}\theta=4\pi$$

二、重积分在经济上的应用

例 4 某城市受地理限制呈三角形分布，斜边临一条河. 由于交通关系，城市发展不太均衡，这一点可从税收状况反映出来，若以两直角边为坐标轴建立直角坐标系，则位于 x 轴和 y 轴的城市长度各为 16km 和 12km，且税收情况与地理位置的关系大体为：

$$R(x,y)=20x+10y(\text{万元}/\text{km}^2)$$

试计算该市总的税收收入.

解 总的税收收入可用二重积分 $\iint\limits_D R(x,y)\mathrm{d}x\mathrm{d}y$ 来表示，其中积分区域 D 由 x 轴、y 轴及直线 $\frac{x}{16}+\frac{y}{12}=1$ 所围成，可以表示为：

$$D=\left\{(x,y)\mid 0\leqslant x\leqslant 16, 0\leqslant y\leqslant 12-\frac{3}{4}x\right\}$$

于是，所求总税收收入为：

$$\iint_D R(x,y)\mathrm{d}x\mathrm{d}y=\int_0^{16}\mathrm{d}x\int_0^{12-\frac{3}{4}x}(20x+10y)\mathrm{d}y$$

$$=\int_0^{16}\left(720+150x-\frac{195}{16}x^2\right)\mathrm{d}x$$

$$=14\ 080$$

故该市总税收收入为 14 080 万元.

例 5（平均利润） 设公司销售商品Ⅰ x 个单位、商品Ⅱ y 个单位的利润由下式所确定：

$$P(x,y)=-(x-200)^2-(y-100)^2+5\ 000$$

现已知一周销售商品Ⅰ在 150～200 之间变化，一周销售商品Ⅱ在 80～100 之间变化，试求销售这两种商品一周的平均利润.

解 题中的利润函数是二元函数，类似于定积分求平均值的方法，先求出二元函数在相应的平面区域上的二重积分，再除以积分区域的面积，即可得到二元函数在平面区域上的平均值.

因为 x,y 的变化范围是 D：$150\leqslant x\leqslant 200, 80\leqslant y\leqslant 100$，这个区域 D 的面积是 $S_D=50\times 20=1\ 000$.

于是，这家公司销售这两种商品一周的平均利润为：

$$\frac{1}{S_D}\iint_D P(x,y)\mathrm{d}\sigma=\frac{1}{1\ 000}\iint_D[-(x-200)^2-(y-100)^2+5\ 000]\mathrm{d}\sigma$$

$$=\frac{1}{1\ 000}\int_{150}^{200}\mathrm{d}x\int_{80}^{100}[-(x-200)^2-(y-100)^2+5000]\mathrm{d}y$$

$$=\frac{1}{1\ 000}\int_{150}^{200}\left[-20\ (x-200)^2+\frac{292\ 000}{3}\right]\mathrm{d}x$$

$$=\frac{1}{3\ 000}\left[-20\ (x-200)^3+292\ 000x\right]\Big|_{150}^{200}$$

$$=\frac{12\ 100}{3}$$

习题七

1. 设 $I_1=\iint\limits_{D_1}(x^2+y^2)^3\mathrm{d}\sigma$，其中 $D_1=\{(x,y)\mid -1\leqslant x\leqslant 1,-2\leqslant y\leqslant 2\}$；又 $I_2=\iint\limits_{D_2}(x^2+y^2)^3\mathrm{d}\sigma$，其中 $D_2=\{(x,y)\mid 0\leqslant x\leqslant 1,-2\leqslant y\leqslant 2\}$. 试利用二重积分的几何意义说明 I_1 与 I_2 之间的关系.

2. 利用二重积分的定义证明：

(1) $\iint\limits_D \mathrm{d}\sigma=\sigma$(其中 σ 为 D 的面积)；

(2) $\iint\limits_D kf(x,y)\mathrm{d}\sigma=k\iint\limits_D f(x,y)\mathrm{d}\sigma$(其中 k 为常数)；

(3) $\iint\limits_D f(x,y)\mathrm{d}\sigma=\iint\limits_{D_1}f(x,y)\mathrm{d}\sigma+\iint\limits_{D_2}f(x,y)\mathrm{d}\sigma$，其中 $D=D_1\cup D_2$，D_1、D_2 为两个无公共内点的闭区域.

3. 根据二重积分的性质，比较下列积分的大小：

(1) $\iint\limits_D(x+y)^2\mathrm{d}\sigma$ 与 $\iint\limits_D(x+y)^3\mathrm{d}\sigma$，其中积分区域 D 是由 x 轴、y 轴与直线 $x+y=1$ 所围成的；

(2) $\iint\limits_D(x+y)^2\mathrm{d}\sigma$ 与 $\iint\limits_D(x+y)^3\mathrm{d}\sigma$，其中积分区域 D 是由圆周 $(x-2)^2+(y-1)^2=2$ 所围成的；

(3) $\iint\limits_D\ln(x+y)\mathrm{d}\sigma$ 与 $\iint\limits_D[\ln(x+y)]^2\mathrm{d}\sigma$，其中 D 是三角形闭区域，三个顶点分别为(1,0)，(1,1)，(2,0)；

(4) $\iint\limits_D\ln(x+y)\mathrm{d}\sigma$ 与 $\iint\limits_D[\ln(x+y)]^2\mathrm{d}\sigma$，其中 $D=\{(x,y)\mid 3\leqslant x\leqslant 5,0\leqslant y\leqslant 1\}$.

4. 利用二重积分的性质估计下列积分的值：

(1) $I=\iint\limits_D xy(x+y)\mathrm{d}\sigma$，其中 $D=\{(x,y)\mid 0\leqslant x\leqslant 1,0\leqslant y\leqslant 1\}$；

(2) $I=\iint\limits_D\sin^2x\sin^2y\mathrm{d}\sigma$，其中 $D=\{(x,y)\mid 0\leqslant x\leqslant \pi,0\leqslant y\leqslant \pi\}$；

(3) $I=\iint\limits_D (x+y+1)\mathrm{d}\sigma$，其中 $D=\{(x,y)\mid 0\leqslant x\leqslant 1, 0\leqslant y\leqslant 2\}$；

(4) $I=\iint\limits_D (x^2+4y^2+9)\mathrm{d}\sigma$，其中 $D=\{(x,y)\mid x^2+y^2\leqslant 4\}$.

5. 计算下列二重积分：

(1) $\iint\limits_D (y-2x)\mathrm{d}x\mathrm{d}y, D=[3,5]\times[1,2]$；

(2) $\iint\limits_D \cos(x+y)\mathrm{d}x\mathrm{d}y, D=\left[0,\frac{\pi}{2}\right]\times[0,\pi]$；

(3) $\iint\limits_D xye^{x^2+y^2}\mathrm{d}x\mathrm{d}y, D=[a,b]\times[c,\mathrm{d}]$；

(4) $\iint\limits_D \frac{x}{1+xy}\mathrm{d}x\mathrm{d}y, D=[0,1]\times[0,1]$.

6. 交换二次积分的顺序：

(1) $\int_0^2 \mathrm{d}y\int_{y^2}^{3y} f(x,y)\mathrm{d}y$；

(2) $\int_1^2 \mathrm{d}x\int_{\sqrt{x}}^{2} f(x,y)\mathrm{d}y$；

(3) $\int_0^1 \mathrm{d}x\int_0^{x^2} f(x,y)\mathrm{d}y+\int_1^3 \mathrm{d}x\int_0^{\frac{1}{2}(3-x)} f(x,y)\mathrm{d}y$.

7. 计算下列二重积分：

(1) $\iint\limits_D (x+6y)\mathrm{d}\sigma$，其中 D 是由 $y=x, y=5x, x=1$ 所围成的区域；

(2) $\iint\limits_D xy^2\mathrm{d}\sigma$，其中 D 是由 $y^2=2px(p>0), x=\frac{p}{2}$ 所围成的区域；

(3) $\iint\limits_D (x^2+y^2)\mathrm{d}\sigma$，其中 D 是由 $y=x, y=x+a, y=a, y=3a(a>0)$ 所围成的区域；

(4) $\iint\limits_D \frac{x}{y}\mathrm{d}\sigma$，其中 D 是由 $y=x, y=2x, x=1, x=2$ 所围成的区域.

8. 计算下列二次积分：

(1) $\iint\limits_D \ln(1+x^2+y^2)\mathrm{d}\sigma$，其中 D 是由圆周 $x^2+y^2=1$ 及坐标轴所围成的在第一象限的区域；

(2) $\iint\limits_D (4-x-y)\mathrm{d}\sigma$，其中 D 是圆域 $x^2+y^2\leqslant 2y$；

(3) $\iint\limits_D \arctan\frac{y}{x}\mathrm{d}\sigma$，其中 D 是由圆周 $x^2+y^2=1, x^2+y^2=4$ 及直线 $y=0, y=x$ 所围成的在第一象限内的闭区域；

(4) $\iint\limits_D \sin\sqrt{x^2+y^2}\,\mathrm{d}\sigma$，其中 D 是圆形环形区域 $\pi^2\leqslant x^2+y^2\leqslant 4\pi^2$.

9. 求在 xOy 平面上由 $y=x^2$ 与 $y=4x-x^2$ 所围成的闭区域的面积.

10. 计算下列曲线所围成的闭区域的面积：$y=x^2, y=x+2$.

11. 计算下列曲面所围成的立体的体积：

(1)$z=1+x+y, z=0, x+y=1, x=0, y=0$；

(2)$z=x^2+y^2, y=1, z=0, y=x^2$.

12. 为了修建高速公路，要在一个山坡上劈出一条长500m、宽20m的通道．据测量，以出发点一侧为原点，往另一侧方向为 x 轴($0\leqslant x\leqslant 500$)，且山坡的高度为：

$$z=10\left(\sin\frac{\pi}{20}x+\sin\frac{\pi}{500}y\right)$$

试计算所需挖掉的土方量.

第八章

无穷级数

在数列极限概念的基础上发展起来的无穷级数理论是微积分的一个重要组成部分，它是表示函数、研究函数性质以及进行数值计算的重要工具.本章从无穷级数的概念、性质出发，研究级数敛散性的判别，然后在此基础上讨论幂级数的性质、和函数以及函数的幂级数展开，进而使读者更好地理解数学中有限与无限的辩证关系.

第一节　常数项级数的概念和性质

一、常数项级数的概念

定义 1.1　给定一个无穷实数列$\{u_n\}$：

$$u_1, u_2, \cdots, u_n, \cdots$$

则由这个数列构成的表达式

$$u_1+u_2+\cdots+u_n+\cdots$$

叫做常数项无穷级数，简称常数项级数，记为$\sum\limits_{n=1}^{\infty}u_n$，即：

$$\sum_{n=1}^{\infty}u_n=u_1+u_2+u_3+\cdots+u_n+\cdots$$

其中，第n项u_n叫做级数的一般项(或通项).

级数$\sum\limits_{n=1}^{\infty}u_n$的前$n$项和

$$s_n=\sum_{i=1}^{n}u_i=u_1+u_2+u_3+\cdots+u_n$$

称为级数 $\sum_{n=1}^{\infty} u_n$ 的前 n 项部分和.部分和构成的数列

$$\{s_n\}: s_1, s_2, \cdots s_n, \cdots$$

称为部分和数列.

定义 1.2 如果级数 $\sum_{n=1}^{\infty} u_n$ 的部分和数列 $\{s_n\}$ 收敛,即

$$\lim_{n\to\infty} s_n = s\text{（}s\text{ 为一实数）}$$

则称无穷级数 $\sum_{n=1}^{\infty} u_n$ 收敛,并称 s 为级数 $\sum_{n=1}^{\infty} u_n$ 的和,并写成:

$$s = \sum_{n=1}^{\infty} u_n = u_1 + u_2 + u_3 + \cdots + u_n + \cdots$$

如果 $\{s_n\}$ 发散,则称无穷级数 $\sum_{n=1}^{\infty} u_n$ 发散.级数的收敛和发散统称为敛散性.

当级数 $\sum_{n=1}^{\infty} u_n$ 收敛时,其部分和 s_n 是级数 $\sum_{n=1}^{\infty} u_n$ 的和 s 的近似值,它们之间的差

$$r_n = s - s_n$$

称为级数 $\sum_{n=1}^{\infty} u_n$ 的余项.s_n 和 s 之间的误差可由 $|r_n|$ 去衡量,由于 $\lim_{n\to\infty} s_n = s$,所以 $\lim_{n\to\infty} |r_n| = 0$.

例 1 讨论等比级数(几何级数)

$$\sum_{n=0}^{\infty} aq^n = a + aq + aq^2 + \cdots + aq^n + \cdots \quad (a \neq 0)$$

的敛散性.

解 如果 $q \neq 1$,则部分和为:

$$s_n = a + aq + aq^2 + \cdots + aq^{n-1} = \frac{a - aq^n}{1-q} = \frac{a}{1-q} - \frac{aq^n}{1-q}$$

当 $|q| < 1$ 时,因为 $\lim_{n\to\infty} s_n = \frac{a}{1-q}$,所以此时级数 $\sum_{n=0}^{\infty} aq^n$ 收敛,其和为 $\frac{a}{1-q}$.

当 $|q| > 1$ 时,因为 $\lim_{n\to\infty} s_n$ 不存在,所以此时级数 $\sum_{n=0}^{\infty} aq^n$ 发散.

如果 $|q| = 1$,则当 $q = 1$ 时,因为 $\lim_{n\to\infty} s_n$ 不存在,因此此时级数 $\sum_{n=0}^{\infty} aq^n$ 发散;当 $q = -1$ 时,级数 $\sum_{n=0}^{\infty} aq^n$ 成为:

$$a - a + a - a + \cdots$$

由于 $\lim_{n\to\infty} s_n$ 不存在,因此此时级数 $\sum_{n=0}^{\infty} aq^n$ 发散.

综上所述,如果 $|q| < 1$,则级数 $\sum_{n=0}^{\infty} aq^n$ 收敛,其和为 $\frac{a}{1-q}$;如果 $|q| \geqslant 1$,则级数 $\sum_{n=0}^{\infty} aq^n$ 发散.

例 2 证明级数 $\sum_{n=0}^{\infty} n = 1 + 2 + 3 + \cdots + n + \cdots$ 是发散的.

证明 此级数的部分和为:

$$s_n=1+2+3+\cdots+n=\frac{n(n+1)}{2}$$

显然，$\lim\limits_{n\to\infty}s_n=\infty$，因此该级数是发散的.

例 3 判别无穷级数 $\sum\limits_{n=0}^{\infty}\frac{1}{n(n+1)}=\frac{1}{1\cdot 2}+\frac{1}{2\cdot 3}+\frac{1}{3\cdot 4}+\cdots+\frac{1}{n(n+1)}+\cdots$ 的收敛性.

解 部分和为：

$$u_n=\frac{1}{n(n+1)}=\frac{1}{n}-\frac{1}{n+1}$$

由于

$$\begin{aligned}s_n&=\frac{1}{1\cdot 2}+\frac{1}{2\cdot 3}+\frac{1}{3\cdot 4}+\cdots+\frac{1}{n(n+1)}\\&=\left(1-\frac{1}{2}\right)+\left(\frac{1}{2}-\frac{1}{3}\right)+\cdots+\left(\frac{1}{n}-\frac{1}{n+1}\right)=1-\frac{1}{n+1}\end{aligned}$$

从而

$$\lim_{n\to\infty}s_n=\lim_{n\to\infty}\left(1-\frac{1}{n+1}\right)=1$$

所以该级数收敛，其和是 1 .

以上几个例题，都是先将部分和 s_n 的表达式算出，然后讨论 $\lim\limits_{n\to\infty}s_n$ 是否存在，从而判断级数的敛散性.然而，对绝大多数级数来说，s_n 的表达式难以计算，而且实际问题中往往只需知道一个级数是收敛还是发散，并不奢望对每个级数都求出其和，因此，我们有必要研究某些直接从一般项 u_n 的形式就可以判断 $\sum\limits_{n=1}^{\infty}u_n$ 敛散性的简明法则.为此，先对级数的基本性质展开一些讨论.

二、收敛级数的基本性质

性质 1 如果级数 $\sum\limits_{n=1}^{\infty}u_n$ 收敛于和 s，k 为任意常数，则级数 $\sum\limits_{n=1}^{\infty}ku_n$ 也收敛，且其和为 ks .

证明 设 $\sum\limits_{n=1}^{\infty}u_n$ 与 $\sum\limits_{n=1}^{\infty}ku_n$ 的部分和分别为 s_n 与 σ_n，则：

$$\lim_{n\to\infty}\sigma_n=\lim_{n\to\infty}(ku_1+ku_2+\cdots ku_n)=k\lim_{n\to\infty}(u_1+u_2+\cdots u_n)=k\lim_{n\to\infty}s_n=ks$$

所以级数 $\sum\limits_{n=1}^{\infty}ku_n$ 收敛，且和为 ks .

性质 2 如果级数 $\sum\limits_{n=1}^{\infty}u_n$、$\sum\limits_{n=1}^{\infty}v_n$ 分别收敛于和 s、σ，则级数 $\sum\limits_{n=1}^{\infty}(u_n\pm v_n)$ 也收敛，且其和为 $s\pm\sigma$.

证明 设 $\sum\limits_{n=1}^{\infty}u_n$、$\sum\limits_{n=1}^{\infty}v_n$、$\sum\limits_{n=1}^{\infty}(u_n\pm v_n)$ 的部分和分别为 s_n、σ_n、τ_n，则：

$$\begin{aligned}\lim_{n\to\infty}\tau_n&=\lim_{n\to\infty}[(u_1\pm v_1)+(u_2\pm v_2)+\cdots+(u_n\pm v_n)]\\&=\lim_{n\to\infty}[(u_1+u_2+\cdots+u_n)\pm(v_1+v_2+\cdots+v_n)]\\&=\lim_{n\to\infty}(s_n\pm\sigma_n)=s\pm\sigma\end{aligned}$$

所以级数 $\sum_{n=1}^{\infty}(u_n \pm v_n)$ 收敛，且和为 $s \pm \sigma$.

性质 3　在级数中去掉、加上或改变有限项，不会改变级数的收敛性.

比如，级数 $\sum_{n=1}^{\infty} u_n = \frac{1}{1 \cdot 2} + \frac{1}{2 \cdot 3} + \frac{1}{3 \cdot 4} + \cdots + \frac{1}{n(n+1)} + \cdots$ 是收敛的，级数 $10\ 000 + \sum_{n=1}^{\infty} u_n$ 也是收敛的，级数 $\sum_{n=3}^{\infty} u_n$ 也是收敛的.

性质 4　设级数 $\sum_{n=1}^{\infty} u_n$ 收敛，其和为 s，则保持级数原有顺序对其任意加括号后所成的级数仍收敛，且其和不变.

注意　如果加括号后所成的级数收敛，则不能断定去括号后原来的级数也收敛.例如，级数 $(1-1)+(1-1)+\cdots$ 收敛于 0，但级数 $1-1+1-1+\cdots$ 却是发散的.

推论　如果保持原有顺序添加括号后所成的级数发散，则原来级数也发散.

性质 5（级数收敛的必要条件）　如果 $\sum_{n=1}^{\infty} u_n$ 收敛，则它的一般项 u_n 趋于零，即 $\lim\limits_{n \to 0} u_n = 0$.

证明　设级数 $\sum_{n=1}^{\infty} u_n$ 的部分和为 s_n，且 $\lim\limits_{n \to \infty} s_n = s$，则：

$$\lim_{n \to 0} u_n = \lim_{n \to \infty}(s_n - s_{n-1}) = \lim_{n \to \infty} s_n - \lim_{n \to \infty} s_{n-1} = s - s = 0$$

注意　性质 5 只是级数收敛的必要条件，而不是充分条件，即一般项趋于零的级数不一定收敛.但可以用性质 5 的逆否命题来判断一个级数的发散.

推论　若 $\lim\limits_{n \to 0} u_n \neq 0$，则级数 $\sum_{n=1}^{\infty} u_n$ 发散.

由此结论，我们马上可知下列级数：

$$\sum_{n=1}^{\infty} \sqrt[n]{a}\ (a > 0), \sum_{n=1}^{\infty}\left(1 - \frac{1}{n}\right), \sum_{n=1}^{\infty}\left(1 + \frac{1}{n}\right)^n, \sum_{n=1}^{\infty}(-1)^n$$

是发散的.

应当注意，尽管有些级数的一般项趋向于零，但仍是发散的.

例 4　证明调和级数

$$\sum_{n=1}^{\infty} \frac{1}{n} = 1 + \frac{1}{2} + \frac{1}{3} + \cdots + \frac{1}{n} + \cdots$$

是发散的.

证明　假若级数 $\sum_{n=1}^{\infty} \frac{1}{n}$ 收敛且其和为 s，s_n 是它的部分和.显然有 $\lim\limits_{n \to \infty} s_n = s$ 及 $\lim\limits_{n \to \infty} s_{2n} = s$，于是 $\lim\limits_{n \to \infty}(s_{2n} - s_n) = 0$.

但另一方面：

$$s_{2n} - s_n = \frac{1}{n+1} + \frac{1}{n+2} + \cdots + \frac{1}{2n} > \frac{1}{2n} + \frac{1}{2n} + \cdots + \frac{1}{2n} = \frac{1}{2}$$

故 $\lim\limits_{n \to \infty}(s_{2n} - s_n) \neq 0$，矛盾.这个矛盾说明级数 $\sum_{n=1}^{\infty} \frac{1}{n}$ 必定发散.

第二节 常数项级数的审敛法

一般的常数项级数，它的各项可以是正数、负数或者零.现在我们先讨论各项都是非负的级数——正项级数.这种级数特别重要，以后将看到许多级数的敛散性问题可以归结为正项级数的收敛性问题.

一、正项级数及其审敛法

定义 2.1 若级数 $\sum\limits_{n=1}^{\infty} u_n$ 的各项均非负，即 $u_n \geqslant 0$，则称该级数为正项级数.

设级数

$$\sum_{n=1}^{\infty} u_n = u_1 + u_2 + u_3 + \cdots + u_n + \cdots \tag{1}$$

是一个正项级数，它的部分和为 s_n.显然，数列$\{s_n\}$是一个单调递增数列.如果数列$\{s_n\}$有界，根据单调有界的数列必有极限的准则，级数(1)必收敛于 s.反之，如果正项级数(1)收敛于 s，即 $\lim\limits_{n\to\infty} s_n = s$，根据有极限的数列是有界数列的性质可知，数列$\{s_n\}$有界.因此，我们得到如下重要的结论：

定理 2.1 正项级数 $\sum\limits_{n=1}^{\infty} u_n$ 收敛的充分必要条件是它的部分和数列$\{s_n\}$有界.

由定理 2.1 可知，如果正项级数 $\sum\limits_{n=1}^{\infty} u_n$ 发散，则它的部分和数列 $s_n \to \infty (n \to \infty)$，即 $\sum\limits_{n=1}^{\infty} u_n = +\infty$.

由此，可得关于正项级数的一个基本的审敛法.

定理 2.2(比较审敛法) 设 $\sum\limits_{n=1}^{\infty} u_n$ 和 $\sum\limits_{n=1}^{\infty} v_n$ 都是正项级数，且 $u_n \leqslant v_n (n=1,2,\cdots)$.若级数 $\sum\limits_{n=1}^{\infty} v_n$ 收敛，则级数 $\sum\limits_{n=1}^{\infty} u_n$ 收敛；反之，若级数 $\sum\limits_{n=1}^{\infty} u_n$ 发散，则级数 $\sum\limits_{n=1}^{\infty} v_n$ 发散.

证明 设级数 $\sum\limits_{n=1}^{\infty} v_n$ 收敛于和 σ，则级数 $\sum\limits_{n=1}^{\infty} u_n$ 的部分和为：

$$s_n = u_1 + u_2 + \cdots + u_n \leqslant v_1 + v_2 + \cdots + v_n \leqslant \sigma \quad (n=1,2,\cdots)$$

即部分和数列$\{s_n\}$有界，由定理 2.1 知，级数 $\sum\limits_{n=1}^{\infty} u_n$ 收敛.

反之，设级数 $\sum\limits_{n=1}^{\infty} u_n$ 发散，则级数 $\sum\limits_{n=1}^{\infty} v_n$ 必发散.因为若级数 $\sum\limits_{n=1}^{\infty} v_n$ 收敛，由上已证明的结论，将有级数 $\sum\limits_{n=1}^{\infty} u_n$ 也收敛，与假设矛盾.

推论 设 $\sum\limits_{n=1}^{\infty} u_n$ 和 $\sum\limits_{n=1}^{\infty} v_n$ 都是正项级数，如果级数 $\sum\limits_{n=1}^{\infty} v_n$ 收敛，且存在自然数 N，使当 $n \geqslant N$ 时，有 $u_n \leqslant k v_n (k>0)$ 成立，则级数 $\sum\limits_{n=1}^{\infty} u_n$ 收敛；如果级数 $\sum\limits_{n=1}^{\infty} v_n$ 发散，且当 $n \geqslant N$ 时，

有 $u_n \geqslant kv_n(k>0)$成立,则级数 $\sum\limits_{n=1}^{\infty} u_n$ 发散.

例 1　讨论 p-级数

$$\sum_{n=1}^{\infty}\frac{1}{n^p}=1+\frac{1}{2^p}+\frac{1}{3^p}+\frac{1}{4^p}+\cdots+\frac{1}{n^p}+\cdots$$

的收敛性,其中常数 $p>0$.

解　设 $p\leqslant 1$.这时$\frac{1}{n^p}\geqslant\frac{1}{n}$,而调和级数 $\sum\limits_{n=1}^{\infty}\frac{1}{n}$发散,由比较审敛法知,当 $p\leqslant 1$ 时,级数 $\sum\limits_{n=1}^{\infty}\frac{1}{n^p}$发散.

设 $p>1$,且 $n-1\leqslant x\leqslant n$,这时有:

$$\frac{1}{n^p}=\int_{n-1}^{n}\frac{1}{n^p}\mathrm{d}x\leqslant\int_{n-1}^{n}\frac{1}{x^p}\mathrm{d}x=\frac{1}{p-1}\left[\frac{1}{(n-1)^{p-1}}-\frac{1}{n^{p-1}}\right](n=2,3,\cdots)$$

对于级数 $\sum\limits_{n=2}^{\infty}\left[\frac{1}{(n-1)^{p-1}}-\frac{1}{n^{p-1}}\right]$,其部分和为:

$$s_n=\left[1-\frac{1}{2^{p-1}}\right]+\left[\frac{1}{2^{p-1}}-\frac{1}{3^{p-1}}\right]+\cdots+\left[\frac{1}{n^{p-1}}-\frac{1}{(n+1)^{p-1}}\right]=1-\frac{1}{(n+1)^{p-1}}$$

因为:

$$\lim_{n\to\infty}s_n=\lim_{n\to\infty}\left[1-\frac{1}{(n+1)^{p-1}}\right]=1$$

所以级数 $\sum\limits_{n=2}^{\infty}\left[\frac{1}{(n-1)^{p-1}}-\frac{1}{n^{p-1}}\right]$收敛.从而根据比较审敛法的推论可知,级数 $\sum\limits_{n=1}^{\infty}\frac{1}{n^p}$当 $p>1$ 时收敛.

综上所述,p-级数 $\sum\limits_{n=1}^{\infty}\frac{1}{n^p}$当 $p>1$ 时收敛,当 $p\leqslant 1$ 时发散.

例 2　证明级数 $\sum\limits_{n=1}^{\infty}\frac{1}{\sqrt{n(n+1)}}$是发散的.

证明　因为$\frac{1}{\sqrt{n(n+1)}}>\frac{1}{\sqrt{(n+1)^2}}=\frac{1}{n+1}$,而级数 $\sum\limits_{n=1}^{\infty}\frac{1}{n+1}=\frac{1}{2}+\frac{1}{3}+\cdots+\frac{1}{n+1}+\cdots$是发散的,根据比较审敛法可知,所给级数也是发散的.

定理 2.3(比较审敛法的极限形式)　设 $\sum\limits_{n=1}^{\infty}u_n$ 和 $\sum\limits_{n=1}^{\infty}v_n$ 都是正项级数,$v_n\neq 0$,且 $\lim\limits_{n\to\infty}\frac{u_n}{v_n}=l$,则:

(1)当 $0\leqslant l<+\infty$时,级数 $\sum\limits_{n=1}^{\infty}v_n$ 与 $\sum\limits_{n=1}^{\infty}u_n$ 同时收敛或同时发散;

(2)当 $l=0$ 时,若级数 $\sum\limits_{n=1}^{\infty}v_n$ 收敛,则级数 $\sum\limits_{n=1}^{\infty}u_n$ 收敛;若 $\sum\limits_{n=1}^{\infty}u_n$ 发散,则 $\sum\limits_{n=1}^{\infty}v_n$ 发散.

(3)当 $l=+\infty$时,若级数 $\sum\limits_{n=1}^{\infty}v_n$ 发散,则级数 $\sum\limits_{n=1}^{\infty}u_n$ 发散;若 $\sum\limits_{n=1}^{\infty}u_n$ 收敛,则 $\sum\limits_{n=1}^{\infty}v_n$ 收敛.

例 3　判别级数 $\sum\limits_{n=1}^{\infty}\sin\frac{1}{n}$的收敛性.

解 因为$\lim\limits_{n\to\infty}\dfrac{\sin\frac{1}{n}}{\frac{1}{n}}=1$，而级数$\sum\limits_{n=1}^{\infty}\dfrac{1}{n}$发散，根据比较审敛法的极限形式，级数$\sum\limits_{n=1}^{\infty}\sin\dfrac{1}{n}$发散.

例 4 判别级数$\sum\limits_{n=1}^{\infty}\ln\left(1+\dfrac{1}{n^2}\right)$的收敛性.

解 因为$\lim\limits_{n\to\infty}\dfrac{\ln\left(1+\frac{1}{n^2}\right)}{\frac{1}{n^2}}=1$，而级数$\sum\limits_{n=1}^{\infty}\dfrac{1}{n^2}$收敛，根据比较审敛法的极限形式，级数$\sum\limits_{n=1}^{\infty}\ln\left(1+\dfrac{1}{n^2}\right)$收敛.

定理 2.4（比值审敛法，达朗贝尔判别法） 设$\sum\limits_{n=1}^{\infty}u_n$为正项级数，对任意$n\geqslant1$，有$\lim\limits_{n\to\infty}\dfrac{u_{n+1}}{u_n}=\rho$，则：

（1）当$0\leqslant\rho<1$时，级数$\sum\limits_{n=1}^{\infty}u_n$收敛；

（2）当$\rho>1$时，级数$\sum\limits_{n=1}^{\infty}u_n$发散；

（3）当$\rho=1$时，级数$\sum\limits_{n=1}^{\infty}u_n$可能收敛，也可能发散.

例 5 证明级数$1+\dfrac{1}{1}+\dfrac{1}{1\cdot2}+\dfrac{1}{1\cdot2\cdot3}+\cdots+\dfrac{1}{1\cdot2\cdot3\cdots(n-1)}+\cdots$是收敛的.

解 因为$\lim\limits_{n\to\infty}\dfrac{u_{n+1}}{u_n}=\lim\limits_{n\to\infty}\dfrac{1\cdot2\cdot3\cdots(n-1)}{1\cdot2\cdot3\cdots n}=\lim\limits_{n\to\infty}\dfrac{1}{n}=0<1$，根据比值审敛法可知，所给级数收敛.

例 6 判别级数$\dfrac{1}{10}+\dfrac{1\cdot2}{10^2}+\dfrac{1\cdot2\cdot3}{10^3}+\cdots+\dfrac{n!}{10^n}+\cdots$的收敛性.

解 因为$\lim\limits_{n\to\infty}\dfrac{u_{n+1}}{u_n}=\lim\limits_{n\to\infty}\dfrac{(n+1)!}{10^{n+1}}\cdot\dfrac{10^n}{n!}=\lim\limits_{n\to\infty}\dfrac{n+1}{10}=\infty$，根据比值审敛法可知，所给级数发散.

例 7 判别级数$\sum\limits_{n\to\infty}^{\infty}\dfrac{1}{(2n-1)\cdot2n}$的收敛性.

解
$$\lim_{n\to\infty}\frac{u_{n+1}}{u_n}=\lim_{n\to\infty}\frac{(2n-1)\cdot2n}{(2n+1)\cdot(2n+2)}=1$$
这时$\rho=1$，比值审敛法失效，必须用其他方法来判别级数的收敛性.

因为$\dfrac{1}{(2n-1)\cdot2n}<\dfrac{1}{n^2}$，而级数$\sum\limits_{n=1}^{\infty}\dfrac{1}{n^2}$收敛，因此由比较审敛法可知，所给级数收敛.

定理 2.5（根值审敛法，柯西判别法） 设$\sum\limits_{n=1}^{\infty}u_n$是正项级数，且$\lim\limits_{n\to\infty}\sqrt[n]{u_n}=\rho$，则：

(1)当 $0\leqslant\rho<1$ 时,级数 $\sum\limits_{n=1}^{\infty}u_n$ 收敛;

(2)当 $\rho>1$ 时,级数 $\sum\limits_{n=1}^{\infty}u_n$ 发散;

(3)当 $\rho=1$ 时,级数 $\sum\limits_{n=1}^{\infty}u_n$ 可能收敛,也可能发散.

例 8　证明级数 $1+\frac{1}{2^2}+\frac{1}{3^3}+\cdots+\frac{1}{n^n}+\cdots$是收敛的,并估计以级数的部分和 s_n 近似代替和 s 所产生的误差.

解　因为$\lim\limits_{n\to\infty}\sqrt[n]{u_n}=\lim\limits_{n\to\infty}\sqrt[n]{\frac{1}{n^n}}=\lim\limits_{n\to\infty}\frac{1}{n}=0$,所以根据根值审敛法可知,所给级数收敛.

以这个级数的部分和 s_n 近似代替和 s 所产生的误差为:

$$\begin{aligned}|r_n|&=\frac{1}{(n+1)^{n+1}}+\frac{1}{(n+2)^{n+2}}+\frac{1}{(n+3)^{n+3}}+\cdots\\&<\frac{1}{(n+1)^{n+1}}+\frac{1}{(n+1)^{n+2}}+\frac{1}{(n+1)^{n+3}}+\cdots+\\&=\frac{1}{n\,(n+1)^n}\end{aligned}$$

例 9　判定级数 $\sum\limits_{n=1}^{\infty}\frac{2+(-1)^n}{2^n}$的收敛性.

解　因为:

$$\lim_{n\to\infty}\sqrt[n]{u_n}=\lim_{n\to\infty}\frac{1}{2}\sqrt[n]{2+(-1)^n}=\frac{1}{2}$$

所以,根据根值审敛法可知,所给级数收敛.

定理 2.6(极限审敛法)　设 $\sum\limits_{n=1}^{\infty}u_n$ 为正项级数,则:

(1)当$\lim\limits_{n\to\infty}nu_n=l>0$(包括$\lim\limits_{n\to\infty}nu_n=+\infty$)时,级数 $\sum\limits_{n=1}^{\infty}u_n$ 发散;

(2)当 $p>1$,而$\lim\limits_{n\to\infty}n^pu_n=l\,(0\leqslant l<+\infty)$时,级数 $\sum\limits_{n=1}^{\infty}u_n$ 收敛.

例 10　判定级数 $\sum\limits_{n=1}^{\infty}\ln\left(1+\frac{1}{n^2}\right)$的收敛性.

解　因为 $\ln\left(1+\frac{1}{n^2}\right)\sim\frac{1}{n^2}(n\to\infty)$,故:

$$\lim_{n\to\infty}n^2u_n=\lim_{n\to\infty}n^2\ln\left(1+\frac{1}{n^2}\right)=\lim_{n\to\infty}n^2\cdot\frac{1}{n^2}=1$$

根据极限审敛法可知,所给级数收敛.

例 11　判定级数 $\sum\limits_{n=1}^{\infty}\sqrt{n+1}\left(1-\cos\frac{\pi}{n}\right)$的收敛性.

解　因为:

$$\lim_{n\to\infty}n^{\frac{3}{2}}u_n=\lim_{n\to\infty}n^{\frac{3}{2}}\sqrt{n+1}\left(1-\cos\frac{\pi}{n}\right)=\lim_{n\to\infty}n^2\sqrt{\frac{n+1}{n}}\cdot\frac{1}{2}\left(\frac{\pi}{n}\right)^2=\frac{1}{2}\pi^2$$

根据极限审敛法可知,所给级数收敛.

定理 2.7(积分审敛法) 设 $\sum_{n=1}^{\infty} u_n$ 为正项级数,$f(x)$是$[1,+\infty)$上的单调递减连续函数,且对任意自然数 $n \geqslant 1$ 有:

$$f(n)=u_n$$

则级数 $\sum_{n=1}^{\infty} u_n$ 收敛的充分必要条件是广义积分 $\int_1^{+\infty} f(x)\mathrm{d}x$ 收敛.

例 12 判定级数 $\sum_{n=2}^{\infty} \frac{1}{n\ln n}$的收敛性.

解 设 $f(x)=\frac{1}{x\ln x}$,$x\in[2,+\infty)$,在此定义区间中,$f(x)$单调递减连续,且 $f(n)=\frac{1}{n\ln n}=u_n(n=2,3,\cdots)$,由于:

$$\int_2^{+\infty} \frac{1}{x\ln x}\mathrm{d}x=\ln|\ln x|\Big|_2^{+\infty}=+\infty-\ln\ln 2=+\infty$$

即广义积分 $\int_2^{+\infty} \frac{1}{x\ln x}\mathrm{d}x$ 发散,所以原级数 $\sum_{n=2}^{\infty} \frac{1}{n\ln n}$发散.

二、交错级数及其审敛法

定义 2.2 常数项级数的各项依次正负相间,就称该级数为交错级数.它的一般形式如下:

$$\sum_{n=1}^{\infty} (-1)^{n-1}u_n,\text{其中 } u_n>0$$

例如,$\sum_{n=1}^{\infty} (-1)^{n-1}\frac{1}{n}$是交错级数,但 $\sum_{n=1}^{\infty} (-1)^{n-1}\frac{1-\cos n\pi}{n}$ 不是交错级数.

下面给出关于交错级数的一个审敛法.

定理 2.8(莱布尼茨定理) 如果交错级数 $\sum_{n=1}^{\infty} (-1)^{n-1}u_n$ 满足条件:

(1)$u_n \geqslant u_{n+1}(n=,1,2,\cdots)$;

(2)$\lim\limits_{n\to\infty} u_n=0$.

则级数收敛,且其和 $s\leqslant u_1$,其余项满足$|r_n|\leqslant u_{n+1}$.

例 13 证明级数 $\sum_{n=1}^{\infty} (-1)^{n-1}\frac{1}{n}$收敛,并估计其和及余项.

证明 这是一个交错级数.而且该级数满足:

(1)$u_n=\frac{1}{n}>\frac{1}{n+1}=u_{n+1}(n=,1,2,\cdots)$;

(2)$\lim\limits_{n\to\infty} u_n=\lim\limits_{n\to\infty}\frac{1}{n}=0$.

由莱布尼茨定理,该级数是收敛的,且其和 $s<u_1=1$,余项$|r_n|\leqslant u_{n+1}=\frac{1}{n+1}$.

三、绝对收敛与条件收敛

现在我们讨论一般的级数:

$$\sum_{n=1}^{\infty} u_n = u_1 + u_2 + \cdots + u_n + \cdots$$

它的各项为任意实数.

定义 2.3 若级数 $\sum_{n=1}^{\infty} u_n$ 各项的绝对值所构成的级数 $\sum_{n=1}^{\infty} |u_n|$ 收敛,则称级数 $\sum_{n=1}^{\infty} u_n$ 绝对收敛；若级数 $\sum_{n=1}^{\infty} u_n$ 收敛,而级数 $\sum_{n=1}^{\infty} |u_n|$ 发散,则称级数 $\sum_{n=1}^{\infty} u_n$ 条件收敛.

例 14 级数 $\sum_{n=1}^{\infty} (-1)^{n-1}\frac{1}{n^2}$ 是绝对收敛的,而级数 $\sum_{n=1}^{\infty} (-1)^{n-1}\frac{1}{n}$ 是条件收敛的.

定理 2.9 如果级数 $\sum_{n=1}^{\infty} u_n$ 绝对收敛,则级数 $\sum_{n=1}^{\infty} u_n$ 必定收敛.

注意 如果级数 $\sum_{n=1}^{\infty} |u_n|$ 发散,我们不能断定级数 $\sum_{n=1}^{\infty} u_n$ 也发散.但是,如果我们用比值法或根值法判定级数 $\sum_{n=1}^{\infty} |u_n|$ 发散,则我们可以断定级数 $\sum_{n=1}^{\infty} u_n$ 必定发散.这是因为,此时 $|u_n|$ 不趋向于零,从而 u_n 也不趋向于零,因此级数 $\sum_{n=1}^{\infty} u_n$ 也是发散的.

例 15 判别级数 $\sum_{n=1}^{\infty} \frac{\sin na}{n^2}$ 的收敛性.

解 因为 $\left|\frac{\sin na}{n^2}\right| \leqslant \frac{1}{n^2}$,而级数 $\sum_{n=1}^{\infty} \frac{1}{n^2}$ 是收敛的,所以级数 $\sum_{n=1}^{\infty} \left|\frac{\sin na}{n^2}\right|$ 收敛,从而级数 $\sum_{n=1}^{\infty} \frac{\sin na}{n^2}$ 绝对收敛.

例 16 判别级数 $\sum_{n=1}^{\infty} (-1)^n \frac{1}{2^n}\left(1+\frac{1}{n}\right)^{n^2}$ 的收敛性.

解 由 $|u_n| = \frac{1}{2^n}\left(1+\frac{1}{n}\right)^{n^2}$,有 $\lim\limits_{n\to\infty}\sqrt[n]{|u_n|} = \frac{1}{2}\lim\limits_{n\to\infty}\left(1+\frac{1}{n}\right)^n = \frac{e}{2} > 1$,可知 $\lim\limits_{n\to\infty} u_n \neq 0$,因此级数 $\sum_{n=1}^{\infty} (-1)^n \frac{1}{2^n}\left(1+\frac{1}{n}\right)^{n^2}$ 是发散的.

第三节 幂级数

一、函数项级数的概念

前面讨论的是数项级数,它的每一项都是常数,当级数的通项是在某一区间 I 上的函数时,就称为函数项级数,即:

$$\sum_{n=1}^{\infty} u_n(x) = u_1(x) + u_2(x) + \cdots + u_n(x) + \cdots$$

其中,$u_n(x)$,$n=1,2,\cdots$ 是定义在区间 I 上的函数.

定义 3.1 对于区间 I 内的一定点 x_0,若常数项级数 $\sum_{n=1}^{\infty} u_n(x_0)$ 收敛,则称点 x_0 是函数

项级数 $\sum_{n=1}^{\infty} u_n(x)$ 的收敛点；若常数项级数 $\sum_{n=1}^{\infty} u_n(x_0)$ 发散，则称点 x_0 是级数 $\sum_{n=1}^{\infty} u_n(x)$ 的发散点.函数项级数 $\sum_{n=1}^{\infty} u_n(x)$ 的所有收敛点的全体称为它的收敛域，所有发散点的全体称为它的发散域.

定义 3.2 在函数项级数 $\sum_{n=1}^{\infty} u_n(x)$ 的收敛域上，其和是关于 x 的函数 $s(x)$，把 $s(x)$ 称为函数项级数 $\sum_{n=1}^{\infty} u_n(x)$ 的和函数，并写成 $s(x)=\sum_{n=1}^{\infty} u_n(x)$.

定义 3.3 把函数项级数 $\sum_{n=1}^{\infty} u_n(x)$ 的前 n 项的部分和记作 $s_n(x)$，即：

$$s_n(x)=u_1(x)+u_2(x)+\cdots+u_n(x)$$

在收敛域上有 $\lim\limits_{n\to\infty} s_n(x)=s(x)$.函数项级数 $\sum_{n=1}^{\infty} u_n(x)$ 的和函数 $s(x)$ 与部分和 $s_n(x)$ 的差 $r_n(x)=s(x)-s_n(x)$ 叫做函数项级数 $\sum_{n=1}^{\infty} u_n(x)$ 的余项. 在函数项级数 $\sum_{n=1}^{\infty} u_n(x)$ 的收敛域上有 $\lim\limits_{n\to\infty} r_n(x)=0$.

例如，幂级数 $\sum_{n=1}^{\infty} x^{n-1}=1+x+x^2+\cdots+x^n+\cdots$ 可以看成是公比为 x 的几何级数.当 $|x|<1$ 时，该级数是收敛的；当 $|x|\geqslant 1$ 时，该级数是发散的.因此，该级数的收敛域为 $(-1,1)$，在收敛域内有和函数 $\frac{1}{1-x}=1+x+x^2+x^3+\cdots+x^n+\cdots$.

二、幂级数及其收敛域

我们不讨论一般的函数项级数，而是就 $u_n(x)$ 为 $a_n(x-x_0)^n$ 的情形，即下面要定义的幂级数来展开讨论.幂级数在函数逼近理论及数值计算中有广泛的应用.

定义 3.4 形如

$$\sum_{n=1}^{\infty} a_n(x-x_0)^n=a_0+a_1(x-x_0)+\cdots+a_n(x-x_0)^n+\cdots \tag{1}$$

的级数，称为 $(x-x_0)$ 的幂级数，其中 $x_0\in R$ 为常数，$a_0,a_1,a_2,\cdots,a_n,\cdots$ 均为实常数，称为幂级数的系数.

注意 当 $x_0=0$ 时，幂级数的一般形式(1)就化为

$$\sum_{n=1}^{\infty} a_n x^n=a_0+a_1x+\cdots+a_nx^n+\cdots \tag{2}$$

式(2)称为 x 的幂级数.因为只要令 $t=x-x_0$，就可把式(1)化为式(2)，所以不失一般性，我们讨论幂级数(2)的收敛性问题.

定理 3.1（阿贝尔定理） 若幂级数 $\sum_{n=0}^{\infty} a_n x^n$ 在 $x=x_0(\neq 0)$ 处收敛，则对满足不等式 $|x|<|x_0|$ 的任何 x，该幂级数绝对收敛.反之，若幂级数 $\sum_{n=0}^{\infty} a_n x^n$ 在 $x=x_0$ 处发散，则对满足不等式 $|x|>|x_0|$ 的任何 x，该幂级数发散.

定理 3.1 告诉我们，如果幂级数在 $x=x_0$ 处收敛，则它在开区间 $(-|x_0|,|x_0|)$ 内都收敛，且绝对收敛；如果幂级数在 $x=x_0$ 处发散，则它在区间 $(-\infty,-|x_0|)$ 和 $(|x_0|,+\infty)$ 上都发散.这表明，幂级数在收敛域中除了零点外，还有非零的收敛点时，发散点不可能处在零点和非零收敛点之间.也就是说，幂级数的收敛域一定是一个包含 $x=0$ 的连续区间，且除了端点之外，这个区间是关于原点对称的.从而，我们得到如下重要的推论：

推论　如果幂级数 $\sum\limits_{n=0}^{\infty} a_n x^n$ 不是仅在点 $x=0$ 一点收敛，也不是在 $(-\infty,+\infty)$ 上都收敛，则必存在一个完全确定的正数 R，使得：

(1)当 $|x|<R$ 时，幂级数绝对收敛；

(2)当 $|x|>R$ 时，幂级数发散；

(3)当 $|x|=R$ 时，幂级数可能收敛，也可能发散.

正数 R 通常叫做幂级数 $\sum\limits_{n=0}^{\infty} a_n x^n$ 的收敛半径.开区间 $(-R,R)$ 叫做幂级数 $\sum\limits_{n=0}^{\infty} a_n x^n$ 的收敛区间.再由幂级数在 $x=\pm R$ 处的敛散性，就可以决定它的收敛域.幂级数 $\sum\limits_{n=0}^{\infty} a_n x^n$ 的收敛域为 $(-R,R)$，$[-R,R)$，$(-R,R]$，$[-R,R]$ 四种形式之一.

注意　若幂级数 $\sum\limits_{n=0}^{\infty} a_n x^n$ 仅在 $x=0$ 处收敛，此时收敛域中只有一点 $x=0$，规定此时幂级数的收敛半径 $R=0$，若幂级数 $\sum\limits_{n=0}^{\infty} a_n x^n$ 对一切 x 都收敛，则规定收敛半径 $R=+\infty$，收敛域为 $(-\infty,+\infty)$.

关于幂级数收敛半径的求法，有如下定理：

定理 3.2　如果幂级数 $\sum\limits_{n=0}^{\infty} a_n x^n (a_n\neq 0)$ 相邻两项的系数满足

$$\lim_{n\to\infty}\left|\frac{a_{n+1}}{a_n}\right|=\rho$$

则该幂级数的收敛半径为：

$$R=\begin{cases}+\infty, & \rho=0\\ \dfrac{1}{\rho}, & \rho\neq 0\\ 0, & \rho=+\infty\end{cases}$$

证明　考察幂级数的各项绝对值所构成的级数 $\sum\limits_{n=0}^{\infty} |a_n x^n|$，因为：

$$\lim_{n\to\infty}\left|\frac{a_{n+1}x^{n+1}}{a_n x^n}\right|=\lim_{n\to\infty}\left|\frac{a_{n+1}}{a_n}\right|\cdot|x|=\rho|x|$$

所以由正项级数比值审敛法，可知：

(1)若 $0<\rho<+\infty$，则当 $\rho|x|<1$ 时，幂级数 $\sum\limits_{n=0}^{\infty} a_n x^n$ 绝对收敛；当 $\rho|x|>1$ 时，幂级数 $\sum\limits_{n=0}^{\infty} a_n x^n$ 发散，所以幂级数 $\sum\limits_{n=0}^{\infty} a_n x^n$ 的收敛半径 $R=\dfrac{1}{\rho}$.

(2)若 $\rho=0$，则对任何 $x\neq 0$，有 $\rho|x|=0<1$，幂级数 $\sum\limits_{n=0}^{\infty} a_n x^n$ 在 $(-\infty,+\infty)$ 绝对收敛，

所以幂级数 $\sum_{n=0}^{\infty} a_n x^n$ 的收敛半径$R=+\infty$.

(3)若 $\rho=+\infty$,则对除 $x=0$ 外的其他一切 x,$\rho|x|=+\infty>1$,幂级数 $\sum_{n=0}^{\infty} a_n x^n$ 都发散,所以幂级数 $\sum_{n=0}^{\infty} a_n x^n$ 的收敛半径$R=0$.

例 1 求幂级数

$$\sum_{n=1}^{\infty}(-1)^{n-1}\frac{x^n}{n}=x-\frac{x^2}{2}+\frac{x^3}{3}-\cdots+(-1)^{n-1}\frac{x^n}{n}+\cdots$$

的收敛半径与收敛域.

解 因为$\rho=\lim\limits_{n\to\infty}\left|\frac{a_{n+1}}{a_n}\right|=\lim\limits_{n\to\infty}\frac{\frac{1}{n+1}}{\frac{1}{n}}=1$,所以收敛半径为$R=\frac{1}{\rho}=1$.

当 $x=1$ 时,幂级数成为 $\sum_{n=1}^{\infty}(-1)^{n-1}\frac{1}{n}$,是收敛的;

当 $x=-1$ 时,幂级数成为 $\sum_{n=1}^{\infty}\left(-\frac{1}{n}\right)$,是发散的.

因此,该幂级数的收敛域为$(-1,1]$.

例 2 求幂级数 $\sum_{n=0}^{\infty}\frac{1}{n!}x^n=1+x+\frac{1}{2!}x^2+\frac{1}{3!}x^3+\cdots+\frac{1}{n!}x^n+\cdots$的收敛域.

解 因为

$$\rho=\lim_{n\to\infty}\left|\frac{a_{n+1}}{a_n}\right|=\lim_{n\to\infty}\frac{\frac{1}{(n+1)!}}{\frac{1}{n!}}=\lim_{n\to\infty}\frac{n!}{(n+1)!}=0$$

所以收敛半径为$R=+\infty$,从而收敛域为$(-\infty,+\infty)$.

例 3 求幂级数 $\sum_{n=0}^{\infty} n!\ x^n$ 的收敛半径.

解 因为$\rho=\lim\limits_{n\to\infty}\left|\frac{a_{n+1}}{a_n}\right|=\lim\limits_{n\to\infty}\frac{(n+1)!}{n!}=+\infty$,所以收敛半径为 $R=0$,即级数仅在 $x=0$ 处收敛.

例 4 求幂级数 $\sum_{n=0}^{\infty}\frac{(2n)!}{(n!)^2}x^{2n}$的收敛半径.

解 由于该级数缺少奇次幂的项,定理 3.2 不适用.我们可以直接根据比值审敛法来求收敛半径:

幂级数的一般项记为 $u_n(x)=\frac{(2n)!}{(n!)^2}x^{2n}$,且$\lim\limits_{n\to\infty}\left|\frac{u_{n+1}(x)}{u_n(x)}\right|=4|x|^2$,于是,当 $4|x|^2<1$ 即$|x|<\frac{1}{2}$时,原级数收敛;当 $4|x|^2>1$ 即$|x|>\frac{1}{2}$时,原级数发散,所以收敛半径为$R=\frac{1}{2}$.

例 5 求幂级数 $\sum_{n=1}^{\infty}\frac{(x-1)^n}{2^n n}$的收敛域.

解　令 $t=x-1$,原级数变为 $\sum\limits_{n=1}^{\infty}\frac{t^n}{2^n n}$.因为 $\rho=\lim\limits_{n\to\infty}\left|\frac{a_{n+1}}{a_n}\right|=\frac{2^n\cdot n}{2^{n+1}\cdot(n+1)}=\frac{1}{2}$,所以收敛半径 $R=2$,收敛区间 $t\in(-2,2)$.

当 $t=2$ 时,原级数化为 $\sum\limits_{n=1}^{\infty}\frac{1}{n}$,该级数发散;当 $t=-2$ 时,原级数化为 $\sum\limits_{n=1}^{\infty}\frac{(-1)}{n}$,该级数收敛.因此,级数 $\sum\limits_{n=1}^{\infty}\frac{t^n}{2^n n}$ 的收敛域为 $t\in[-2,2)$.所以,原级数的收敛域为 $x\in[-1,3)$.

三、幂级数的性质及运算

设幂级数 $\sum\limits_{n=0}^{\infty}a_nx^n$ 及 $\sum\limits_{n=0}^{\infty}b_nx^n$ 分别在区间 $(-R_1,R_1)$ 及 $(-R_2,R_2)$ 内收敛,且 $R'=\min(R_1,R_2)$,则有如下计算法则:

(1)加减法:$\sum\limits_{n=0}^{\infty}a_nx^n\pm\sum\limits_{n=0}^{\infty}b_nx^n=\sum\limits_{n=0}^{\infty}(a_n\pm b_n)x^n,x\in(-R',R')$;

(2)乘法:$(\sum\limits_{n=0}^{\infty}a_nx^n)\cdot(\sum\limits_{n=0}^{\infty}b_nx^n)=\sum\limits_{n=0}^{\infty}(a_nb_0+a_{n-1}b_1+\cdots+a_0b_n)x^n,x\in(-R',R')$.

设幂级数 $\sum\limits_{n=0}^{\infty}a_nx^n$ 在收敛域 $(-R,R)$ 内的和函数为 $s(x)$,则有如下性质:

性质 1　幂级数 $\sum\limits_{n=0}^{\infty}a_nx^n$ 的和函数 $s(x)$ 在其收敛域 $(-R,R)$ 内连续.

性质 2　幂级数 $\sum\limits_{n=0}^{\infty}a_nx^n$ 的和函数 $s(x)$ 在其收敛域 $(-R,R)$ 内可积,并且有逐项积分公式:

$$\int_0^x s(x)\mathrm{d}x=\int_0^x\left(\sum_{n=0}^{\infty}a_nx^n\right)\mathrm{d}x=\sum_{n=0}^{\infty}\int_0^x a_nx^n\mathrm{d}x=\sum_{n=0}^{\infty}\frac{a_n}{n+1}x^{n+1}\qquad x\in(-R,R)$$

逐项积分后所得到的幂级数和原幂级数有相同的收敛半径.

性质 3　幂级数 $\sum\limits_{n=0}^{\infty}a_nx^n$ 的和函数 $s(x)$ 在其收敛域 $(-R,R)$ 内可导,并且有逐项求导公式:

$$s'(x)=\left(\sum_{n=0}^{\infty}a_nx^n\right)'=\sum_{n=0}^{\infty}(a_nx^n)'=\sum_{n=1}^{\infty}na_nx^{n-1}\qquad x\in(-R,R)$$

逐项求导后所得到的幂级数和原幂级数有相同的收敛半径.

注意　经过逐项可导或逐项积分后,所得的幂级数的收敛半径虽然不变,但端点的敛散性却会有所变化,故需另作判断.

利用我们已知的一些幂级数的和函数以及幂级数可以逐项求导和逐项积分的运算规则,可以求出一些幂级数的和函数.

例 6　求幂级数 $\sum\limits_{n=0}^{\infty}\frac{1}{n+1}x^n$ 的和函数.

解　求得幂级数 $\sum\limits_{n=0}^{\infty}\frac{1}{n+1}x^n$ 的收敛域为 $[-1,1)$.

设幂级数 $\sum\limits_{n=0}^{\infty}\frac{1}{n+1}x^n$ 的和函数为 $s(x)$,即 $s(x)=\sum\limits_{n=0}^{\infty}\frac{1}{n+1}x^n,x\in[-1,1)$.显然,$s(0)=1$.

在 $xs(x)=\sum_{n=0}^{\infty}\frac{1}{n+1}x^{n+1}$ 的两边求导，得：

$$[xs(x)]'=\sum_{n=0}^{\infty}\left(\frac{1}{n+1}x^{n+1}\right)'=\sum_{n=0}^{\infty}x^n=\frac{1}{1-x}$$

对上式从 0 到 x 积分，得：

$$xs(x)=\int_0^x\frac{1}{1-x}\mathrm{d}x=-\ln(1-x)$$

于是，当 $x\neq0$ 时，有 $s(x)=-\frac{1}{x}\ln(1-x)$.从而：

$$s(x)=\begin{cases}-\frac{1}{x}\ln(1-x) & 0<|x|<1\\ 1 & x=0\end{cases}$$

由幂级数的和函数的连续性可知，这里和函数 $s(x)$ 在 $x=0$ 是连续的，我们不难验证：

$$\lim_{x\to0}s(x)=\lim_{x\to0}\left[-\frac{1}{x}\ln(1-x)\right]=\lim_{x\to0}\left(-\frac{-1}{1-x}\right)=1=s(0)$$

注意 幂级数 $\sum_{n=0}^{\infty}x^n$ 在 $x=-1$ 发散，而 $\sum_{n=0}^{\infty}\frac{1}{n+1}x^n$ 在 $x=-1$ 收敛.

例 7 求级数 $\sum_{n=0}^{\infty}\frac{(-1)^n}{n+1}$ 的和.

解 考虑幂级数 $\sum_{n=0}^{\infty}\frac{1}{n+1}x^n$，该级数在 $[-1,1)$ 上收敛，设其和函数为 $s(x)$，则 $s(-1)=\sum_{n=0}^{\infty}\frac{(-1)^n}{n+1}$.

在例 6 中已得到 $s(x)=-\frac{1}{x}\ln(1-x)$，于是 $s(-1)=\ln2$，即 $\sum_{n=0}^{\infty}\frac{(-1)^n}{n+1}=\ln2$.

第四节 泰勒级数和函数展开成幂级数

一、泰勒级数

前面我们讨论了幂级数所确定的和函数的性质.下面讨论相反的问题，即给定函数 $f(x)$，能否找到一个幂级数，该幂级数在某区间内收敛，且其和函数恰好就是给定的函数 $f(x)$.如果能找到这样的幂级数，我们就说，函数 $f(x)$ 在该区间内能展开成幂级数，而该幂级数在收敛区间内就表达了函数 $f(x)$.

定义 4.1 若函数 $f(x)$ 在点 x_0 的某邻域内具有 $n+1$ 阶导数，则在该邻域内的任意一点 x，有：

$$f(x)=f(x_0)+f'(x_0)(x-x_0)+\frac{f''(x_0)}{2!}(x-x_0)^2+\cdots+\frac{f^{(n)}(x_0)}{n!}(x-x_0)^n+R_n(x) \tag{1}$$

其中，$R_n(x)=\dfrac{f^{(n+1)}(\xi)}{(n+1)!}(x-x_0)^{n+1}$（$\xi$ 介于 x 与 x_0 之间）.

式(1)称为 $f(x)$ 在 $x=x_0$ 处的 n 阶泰勒公式，$R_n(x)$ 称为泰勒公式的余项，而

$$P_n(x)=f(x_0)+f'(x_0)(x-x_0)+\frac{f''(x_0)}{2!}(x-x_0)^2+\cdots+\frac{f^{(n)}(x_0)}{n!}(x-x_0)^n \quad (2)$$

称为 $f(x)$ 在 $x=x_0$ 处的 n 阶泰勒多项式.当 $n\to\infty$ 时，$f(x)$ 在 $x=x_0$ 处的 n 阶泰勒多项式(2)就化为幂级数：

$$\sum_{n=0}^{\infty}\frac{f^{(n)}(x_0)}{n!}(x-x_0)^n=f(x_0)+f'(x_0)(x-x_0)+\frac{f''(x_0)}{2!}(x-x_0)^2+\cdots+\frac{f^{(n)}(x_0)}{n!}(x-x_0)^n+\cdots \quad (3)$$

幂级数(3)称为函数 $f(x)$ 在 $x=x_0$ 处的泰勒级数.显然，当 $x=x_0$ 时，$f(x)$ 的泰勒级数收敛于 $f(x_0)$.

$f(x)$ 在 $x_0=0$ 处的泰勒级数

$$\sum_{n=0}^{\infty}\frac{f^{(n)}(x_0)}{n!}x^n=f(0)+f'(0)x+\frac{f''(0)}{2!}x^2+\cdots+\frac{f^{(n)}(0)}{n!}x^n+\cdots$$

称为 $f(x)$ 的麦克劳林级数.

当 $f(x)$ 在点 x_0 的某一邻域具有任意阶导数时，$f(x)$ 在点 x_0 处总可以写出对应的泰勒级数，但该级数是否收敛？若收敛，是否一定以 $f(x)$ 为和函数？为此，我们不加证明地给出如下定理：

定理 4.1　设函数 $f(x)$ 在点 x_0 的某一邻域 $U(x_0)$ 内具有任意阶导数，则 $f(x)$ 在该邻域 $U(x_0)$ 内能展开成泰勒级数的充分必要条件是 $f(x)$ 的泰勒公式(1)中的余项 $R_n(x)$ 满足：

$$\lim_{n\to\infty}R_n(x)=0\ (x\in U(x_0))$$

注意　函数的麦克劳林级数是 x 的幂级数，如果 $f(x)$ 能展开成 x 的幂级数，那么这种展开式是唯一的，它一定等于 $f(x)$ 的麦克劳林级数.但是，反过来，如果 $f(x)$ 的麦克劳林级数在点 $x_0=0$ 的某邻域内收敛，它却不一定收敛于 $f(x)$.因此，如果 $f(x)$ 在点 $x_0=0$ 处具有各阶导数，则 $f(x)$ 的麦克劳林级数虽然能写出来，但这个级数是否在某个区间内收敛，以及是否收敛于 $f(x)$，却需要进一步考察.

二、函数展开成幂级数

把一个给定函数 $f(x)$ 展开成 x 的幂级数，一般有直接法和间接法两种方法.

1.直接展开法

按下列步骤把给定函数 $f(x)$ 展开成 x 的幂级数的方法，叫做直接展开法:

(1)计算 $f(x)$ 的各阶导数及其在 $x=0$ 处的导数值:$f^{(n)}(x)$ 和 $f^{(n)}(0)$；

(2)写出麦克劳林级数 $\sum\limits_{n=0}^{\infty}\dfrac{f^{(n)}(x_0)}{n!}x^n$，并求出收敛半径 R；

(3)考察在收敛区间 $f(x)$ 内，余项的极限 $\lim\limits_{n\to\infty}R_n(x)=0$ 是否成立.如果成立，则 $f(x)$ 在 $(-R,R)$ 内有展开式：

$$f(x)=f(0)+f'(0)x+\frac{f''(0)}{2!}x^2+\cdots+\frac{f^{(n)}(0)}{n!}x^n+\cdots \qquad x\in(-R,R)$$

例 1 将函数 $f(x)=e^x$ 展开成 x 的幂级数.

解 因为 $f^{(n)}(x)=e^x$，因此 $f^{(n)}(0)=1, n=1,2,\cdots$.于是得级数：

$$\sum_{n=0}^{\infty}\frac{x^n}{n!}=1+x+\frac{1}{2!}x^2+\cdots\frac{1}{n!}x^n+\cdots$$

它的收敛半径 $R=+\infty$.

对于任何有限的数 x,ξ(ξ 介于 0 与 x 之间)，有：

$$|R_n(x)|=\left|\frac{e^{\xi}}{(n+1)!}x^{n+1}\right|<e^{|x|}\cdot\frac{|x|^{n+1}}{(n+1)!}$$

由于 $e^{|x|}$ 有限，且 $\frac{|x|^{n+1}}{(n+1)!}$ 是收敛级数 $\sum_{n=0}^{\infty}\frac{|x|^{n+1}}{(n+1)!}$ 的一般项，$\lim_{n\to\infty}\frac{|x|^{n+1}}{(n+1)!}=0$，所以 $\lim_{n\to\infty}|R_n(x)|=0$，从而有展开式：

$$e^x=1+x+\frac{1}{2!}x^2+\cdots+\frac{1}{n!}x^n+\cdots\qquad(-\infty<x<+\infty)$$

例 2 将函数 $f(x)=\sin x$ 展开成 x 的幂级数.

解 因为 $f^{(n)}(x)=\sin(x+n\cdot\frac{\pi}{2}), n=1,2,\cdots$，于是得级数：

$$x-\frac{x^3}{3!}+\frac{x^5}{5!}-\cdots+(-1)^{n-1}\frac{x^{2n-1}}{(2n-1)!}+\cdots$$

它的收敛半径为 $R=+\infty$.

对于任何有限的数 x,ξ(ξ 介于 0 与 x 之间)，有：

$$|R_n(x)|=\left|\frac{\sin[\xi+\frac{(n+1)\pi}{2}]}{(n+1)!}x^{n+1}\right|\leqslant\frac{|x|^{n+1}}{(n+1)!}\to 0\quad(n\to 0)$$

因此得展开式：

$$\sin x=x-\frac{x^3}{3!}+\frac{x^5}{5!}-\cdots+(-1)^{n-1}\frac{x^{2n-1}}{(2n-1)!}+\cdots\qquad(-\infty<x<+\infty)$$

我们还可以证明：

$$(1+x)^{\alpha}=1+\alpha x+\frac{\alpha(\alpha-1)}{2!}x^2+\cdots+\frac{\alpha(\alpha-1)\cdots(\alpha-n+1)}{n!}x^n+\cdots\qquad(-1<x<1)$$

2.间接展开法

例 3 将函数 $f(x)=\cos x$ 展开成 x 的幂级数.

解 已知

$$\sin x=x-\frac{x^3}{3!}+\frac{x^5}{5!}-\cdots+(-1)^{n-1}\frac{x^{2n-1}}{(2n-1)!}+\cdots\qquad(-\infty<x<+\infty)$$

对上式两边求导，得：

$$\cos x=1-\frac{x^2}{2!}+\frac{x^4}{4!}-\cdots+(-1)^n\frac{x^{2n}}{(2n)!}+\cdots\qquad(-\infty<x<+\infty)$$

例 4 将函数 $f(x)=\frac{1}{1+x^2}$ 展开成 x 的幂级数.

解 因为

$$\frac{1}{1-x}=1+x+x^2+\cdots+x^n+\cdots\qquad(-1<x<1)$$

把 x 换成 $-x^2$,得:

$$\frac{1}{1+x^2}=1-x^2+x^4-\cdots+(-1)^n x^{2n}+\cdots \qquad (-1<x<1)$$

注:收敛半径的确定:由 $-1<-x^2<1$,得 $-1<x<1$.

例 5 将函数 $f(x)=\ln(1+x)$ 展开成 x 的幂级数.

解 因为 $f'(x)=\frac{1}{1+x}$,而 $\frac{1}{1+x}$ 是收敛的等比级数 $\sum_{n=0}^{\infty}(-1)^n x^n(-1<x<1)$ 的和函数:

$$\frac{1}{1+x}=1-x+x^2-x^3+\cdots+(-1)^n x^n+\cdots$$

所以,将上式从 0 到 x 逐项积分,得:

$$\ln(1+x)=x-\frac{x^2}{2}+\frac{x^3}{3}-\frac{x^4}{4}+\cdots+(-1)^n\frac{x^{n+1}}{n+1}+\cdots \qquad (-1<x<1)$$

上述展开式对 $x=1$ 也成立,这是因为上式右端的幂级数当 $x=1$ 时收敛,而 $\ln(1+x)$ 在 $x=1$ 处有定义且连续.

所以:

$$\ln(1+x)=x-\frac{x^2}{2}+\frac{x^3}{3}-\frac{x^4}{4}+\cdots+(-1)^n\frac{x^{n+1}}{n+1}+\cdots \qquad (-1<x\leqslant 1)$$

例 6 将函数 $f(x)=\frac{1}{x^2+4x+3}$ 展开成 $(x-1)$ 的幂级数.

解 因为:

$$\begin{aligned}
f(x)&=\frac{1}{x^2+4x+3}=\frac{1}{(x+1)(x+3)}=\frac{1}{2(1+x)}-\frac{1}{2(3+x)}\\
&=\frac{1}{4\left(1+\frac{x-1}{2}\right)}-\frac{1}{8\left(1+\frac{x-1}{4}\right)}\\
&=\frac{1}{4}\sum_{n=0}^{\infty}(-1)^n\frac{(x-1)^n}{2^n}-\frac{1}{8}\sum_{n=0}^{\infty}(-1)^n\frac{(x-1)^n}{4^n}\\
&=\sum_{n=0}^{\infty}(-1)^n\left(\frac{1}{2^{n+2}}-\frac{1}{2^{2n+3}}\right)(x-1)^n \qquad (-1<x<3)
\end{aligned}$$

常用展开式如下:

$$\frac{1}{1-x}=1+x+x^2+\cdots+x^n+\cdots \qquad (-1<x<1)$$

$$e^x=1+x+\frac{1}{2!}x^2+\cdots+\frac{1}{n!}x^n+\cdots \qquad (-\infty<x<+\infty)$$

$$\sin x=x-\frac{x^3}{3!}+\frac{x^5}{5!}-\cdots+(-1)^{n-1}\frac{x^{2n-1}}{(2n-1)!}+\cdots \qquad (-\infty<x<+\infty)$$

$$\cos x=1-\frac{x^2}{2!}+\frac{x^4}{4!}-\cdots+(-1)^n\frac{x^{2n}}{(2n)!}+\cdots \qquad (-\infty<x<+\infty)$$

$$\ln(1+x)=x-\frac{x^2}{2}+\frac{x^3}{3}-\frac{x^4}{4}+\cdots+(-1)^n\frac{x^{n+1}}{n+1}+\cdots \qquad (-1<x\leqslant 1)$$

$$(1+x)^\alpha=1+\alpha x+\frac{\alpha(\alpha-1)}{2!}x^2+\cdots+\frac{\alpha(\alpha-1)\cdots(\alpha-n+1)}{n!}x^n+\cdots \qquad (-1<x<1)$$

三、函数的幂级数展开式的应用

函数的幂级数展开式可用于某些函数的近似计算，即在展开式的收敛域内，利用这个级数按精确度要求计算出函数值的近似值.

例 7 计算$\sqrt[5]{240}$的近似值，要求误差不超过 0.0001 .

解 因为：

$$\sqrt[5]{240}=\sqrt[5]{243-3}=3\left(1-\frac{1}{3^4}\right)^{\frac{1}{5}}$$

所以，在二项展开式中取 $\alpha=\frac{1}{5}, x=-\frac{1}{3^4}$，即得：

$$\sqrt[5]{240}=3\left(1-\frac{1}{5}\cdot\frac{1}{3^4}-\frac{1\cdot4}{5^2\cdot2!}\cdot\frac{1}{3^8}-\frac{1\cdot4\cdot9}{5^3\cdot3!}\cdot\frac{1}{3^{12}}-\cdots\right)$$

这个级数收敛很快.取前两项的和作为$\sqrt[5]{240}$的近似值，其误差(也叫做截断误差)为：

$$\begin{aligned}|r_2|&=3\left(\frac{1\cdot4}{5^2\cdot2!}\cdot\frac{1}{3^8}+\frac{1\cdot4\cdot9}{5^3\cdot3!}\cdot\frac{1}{3^{12}}+\frac{1\cdot4\cdot9\cdot14}{5^4\cdot4!}\cdot\frac{1}{3^{16}}+\cdots\right)\\&<3\cdot\frac{1\cdot4}{5^2\cdot2!}\cdot\frac{1}{3^8}\left[1+\frac{1}{81}+\left(\frac{1}{81}\right)^2+\cdots\right]\\&=\frac{6}{25}\cdot\frac{1}{3^8}\cdot\frac{1}{1-\frac{1}{81}}=\frac{1}{25\cdot27\cdot40}<\frac{1}{20\,000}\end{aligned}$$

于是，取近似式为：

$$\sqrt[5]{240}\approx3\left(1-\frac{1}{5}\cdot\frac{1}{3^4}\right)$$

为了使“四舍五入”引起的误差(叫做舍入误差)与截断误差之和不超过 10^{-4}，计算时应取五位小数，然后四舍五入.因此最后得：

$$\sqrt[5]{240}\approx2.9926$$

例 8 利用 $\sin x\approx x-\frac{1}{3!}x^3$ 求 $\sin9^\circ$ 的近似值，并估计误差.

解 首先把角度化成弧度：

$$9^\circ=\frac{\pi}{180}\times9(\text{弧度})=\frac{\pi}{20}(\text{弧度})$$

从而：

$$\sin\frac{\pi}{20}\approx\frac{\pi}{20}-\frac{1}{3!}\left(\frac{\pi}{20}\right)^3$$

其次，估计这个近似值的精确度.在 $\sin x$ 的幂级数展开式中令 $x=\frac{\pi}{20}$，得：

$$\sin\frac{\pi}{20}=\frac{\pi}{20}-\frac{1}{3!}\left(\frac{\pi}{20}\right)^3+\frac{1}{5!}\left(\frac{\pi}{20}\right)^5-\frac{1}{7!}\left(\frac{\pi}{20}\right)^7+\cdots$$

等式右端是一个收敛的交错级数，且各项的绝对值单调减少.取它的前两项之和作为 $\sin\frac{\pi}{20}$的近似值，误差为：

$$|r_2|\leqslant\frac{1}{5!}\left(\frac{\pi}{20}\right)^5<\frac{1}{120}\cdot(0.2)^5<\frac{1}{300\,000}$$

因此取：

$$\frac{\pi}{20}\approx 0.157080,\quad \left(\frac{\pi}{20}\right)^3\approx 0.003876$$

于是得　$\sin 9\approx 0.15643$.这时误差不超过10^{-5}.

例 9　计算积分$\int_0^1 \frac{\sin x}{x}dx$ 的近似值,要求误差不超过 0.0001 .

解　由于$\lim\limits_{x\to 0}\frac{\sin x}{x}=1$,因此所给积分不是广义积分.如果定义被积函数在 $x=0$ 处的值为1,则它在积分区间[0,1]上连续.

展开被积函数,有：

$$\frac{\sin x}{x}=1-\frac{x^2}{3!}+\frac{x^4}{5!}-\frac{x^6}{7!}+\cdots\qquad(-\infty<x<+\infty)$$

在区间[0,1]上逐项积分,得：

$$\int_0^1 \frac{\sin x}{x}dx=1-\frac{1}{3\cdot 3!}+\frac{1}{5\cdot 5!}-\frac{1}{7\cdot 7!}+\cdots$$

因为第四项

$$\frac{1}{7\cdot 7!}<\frac{1}{30\ 000}$$

所以取前三项的和作为积分的近似值:

$$\int_0^1 \frac{\sin x}{x}dx\approx 1-\frac{1}{3\cdot 3!}+\frac{1}{5\cdot 5!}=0.9461$$

习题八

1.判断题.

(1)若级数$\sum\limits_{n=1}^{\infty}u_n$收敛,则$\lim\limits_{n\to\infty}(u_n{}^2-u_n+3)=3$.　(　)

(2)若$\lim\limits_{n\to}u_n\neq 0$,则级数$\sum\limits_{n=1}^{\infty}u_n$发散.　(　)

(3)若级数$\sum\limits_{n=1}^{\infty}u_n$收敛,则级数$\sum\limits_{n=1}^{\infty}(u_n+10)$收敛.　(　)

(4)若级数$\sum\limits_{n=1}^{\infty}u_n$发散,级数$\sum\limits_{n=1}^{\infty}v_n$发散,则级数$\sum\limits_{n=1}^{\infty}(u_n-v_n)$也发散.　(　)

(5)若级数$\sum\limits_{n=1}^{\infty}u_n$收敛,则级数$\sum\limits_{n=1}^{\infty}u_{n+2}$也收敛.　(　)

(6)若正项级数$\sum\limits_{n=1}^{\infty}u_n$收敛,则级数$\sum\limits_{n=1}^{\infty}u_n^2$也收敛.　(　)

(7)若正项级数$\sum\limits_{n=1}^{\infty}u_n$发散,则$\lim\limits_{n\to\infty}\frac{u_{n+1}}{u_n}=r>1$.　(　)

(8)若级数$\sum\limits_{n=1}^{\infty}u_n^2$,$\sum\limits_{n=1}^{\infty}v_n^2$都收敛,则级数$\sum\limits_{n=1}^{\infty}u_nv_n$绝对收敛.　(　)

(9)级数$\sum\limits_{n=1}^{\infty}(-1)^{n-1}\cdot\frac{n}{10^n}$条件收敛.　(　)

(10)若幂级数 $\sum_{n=1}^{\infty} a_n \left(\frac{x-3}{2}\right)^n$ 在 $x=0$ 处收敛,则在 $x=5$ 处必收敛. (　　)

(11)已知幂级数 $\sum_{n=1}^{\infty} a_n x^n$ 的收敛半径为 R,则幂级数 $\sum_{n=1}^{\infty} a_n x^{2n}$ 的收敛半径为 $\sqrt{R}$.(　　)

(12)幂级数 $\sum_{n=1}^{\infty} a_n x^n$ 和 $\sum_{n=1}^{\infty} b_n x^n$ 的收敛半径分别为 R_a,R_b,则幂级数 $\sum_{n=1}^{\infty} (a_n+b_n)x^n$ 的收敛半径 $R=\min(R_a, R_b)$. (　　)

(13)若 $\lim\limits_{n\to\infty}\left|\frac{c_n}{c_{n+1}}\right|=2$,则幂级数 $\sum_{n=1}^{\infty} c_n x^{2n}$ 的收敛半径为 2. (　　)

(14)若 $\frac{1}{1+x}=\sum_{n=0}^{\infty}(-1)^n x^n$ 只有在(-1,1)内成立,所以由逐项积分原则,等式 $\ln(1+x)=\sum_{n=0}^{\infty}\frac{(-1)^n x^{n+1}}{n+1}$ 也能在(-1,1)内成立. (　　)

(15)函数 $f(x)$ 在 $x=0$ 处的泰勒级数

$$f(0)+\frac{f'(0)}{1!}x+\frac{f''(0)}{2!}x^2+\cdots+\frac{f^{(n)}(0)}{n!}x^n+\cdots$$

必收敛于 $f(x)$. (　　)

2.填空题.

(1)级数 $\sum_{n=1}^{\infty}\frac{1\cdot 3\cdot 5\cdot(2n-1)}{2\cdot 4\cdot 6(2n)}$ 的前三项是________.

(2)级数 $\frac{2}{1}-\frac{3}{2}+\frac{4}{3}-\frac{5}{4}+\frac{6}{5}-\cdots$ 的一般项是________.

(3)级数 $\frac{\sqrt{x}}{2}+\frac{x}{2\cdot 4}+\frac{x\sqrt{x}}{2\cdot 4\cdot 6}+\frac{x^2}{2\cdot 4\cdot 6\cdot 8}+\cdots$ 的一般项为________.

(4)级数 $\sum_{n=1}^{\infty}\left(\frac{1}{n(n+1)}-\frac{1}{2^n}\right)$ 的和为________.

(5)若 $\sum_{n=1}^{\infty} u_n$ 为正项级数,且其部分和数列为 $\{s_n\}$,则 $\sum_{n=1}^{\infty} u_n$ 收敛的充要条件是________.

(6)级数 $\sum_{n=1}^{\infty}\frac{(-1)^{n-1}}{n}$ 的和为________.

(7)级数 $\sum_{n=1}^{\infty}(-1)^{n-1}\cdot u_n(u_n>0, n=1,2,3\cdots)$,若满足条件________,则此级数收敛.

3.求下列级数的和:

(1) $\sum_{n=1}^{\infty}\frac{3^n+2^n}{5^n}$

(2) $\sum_{n=1}^{\infty}\frac{1}{(2n-1)(2n+1)}$

(3) $\sum_{n=1}^{\infty}(\sqrt{n+2}-2\sqrt{n+1}+\sqrt{n})$

(4) $\sum_{n=1}^{\infty}(2n-1)q^{n-1}(|q|<1)$

4.用比较判断法或其极限形式判断下列级数的敛散性:

(1) $\sum_{n=1}^{\infty}\frac{1}{2n-1}$

(2) $\sum_{n=1}^{\infty}\frac{n\cos^2\frac{n\lambda}{3}}{(n+1)^3}$

(3) $\sum_{n=1}^{\infty} \frac{1}{(n+1)(n+3)}$

(4) $\sum_{n=1}^{\infty} \arctan \frac{2}{n}$

(5) $\sum_{n=1}^{\infty} \left(1-\cos \frac{1}{n}\right)$

(6) $\sum_{n=1}^{\infty} \left(\frac{\pi}{n}-\sin \frac{\pi}{n}\right)$

(7) $\sum_{n=1}^{\infty} \frac{1}{3n^2+2}$

(8) $\sum_{n=1}^{\infty} \frac{n+2}{n^2+1}$

(9) $\sum_{n=1}^{\infty} 2^n \sin \frac{\pi}{3^n}$

(10) $\sum_{n=1}^{\infty} \frac{1}{\sqrt{n+1}+\sqrt{n}}$

5.用比值判断法判断下列级数的敛散性：

(1) $\sum_{n=1}^{\infty} \frac{n!}{10^n}$

(2) $\sum_{n=1}^{\infty} \frac{(2n)!}{n!\ 7^n}$

(3) $\sum_{n=1}^{\infty} \frac{a^{2n}}{n^2}$（$a$ 为常数）

(4) $\sum_{n=1}^{\infty} \frac{n^n}{(n!)^2}$

(5) $\sum_{n=1}^{\infty} \frac{2^n}{n3^n}$

(6) $\sum_{n=1}^{\infty} \frac{1\cdot 3\cdot 5\cdots\cdots(2n-1)}{2\cdot 5\cdot 8\cdots\cdots(3n-1)}$

(7) $\sum_{n=1}^{\infty} \frac{2\cdot 4\cdot 6\cdots\cdots 2n}{3^n(n-1)!}$

(8) $\sum_{n=1}^{\infty} t\tan \frac{\pi}{2^n}$

6.用根值判断法判断下列级数的收敛性：

(1) $\sum_{n=1}^{\infty} \left(\sqrt{\frac{3n-1}{4n+1}}\right)^n$

(2) $\sum_{n=1}^{\infty} \left(\frac{n}{3n-1}\right)^{2n-1}$

(3) $\sum_{n=1}^{\infty} \left(\frac{b}{a_n}\right)^n$，其中 $a_n \to a(n\to\infty)$，$a_n, b, a>0$

7.用适当的方法判断下列级数的敛散性：

(1) $\sum_{n=1}^{\infty} \left(1-\cos \frac{\alpha}{n}\right)$（$\alpha$ 为常数）

(2) $\sum_{n=1}^{\infty} \sqrt{\frac{n+1}{n}}$

(3) $\sum_{n=1}^{\infty} \frac{n^4}{n!}$

(4) $\sum_{n=1}^{\infty} \frac{1\cdot 3\cdot 5\cdot \cdots \cdot(2n-1)}{2\cdot 5\cdot 8\cdots(3n-1)}$

(5) $\sum_{n=1}^{\infty} \frac{n!}{100^n}$

(6) $\sum_{n=1}^{\infty} \left(\frac{an}{1+n}\right)^n (a>0)$

(7) $\sum_{n=1}^{\infty} \frac{n^e}{e^n}$

(8) $\sum_{n=1}^{\infty} \frac{2n+3}{n(n+3)}$

(9) $\sum_{n=1}^{\infty} \frac{n+(-1)^n}{2^n}$

(10) $\sum_{n=1}^{\infty} \left(\frac{2n}{3n-1}\right)^{2n+3}$

8.判断下列级数是否收敛；若收敛，是条件收敛还是绝对收敛？

(1) $\sum_{n=1}^{\infty} (-1)^{n-1} \frac{n}{3^{n-1}}$

(2) $\sum_{n=1}^{\infty} (-1)^{n-1} \frac{1}{\ln(1+n)}$

(3) $\sum_{n=1}^{\infty} \frac{\sin \frac{\pi}{n+1}}{\pi^{n+1}}$

(4) $\sum_{n=1}^{\infty} \left[(-1)^n \frac{1}{\sqrt{n}}+\frac{1}{n}\right]$

(5) $1.1-1.01+1.001-1.0001+\cdots$

(6) $\frac{1}{2}-\frac{2}{2^2+1}+\frac{3}{3^2+1}-\frac{4}{4^2+1}+\cdots$

9.确定下列幂级数的收敛半径和收敛区间：

(1) $\sum_{n=1}^{\infty} n^3 x^n$

(2) $\sum_{n=1}^{\infty} \frac{x^n}{2 \cdot 4 \cdot 6 \cdots (2n)}$

(3) $\sum_{n=1}^{\infty} (-1)^n \frac{x^{2n+1}}{n \cdot 2^n}$

(4) $\sum_{n=1}^{\infty} \frac{1+n}{1+n^2}(x-2)^n$

(5) $\sum_{n=1}^{\infty} \frac{3^n}{\sqrt{n}} x^n$

(6) $\sum_{n=1}^{\infty} (-1)^n \frac{x^n}{n^n}$

(7) $\sum_{n=1}^{\infty} n!\, x^n$

(8) $\sum_{n=1}^{\infty} \frac{1}{2^n n}(x-1)^n$

10.计算下列幂级数的和函数：

(1) $\sum_{n=1}^{\infty} n x^{n-1} (|x|<1)$

(2) $\sum_{n=1}^{\infty} \frac{x^{4n+1}}{4n+1} (|x|<1)$

11.将下列函数展成 x 的幂级数：

(1) $\frac{e^x - e^{-x}}{2}$

(2) $(1+x)\ln(1+x)$

(3) $\frac{x}{\sqrt{1+x^2}}$

(4) $x\arctan x - \ln\sqrt{1+x^2}$

12.将下列函数展成 $x-1$ 的幂级数，并指出展开式成立的区间：

(1) $\frac{1}{x}$

(2) $(x-2)e^{-x}$

13.利用函数的幂级数展式求近似值(精确到 0.00001)：

(1) $\ln 1.2$

(2) $\frac{1}{e}$

14.若级数 $\sum_{n=1}^{\infty} u_n$ 收敛，且 $u_n>0$，$v_n=u_{2n-1}(n=1,2\cdots)$，证明：级数 $\sum_{n=1}^{\infty} v_n$ 也收敛.

15.设 $a_n, b_n>0$，且 $\frac{a_{n+1}}{a_n} \leqslant \frac{b_{n+1}}{b_n}$，$n=1,2,3\cdots$，证明：

(1)若级数 $\sum_{n=1}^{\infty} b_n$ 收敛，则级数 $\sum_{n=1}^{\infty} a_n$ 收敛；

(2)若级数 $\sum_{n=1}^{\infty} a_n$ 发散，则级数 $\sum_{n=1}^{\infty} b_n$ 发散.

16.若 $\lim_{n\to\infty} n^2 a_n = A>0$，判断级数 $\sum_{n=1}^{\infty} a_n$ 是否收敛.

17.已知级数 $\sum_{n=1}^{\infty} u_n^2$ 收敛.证明：级数 $\sum_{n=1}^{\infty} \frac{u_n}{n}$ 必绝对收敛.

第九章

常微分方程

在解决实际问题的过程中，人们常常希望能确定反映客观事物内部联系的数量关系，即确定所讨论的变量之间的函数关系. 用导数来描述事物变化的趋势，用物质不灭、能量守恒以及其他物质运动基本规律来建立以质量和未知量之间的关系，这样可以将来自物理、化学、工程、生物和经济领域的一些实际问题表述为精确的等式形式. 这种包含未知函数和其代数的恒等式，就是我们将要学习的微分方程.

微分方程的发展极大地推动了自然科学、工程技术乃至社会科学的发展. 比如，它的发展对地球椭圆轨道的计算、海王星的发现、弹道轨道的定位、大型机械振动的分析、自动控制的设计、气象数值预报、老龄人口增长宏观预测等提供了技术支撑.

概括地说，微分方程是研究自然科学、工程技术及社会生活中一些确定性现象的重要工具. 本章主要讨论微分方程的一些基本概念及几种常用、简单的微分方程解法.

第一节　微分方程的基本概念

函数是客观事物的内部联系在数量方面的反映，利用函数关系又可以对客观事物的规律性进行研究.因此，如何寻找出所需要的函数关系，在实践中具有重要意义.在许多问题中，往往不能直接找出所需要的函数关系，但是根据问题所提供的情况，有时可以列出含有要找的函数及其导数的关系式.这样的关系就是所谓的微分方程.微分方程建立以后，对它进行研究，找出未知函数来，这就是解微分方程.

一、引例

例 1　一条曲线通过点(1,2)，且在该曲线上任一点 $M(x,y)$ 处的切线斜率为 $2x$，求这条曲线的方程.

解 设所求曲线的方程为 $y=y(x)$.根据导数的几何意义,可知未知函数 $y=y(x)$应满足关系式(称为微分方程):

$$\frac{dy}{dx}=2x \tag{1}$$

此外,曲线 $y=y(x)$过点(1,2),即满足:

$$y|_{x=1}=2 \tag{2}$$

把(1)式分离为 $dy=2xdx$,两端积分,得(称为微分方程的通解):

$$y=\int 2x\,dx,\text{即 } y=x^2+C \tag{3}$$

其中,C 是任意常数.由于曲线过点(1,2),把条件(2)代入(3)式,得 $C=1$.

因此,所求曲线方程(称为微分方程满足条件 $y|_{x=1}=2$ 的解)为:

$$y=x^2+1 \tag{4}$$

例 2 设本金(出初始货币额)为 A_0,连续复利率为 r,试求 t 年后的本利和.

解 设 $A(t)$表示在时间 t 的本利和,则当时间从 t 变化到 $t+\Delta t$(Δt 为微小改变量)时,本利和的改变量为:

$$\Delta A=A(t+\Delta t)-A(t)\approx r\cdot A(t)\cdot\Delta t$$

将上式两边都除以 Δt($\Delta t\neq 0$),并令 $\Delta t\to 0$,取极限(若 $A(t)$可导),就得到关系式:

$$\frac{dA(t)}{dt}=r\cdot A(t) \tag{5}$$

且 $A(t)$满足条件:

$$A(t)|_{t=0}=A_0 \tag{6}$$

把(5)式分离为$\frac{dA}{A}=rdt$,得 $\ln A=rt+C_1$,即:

$$A(t)=e^{rt+c_1}=e^{C_1}e^{rt}=Ce^{rt} \tag{7}$$

把(6)式代入(7)式,得 $C=A_0$. 于是,本金 A_0 在连续复利 t 年后的本利和为:

$$A(t)=A_0e^{rt} \tag{8}$$

二、微分方程的一般概念

定义 1.1 凡是表示未知函数、未知函数的导数(或微分)与自变量之间关系的方程,称为微分方程.若未知函数是一元函数的微分方程,叫常微分方程.若未知函数是多元函数的微分方程,叫偏微分方程.

注意 在一个微分方程中,自变量和未知函数可以不出现,但未知函数的导数(或微分)必须出现,否则,就不是微分方程. 本章我们主要讨论常微分方程.

上述两个例题中的关系式(1)与(5),均是常微分方程. 而$\frac{\partial u}{\partial t}=\frac{\partial^2 u}{\partial x^2}$与$\frac{\partial v}{\partial t}+\frac{1}{2}\sigma^2 s^2\frac{\partial^2 v}{\partial s^2}+rs\frac{\partial v}{\partial s}-rv=0$,都是偏微分方程.

定义 1.2 微分方程中所出现的未知函数的最高阶导数的阶数,称为微分方程的阶.

例如,(1)式与(5)式是一阶微分方程;又如,$y''+y+x=0$ 是二阶微分方程;$y^{(4)}-4y'''+10y''-12y'+5y=\sin 2x$ 是四阶微分方程. 一般地,n 阶微分方程可表示为:

$$F(x,y,y',y'',\cdots,y^{(n)})=0 \tag{9}$$

在(9)式中一定要含有 $y^{(n)}$，其中 y 是关于 x 的函数 $y=y(x)$.

$$y^{(n)}=f(x,y,y',\cdots,y^{(n-1)})$$

定义 1.3　设函数 $y=\varphi(x)$ 在区间 I 上有 n 阶连续导数，(9)式为微分方程，若在区间 I 上有：

$$F(x,\varphi(x),\varphi'(x),\cdots,\varphi^{(n)}(x))\equiv 0$$

则称函数 $y=\varphi(x)$ 是微分方程(9)在区间 I 上的解.

例如，(3)式、(4)式都是方程(1)的解 .

定义 1.4　若微分方程的解中含有任意常数，且所含独立的任意常数的个数与微分方程的阶数相同，则称此解为微分方程的通解.

例如，(3)式、(7)式分别是微分方程(1)、(5)的通解.

由于微分方程通解中含有任意常数，要完全确定地反映某一事物的客观变化规律，就必须确定这些常数. 为此，要根据问题的实际情况，给出确定这些常数的条件，这种用于确定通解中任意常数的条件，称为微分方程的初始条件.例如，(6)式就是方程(5)的初始条件.

通常，一阶微分方程用来确定任意常数的条件是：

$$y|_{x=x_0}=y_0$$

二阶微分方程用来确定任意常数的条件是：

$$y|_{x=x_0}=y_0,\quad y'|_{x=x_0}=y'_0$$

n 阶微分方程用来确定任意常数的条件是：

$$y|_{x=x_0}=y_0,y'|_{x=x_0}=y'_0,\cdots,y^{(n-1)}|_{x=x_0}=y_0{}^{(n-1)}$$

微分方程满足一定条件，相应的初始条件问题称为处置问题. 一般形式为：

$$\begin{cases}F(x,y,y',y'',\cdots,y^{(n)})=0\\ y|_{x=x_0}=y_0,y'|_{x=x_0}=y'_0,\cdots,y^{(n-1)}|_{x=x_0}=y_0{}^{(n-1)}\end{cases}$$

定义 1.5　确定了通解中的任意常数以后得到的解称为微分方程的特解，即不含任意常数的解.

微分方程的解的图形称为微分方程的积分曲线，微分方程的通解是以任意常数为参数的一簇积分曲线，称为积分曲线簇.

例 3　验证函数 $x=C_1\cos kt+C_2\sin kt$ 是微分方程 $\frac{\mathrm{d}^2x}{\mathrm{d}t^2}+k^2x=0$ 的解.其中 C_1,C_2 是任意常数.

解　求所给函数的导数，得：

$$\frac{\mathrm{d}x}{\mathrm{d}t}=-kC_1\sin kt+kC_2\cos kt$$

$$\frac{\mathrm{d}^2x}{\mathrm{d}t^2}=-k^2C_1\cos kt-k^2C_2\sin kt=-k^2(C_1\cos kt+C_2\sin kt)$$

将 $\frac{\mathrm{d}^2x}{\mathrm{d}t^2}$ 及 x 的表达式代入所给方程，得：

$$-k^2(C_1\cos kt+C_2\sin kt)+k^2(C_1\cos kt+C_2\sin kt)\equiv 0$$

这表明函数 $x=C_1\cos kt+C_2\sin kt$ 满足方程 $\frac{\mathrm{d}^2x}{\mathrm{d}t^2}+k^2x=0$，因此所给函数是所给方程的解.

例 4 已知函数 $x=C_1\cos kt+C_2\sin kt(k\neq 0)$ 是微分方程 $\frac{d^2x}{dt^2}+k^2x=0$ 的通解，求满足初始条件 $x|_{t=0}=A, x'|_{t=0}=0$ 的特解.

解 由条件 $x|_{t=0}=A$ 及 $x=C_1\cos kt+C_2\sin kt$，得 $C_1=A$；再由条件 $x'|_{t=0}=0$ 及 $x'(t)=-kC_1\cos kt+kC_2\sin kt$，得 $C_2=0$.

把 C_1, C_2 的值代入 $x=C_1\cos kt+C_2\sin kt$ 中，得：

$$x=A\cos kt$$

第二节 一阶微分方程

本节我们讨论一般形式为

$$F(x,y,y')=0$$

的一些解法. 在一定条件下，上式可表示为：

$$y'=f(x,y)$$

一、可分离变量的微分方程

形如

$$\frac{dy}{dx}=f(x)\cdot g(y)（或\ g(y)\cdot dy=f(x)\cdot dx）$$

的微分方程称为可分离变量的微分方程.即，能把微分方程写成一端只含 y 的函数和 dy，另一端只含 x 的函数和 dx.

可分离变量的微分方程的解法如下：

第一步，分离变量，将方程写成 $g(y)\cdot dy=f(x)\cdot dx$ 的形式；

第二步，两端积分，得 $\int g(y)dy=\int f(x)dx$，设积分后得 $G(y)=F(x)+C$；

第三步，求出由 $G(y)=F(x)+C$ 所确定的隐函数 $y=\Phi(x)$ 或 $x=\Psi(y)$，则 $G(y)=F(x)+C$，$y=\Phi(x)$ 或 $x=\Psi(y)$ 都是方程的通解，其中 $G(y)=F(x)+C$ 称为隐式(通)解.

例 1 求微分方程 $\frac{dy}{dx}=2xy$ 的通解.

解 此方程为可分离变量方程，分离变量后，得：

$$\frac{1}{y}dy=2x\,dx$$

两边积分，得：

$$\int\frac{1}{y}dy=\int 2x\,dx$$

即：

$$\ln|y|=x^2+C_1$$

从而：

$$y=\pm e^{x^2+C_1}=\pm e^{C_1}e^{x^2}$$

因为 $\pm e^{C_1}$ 仍是任意常数，把它记作 C，便得所给方程的通解：

$$y=Ce^{x^2}$$

例 2 设降落伞从跳伞塔下落后，所受空气阻力与速度成正比，并设降落伞离开跳伞塔时速度为零.求降落伞下落速度与时间的函数关系.

解　设降落伞的下落速度为 $v(t)$，降落伞所受外力为 $F=mg-kv$（k 为比例系数）.根据牛顿第二运动定律 $F=ma$，得函数 $v(t)$ 应满足的方程为：

$$m\frac{\mathrm{d}v}{\mathrm{d}t}=mg-kv$$

初始条件为：

$$v|_{t=0}=0$$

方程分离变量，得：

$$\frac{\mathrm{d}v}{mg-kv}=\frac{\mathrm{d}t}{m}$$

两边积分，得：

$$\int\frac{\mathrm{d}v}{mg-kv}=\int\frac{\mathrm{d}t}{m}$$

$$-\frac{1}{k}\ln(mg-kv)=\frac{t}{m}+C_1$$

即：

$$v=\frac{mg}{k}+Ce^{-\frac{k}{m}t}\left(C=-\frac{e^{-kC_1}}{k}\right)$$

将初始条件 $v|_{t=0}=0$ 代入通解，得 $C=-\dfrac{mg}{k}$. 于是，降落伞下落速度与时间的函数关系为 $v=\dfrac{mg}{k}\left(1-e^{-\frac{k}{m}t}\right)$.

例 3　求微分方程$\dfrac{\mathrm{d}y}{\mathrm{d}x}=1+x+y^2+xy^2$ 的通解.

解　方程可化为：

$$\frac{\mathrm{d}y}{\mathrm{d}x}=(1+x)(1+y^2)$$

分离变量，得：

$$\frac{1}{1+y^2}\mathrm{d}y=(1+x)\mathrm{d}x$$

两边积分，得：

$$\int\frac{1}{1+y^2}\mathrm{d}y=\int(1+x)\mathrm{d}x$$

即：

$$\arctan y=\frac{1}{2}x^2+x+C$$

于是，原方程的通解为 $y=\tan\left(\dfrac{1}{2}x^2+x+C\right)$.

二、齐次微分方程

我们遇到的许多方程不是可分离变量的微分方程，但可以根据方程的特点，把所给的方程转化为可分离变量的方程. 下面介绍的齐次方程就是一种可化为分离变量的方程.

如果一阶微分方程$\dfrac{\mathrm{d}y}{\mathrm{d}x}=f(x,y)$中的函数 $f(x,y)$可写成$\dfrac{y}{x}$的函数，即 $f(x,y)=\varphi\left(\dfrac{y}{x}\right)$，

则称$\frac{dy}{dx}=\varphi\left(\frac{y}{x}\right)$为齐次方程.

齐次方程的解法如下:

在齐次方程$\frac{dy}{dx}=\varphi\left(\frac{y}{x}\right)$中,令$u=\frac{y}{x}$,即$y=ux$,有:

$$u+x\frac{du}{dx}=\varphi(u)$$

分离变量,得:

$$\frac{du}{\varphi(u)-u}=\frac{dx}{x}$$

两端积分,得:

$$\int\frac{du}{\varphi(u)-u}=\int\frac{dx}{x}$$

求出积分后,再用$\frac{y}{x}$代替u,便得所给齐次方程的通解.

例4 求微分方程$y^2+x^2\frac{dy}{dx}=xy\frac{dy}{dx}$的通解.

解 原方程可写成:

$$\frac{dy}{dx}=\frac{y^2}{xy-x^2}=\frac{\left(\frac{y}{x}\right)^2}{\frac{y}{x}-1}$$

因此,原方程是齐次方程.令$\frac{y}{x}=u$,则$y=ux$, $\frac{dy}{dx}=u+x\frac{du}{dx}$.

于是,原方程变为:

$$u+x\frac{du}{dx}=\frac{u^2}{u-1}$$

即:

$$x\frac{du}{dx}=\frac{u}{u-1}$$

分离变量,得:

$$\left(1-\frac{1}{u}\right)du=\frac{dx}{x}$$

两边积分,得$u-\ln|u|+C=\ln|x|$,即:$\ln|xu|=u+C$.则所给方程的通解为:

$$\ln|y|=\frac{y}{x}+C$$

例5 求微分方程$(x^2+y^2)dx-xydy=0$的通解.

解 原方程可写为:

$$\frac{dy}{dx}=\frac{x^2+y^2}{xy}=\frac{1+\left(\frac{y}{x}\right)^2}{\frac{y}{x}}$$

令$u=\frac{y}{x}$,得$y=ux$,$\frac{dy}{dx}=u+x\frac{du}{dx}$.

于是，原方程变为：

$$u+x\frac{\mathrm{d}u}{\mathrm{d}x}=\frac{1+u^2}{u}=\frac{1}{u}+u$$

即：

$$x\frac{\mathrm{d}u}{\mathrm{d}x}=\frac{1}{u}$$

分离变量，得：

$$u\,\mathrm{d}u=\frac{1}{x}\mathrm{d}x$$

两边积分，得：

$$\frac{u^2}{2}=\ln x+\ln C_1$$

所以，原方程的解为：

$$y^2=x^2\ln(Cx^2)$$

例 6　求解微分方程 $x\frac{\mathrm{d}y}{\mathrm{d}x}=y\ln\frac{y}{x}$ 的通解.

解　原方程可写为：

$$\frac{\mathrm{d}y}{\mathrm{d}x}=\frac{y}{x}\ln\frac{y}{x}$$

令 $u=\frac{y}{x}$，得 $y=ux$，$\frac{\mathrm{d}y}{\mathrm{d}x}=u+x\frac{\mathrm{d}u}{\mathrm{d}x}$.

于是，原方程变为：

$$u+x\frac{\mathrm{d}u}{\mathrm{d}x}=u\ln u$$

分离变量，得：

$$\frac{\mathrm{d}u}{u(\ln u-1)}=\frac{1}{x}\mathrm{d}x$$

两边积分，得：

$$\ln(\ln u-1)=\ln x+\ln C$$

即：

$$\ln u-1=Cx$$

所以，原方程的解为：

$$y=xe^{Cx+1}$$

三、一阶线性微分方程

形如

$$\frac{\mathrm{d}y}{\mathrm{d}x}+p(x)y=Q(x) \tag{1}$$

的微分方程称为一阶线性微分方程. 所谓线性，是指未知函数及其导数都是一次幂的. 这里 $P(x)$ 和 $Q(x)$ 为已知连续函数.

若 $Q(x)\equiv 0$，则方程(1)称为一阶线性齐次微分方程，否则，方程(1)称为一阶线性非齐次微分方程.

一阶线性齐次微分方程 $\frac{\mathrm{d}y}{\mathrm{d}x}+P(x)y=0$ 是变量可分离方程.分离变量后，得：

$$\frac{dy}{y}=-P(x)dx$$

两边积分，得：

$$\ln|y|=-\int P(x)dx+C_1$$

或：

$$y=Ce^{-\int P(x)dx}(C=\pm e^{C_1}) \tag{2}$$

例 7 求解方程$(x-2)\dfrac{dy}{dx}=y$的通解.

解 该方程为一阶线性齐次微分方程，分离变量后，得：

$$\frac{dy}{y}=\frac{dx}{x-2}$$

两边积分，得：

$$\ln|y|=\ln|x-2|+\ln C$$

所以，原方程的通解为：

$$y=C(x-2)$$

一阶线性非齐次微分方程的解法如下：

我们利用一阶线性齐次微分方程的通解(2)来求一阶线性非齐次微分方程(1)的通解，即把(2)中的任意常数C换成未知函数$u(x)$，把

$$y=u(x)e^{-\int P(x)dx}$$

假设成非齐次线性方程的通解.代入方程(1)，求得：

$$u'(x)e^{-\int P(x)dx}-u(x)e^{-\int P(x)dx}P(x)+P(x)u(x)e^{-\int P(x)dx}=Q(x)$$

化简得：

$$u'(x)=Q(x)e^{\int P(x)dx}$$

$$u(x)=\int Q(x)e^{\int P(x)dx}dx+C$$

于是，方程(1)的通解为：

$$y=e^{-\int P(x)dx}\left[\int Q(x)e^{\int P(x)dx}dx+C\right]$$

或：

$$y=Ce^{-\int P(x)dx}+e^{-\int P(x)dx}\int Q(x)e^{\int P(x)dx}dx \tag{3}$$

因此，非齐次线性方程的通解等于对应的齐次线性方程通解与非齐次线性方程的一个特解之和.

(3)式可作为一阶线性非齐次微分方程的求解公式. 上述求解公式的推导过程称为常数变易法，以后求解此类方程只需把(3)式当作一个公式套用即可.

例 8 求解方程$\dfrac{dy}{dx}-\dfrac{2y}{x+1}=(x+1)^{\frac{5}{2}}$的通解.

解法一 这是一个非齐次线性方程.

先求对应的齐次线性方程$\dfrac{dy}{dx}-\dfrac{2y}{x+1}=0$的通解.

分离变量，得：

$$\frac{dy}{y}=\frac{2dx}{x+1}$$

两边积分，得：

$$\ln y=2\ln(x+1)+\ln C$$

齐次线性方程的通解为：

$$y=C\,(x+1)^2$$

采用常数变易法把 C 换成未知函数 $u(x)$，即令 $y=u(x)\cdot(x+1)^2$，代入所给非齐次线性方程，得：

$$u'\cdot(x+1)^2+2u\cdot(x+1)-\frac{2}{x+1}u\cdot(x+1)^2=\left(x+1\right)^{\frac{5}{2}}$$

$$u'=\left(x+1\right)^{\frac{1}{2}}$$

两边积分，得：

$$u=\frac{2}{3}\left(x+1\right)^{\frac{3}{2}}+C$$

再把上式代入 $y=u(x)\cdot(x+1)^2$ 中，即得所求方程的通解为：

$$y=(x+1)^2\left[\frac{2}{3}\left(x+1\right)^{\frac{3}{2}}+C\right]$$

解法二 本方程是一阶线性非齐次微分方程，可用(3)式来求解：

$$P(x)=-\frac{2}{x+1},Q(x)=\left(x+1\right)^{\frac{5}{2}}$$

得：

$$\begin{aligned}y&=e^{-\int p(x)dx}\left[\int Q(x)e^{\int p(x)dx}dx+C\right]\\&=e^{-\int -\frac{2}{x+1}dx}\left[\int Q\left(x+1\right)^{\frac{5}{2}}e^{\int -p(x)dx}dx+C\right]\\&=e^{\ln(x+1)^2}\left[\int\left(x+1\right)^{\frac{5}{2}}e^{-\ln(x+1)^2}+C\right]\\&=(x+1)^2\left[\frac{2}{3}\left(x+1\right)^{\frac{3}{2}}+C\right]\end{aligned}$$

例 9 求解方程 $2\dfrac{dy}{dx}=\dfrac{1}{3x+2y}$ 的通解.

解 本方程并不是一个一阶线性微分方程，但经过适当的变形后，可变为一个以 x 为函数、y 为自变量的一阶线性微分方程.

原方程化为：

$$\frac{dx}{dy}=2(3x+2y)$$

即：

$$\frac{dx}{dy}-6x=4y$$

$$P(y)=-6,Q(y)=4y$$

代入(3)，得：

$$x=e^{-\int p(y)dy}\left(\int Q(y)e^{\int p(y)dy}dy+C\right)$$

$$=e^{-\int -6xy}\left(\int 4ye^{\int -6xy}+C\right)$$

$$=e^{6y}\left(\int 4ye^{-6y}\mathrm{d}y+C\right)$$

$$=e^{6y}\left(-\frac{2}{3}ye^{-6y}-\frac{1}{9}e^{-6y}+C\right)$$

$$=-\frac{2}{3}y-\frac{1}{9}+Ce^{6y}$$

四、伯努利方程

形如

$$\frac{\mathrm{d}y}{\mathrm{d}x}+P(x)y=Q(x)y^n \qquad (n\neq 0,1) \tag{4}$$

的微分方程，称为伯努利方程.这里 $P(x)$ 和 $Q(x)$ 为已知连续函数.

伯努利方程的解法如下：

以 y^n 同除方程(4)的两边，得：

$$y^{-n}\frac{\mathrm{d}y}{\mathrm{d}x}+P(x)y^{1-n}=Q(x)$$

令 $z=y^{1-n}$，得一阶线性方程：

$$\frac{\mathrm{d}z}{\mathrm{d}x}+(1-n)P(x)z=(1-n)Q(x)$$

因此，可用上一节的方法求解.

例 10 求方程$\frac{\mathrm{d}y}{\mathrm{d}x}+\frac{y}{x}=a\cdot y^2\cdot \ln x$ 的通解.

解 以 y^2 除方程的两端，得：

$$y^{-2}\frac{\mathrm{d}y}{\mathrm{d}x}+\frac{1}{x}y^{-1}=a\ln x$$

即：

$$-\frac{\mathrm{d}(y^{-1})}{\mathrm{d}x}+\frac{1}{x}y^{-1}=a\ln x$$

令 $z=y^{-1}$，则上述方程成为：

$$\frac{\mathrm{d}z}{\mathrm{d}x}-\frac{1}{x}z=-a\ln x$$

这是一个线性方程，它的通解为：

$$z=x\left[C-\frac{a}{2}(\ln x)^2\right]$$

以 y^{-1} 代 z，得所求方程的通解为：

$$yx\left[C-\frac{a}{2}(\ln x)^2\right]=1$$

经过变量代换，某些方程可以化为变量可分离的方程，或化为已知其求解方法的方程.

例 11 解方程$\frac{\mathrm{d}y}{\mathrm{d}x}=\frac{1}{x+y}$.

解 若把所给方程变形为：

$$\frac{dx}{dy}=x+y$$

即为一阶线性方程，则按一阶线性方程的解法可求得通解.

但这里用变量代换来解所给方程.

令 $x+y=u$，则原方程化为：

$$\frac{du}{dx}-1=\frac{1}{u}$$

即：

$$\frac{du}{dx}=\frac{u+1}{u}$$

分离变量，得：

$$\frac{u}{u+1}du=dx$$

两端积分，得：

$$u-\ln|u+1|=x-\ln|C|$$

以 $x+y=u$ 代入上式，得：

$$y-\ln|x+y+1|=-\ln|C|\text{，或 } x=Ce^{y}-y-1$$

第三节　可降阶的高阶微分方程

我们把二阶和二阶以上的微分方程统称为高阶微分方程. 此类方程没有一般的解法，但对某些特殊类型的高阶微分方程，可以通过适当的变量代换，降低其阶数，把高阶方程化为较低阶的方程来求解. 这种方法统称为降阶法. 本节将介绍三种容易降阶的高阶微分方程的求解方法.

一、$y^{(n)}(x)=f(x)$ 型的微分方程

微分方程

$$y^{(n)}(x)=f(x) \tag{1}$$

的右端是仅含有自变量 x 的连续函数 $f(x)$. 容易看出，只要把 $y^{(n-1)}$ 作为新的未知函数，那么(1)式就是新未知函数的一阶微分方程. 两边积分，就得到一个 $n-1$ 阶的微分方程：

$$y^{(n-1)}=\int f(x)dx+C_1$$

同理可得：

$$y^{(n-2)}=\int\left[\int f(x)dx+C_1\right]dx+C_2$$

以此类推，接连积分 n 次，便得方程(1)的含有 n 个任意独立常数的通解.

例 1　求微分方程 $y'''=e^{2x}+\cos x$ 的通解.

解　对所给方程接连积分三次，得：

$$y''=\frac{1}{2}e^{2x}-\sin x+C_1$$

$$y'=\frac{1}{4}e^{2x}+\cos x+C_1x+C_2$$

$$y=\frac{1}{8}e^{2x}+\sin x+\frac{1}{2}C_1x^2+C_2x+C_3$$

因此，所给方程的通解为：

$$y=\frac{1}{8}e^{2x}+\sin x+C_1x^2+C_2x+C_3$$

例 2 求方程 $xy^{(4)}-y^{(3)}=0$ 的通解.

解 设 $y'''=P(x)$，代入题设方程，得：

$$xP'-P=0(P\neq 0)$$

解线性方程，得 $P=C_1x$（C_1 为任意常数），即 $y'''=C_1x$.

两端积分，得：

$$y''=\frac{1}{2}C_1x^2+C_2,\quad y'=\frac{C_1}{6}x^3+C_2x+C_3$$

再积分，得到所求题设方程的通解为：

$$y=\frac{C_1}{24}x^4+\frac{C_2}{2}x^2+C_3x+C_4$$

其中，$C_i(i=1,2,3,4)$为任意常数.

进一步通解，可改写为：

$$y=\mathrm{d}_1x^4+\mathrm{d}_2x^2+\mathrm{d}_3x+\mathrm{d}_4$$

其中，$\mathrm{d}_i(i=1,2,3,4)$为任意常数.

二、$y''=f(x,y')$型的微分方程

微分方程

$$y''=f(x,y') \tag{2}$$

的右端不显含未知函数 y.

若令 $y'=p(x)$，则 $y''=p'=\frac{\mathrm{d}p}{\mathrm{d}x}$，方程(2)化为：

$$\frac{\mathrm{d}p}{\mathrm{d}x}=f(x,p)$$

这是关于未知函数 p 的一阶微分方程. 令方程$\frac{\mathrm{d}p}{\mathrm{d}x}=f(x,p)$的通解为：

$$p=\varphi(x,C_1)$$

则原方程的通解为：

$$y=\int\varphi(x,C_1)\mathrm{d}x+C_2$$

例 3 求方程$\left(1+x^2\right)\frac{\mathrm{d}^2y}{\mathrm{d}x^2}-2x\frac{\mathrm{d}y}{\mathrm{d}x}=0$ 的通解.

解 这是一个不显含有未知函数 y 的方程.

令$\frac{\mathrm{d}y}{\mathrm{d}x}=p(x)$，则$\frac{\mathrm{d}^2y}{\mathrm{d}x^2}=\frac{\mathrm{d}p}{\mathrm{d}x}$，于是题设方程降阶为$\left(1+x^2\right)\frac{\mathrm{d}p}{\mathrm{d}x}-2px=0$，即：

$$\frac{\mathrm{d}p}{p}=\frac{2x}{1+x^2}\mathrm{d}x$$

两边积分，得：

$$\ln|p|=\ln(1+x^2)+\ln|C_1|$$

即：
$$p=C_1(1+x^2)\quad 或\quad \frac{dy}{dx}=C_1(1+x^2)$$

再积分，得原方程的通解为：
$$y=C_1\left(x+\frac{x^3}{3}\right)+C_2$$

例 4　求微分方程初值问题.
$$(1+x^2)y''=2xy',\quad y|_{x=0}=1,\quad y'|_{x=0}=3$$
的特解.

解　这是一个不显含有未知函数 y 的方程.

设 $y'=p$，代入方程并分离变量后，有：
$$\frac{dp}{p}=\frac{2x}{1+x^2}dx$$
两端积分，得：
$$\ln|p|=\ln(1+x^2)+C$$
即：
$$p=y'=C_1(1+x^2)\quad (C_1=\pm e^C)$$

由条件 $y'|_{x=0}=3$，得 $C_1=3$，所以 $y'=3(1+x^2)$.

两端再积分，得：
$$y=x^3+3x+C_2$$

又由条件 $y|_{x=0}=1$，得 $C_2=1$.

于是，所求的特解为：
$$y=x^3+3x+1$$

三、$y''=f(y,y')$ 型的微分方程

微分方程
$$y''=f(y,y') \tag{3}$$
右端不显含自变量 x.

若把 y 暂时看作自变量，并做变换 $y'=p(y)$，于是，由复合函数的求导法则，有：
$$y''=\frac{dp}{dx}=\frac{dp}{dy}\cdot\frac{dy}{dx}=p\frac{dp}{dy}$$
则原方程就化为：
$$p\frac{dp}{dy}=f(y,p)$$
这是一个关于变量 y、p 的一阶微分方程. 令其通解为：
$$y'=p=\varphi(y,C_1)$$

这是可分离变量的方程，对其积分，即得到方程(3)的通解为：
$$\int\frac{dy}{\varphi(y,C_1)}=x+C_2$$

例 5　求方程 $yy''-y'^2=0$ 的通解.

解　这是一个不显含有自变量 x 的方程.

设 $y'=p(y)$，则 $y''=p\dfrac{dp}{dy}$，代入原方程，得：

$$y \cdot p\frac{\mathrm{d}p}{\mathrm{d}y}-p^2=0$$

即：
$$p\left(y\cdot\frac{\mathrm{d}p}{\mathrm{d}y}-p\right)=0$$

由 $y\cdot\frac{\mathrm{d}p}{\mathrm{d}y}-p=0$，可得 $p=C_1y$，所以$\frac{\mathrm{d}y}{\mathrm{d}x}=C_1y$.

所以，原方程通解为：

$$y=C_2e^{C_1x}$$

例 6 求微分方程 $yy''=2(y'^2-y')$满足初始条件 $y(0)=1,y'(0)=2$ 的特解.

解 这是一个不显含有自变量 x 的方程.

令 $y'=p$，由 $y''=p\frac{\mathrm{d}p}{\mathrm{d}y}$，代入方程并化简，得：

$$y\frac{\mathrm{d}p}{\mathrm{d}y}=2(p-1)$$

上式为可分离变量的一阶微分方程，解得：

$$p=y'=Cy^2+1$$

再分离变量，得：

$$\frac{\mathrm{d}y}{Cy^2+1}=\mathrm{d}x$$

由初始条件 $y(0)=1,y'(0)=2$，得 $C=1$.

从而得：

$$\frac{\mathrm{d}y}{1+y^2}=\mathrm{d}x$$

两边积分，得：

$$\arctan y=x+C_1 \text{ 或 } y=\tan(x+C_1)$$

由 $y(0)=1$，得：

$$C_1=\arctan 1=\frac{\pi}{4}$$

从而所求特解为：

$$y=\tan\left(x+\frac{\pi}{4}\right)$$

第四节 二阶线性微分方程

在 n 阶微分方程 $F(x,y,y',\cdots,y^{(n)})=0$ 中，若未知函数 y 及其各阶导数 $y',y',\cdots,y^{(n)}$ 都是一次的，则称此方程为 n 阶线性微分方程. 其一般形式为：

$$y^{(n)}+a_1(x)y^{(n-1)}+\cdots+a_n(x)y=f(x) \tag{1}$$

其中，$a_1(x),a_2(x),\cdots,a_n(x),f(x)$是区间 I 上的连续函数. 若 $f(x)\equiv 0$，则称方程(1)为 n 阶线性齐次微分方程；否则，则称方程(1)为 n 阶线性非齐次微分方程.

本节主要讨论二阶线性非齐次微分方程

$$y''+p(x)y'+q(x)y=f(x) \tag{2}$$

及二阶线性微分方程

$$y''+p(x)y'+q(x)y=0 \tag{3}$$

的有关理论及解法，所得结论可以相应推广到 n 阶线性微分方程.

一、二阶线性微分方程解的结构

我们首先讨论二阶线性微分方程解的结构.

定理 4.1（**解的叠加原理**）　如果函数 $y_1(x)$，$y_2(x)$是齐次方程(3)的两个解，则：

$$y=C_1y_1(x)+C_2y_2(x)$$

也是方程(3)的解，其中 C_1，C_2 是任意常数.

注意　尽管 $y=C_1y_1(x)+C_2y_2(x)$是方程(3)的解，又有两个任意常数，但它不一定是方程(3)的通解.

例如，$y_1=\sin 2x$，$y_2=3\sin x\cos x$ 都是方程 $y''+4y=0$ 的解，但 $C_1y_1(x)+C_2y_2(x)=C_3\sin 2x$，其中 $C_3=C_1+\dfrac{3}{2}C_2$. 因此，$C_1y_1(x)+C_2y_2(x)$中实际只含有一个任意常数，它并不是方程 $y''+4y=0$ 的通解.

要判断 $y=C_1y_1(x)+C_2y_2(x)$在什么情况下是方程(3)的通解，需要引入线性相关与线性无关的概念.

定义 4.1　设 $y_1(x)$，$y_2(x)$，…，$y_n(x)$是定义在区间 I 上的函数，如果存在不全为零的常数 k_1，k_2，…k_n，使得 $k_1y_1+k_2y_2+\cdots+k_ny_n\equiv 0$，则称 $y_1(x)$，$y_2(x)$，…，$y_n(x)$在区间 I 上线性相关；否则，称 $y_1(x)$，$y_2(x)$，…，$y_n(x)$在区间 I 上线性无关.

定理 4.2　设 $y_1(x)$，$y_2(x)$是定义在区间 I 上的函数，则 $y_1(x)$，$y_2(x)$线性无关的充要条件是$\dfrac{y_1(x)}{y_2(x)}$不恒为常数.

例如，当 $x\in(-\infty,+\infty)$时，e^x，e^{2x}线性无关，x，x^2 线性无关，x，$2x$ 线性相关.

有了函数线性无关的概念，我们就有如下关于二阶线性齐次微分方程的通解结构定理.

定理 4.3　设 $y_1(x)$，$y_2(x)$是齐次方程(3)的两个线性无关的特解，则其通解为 $y=C_1y_1(x)+C_2y_2(x)$（C_1，C_2 为任意常数）.

例如，方程 $y''+y=0$ 是二阶齐次线性方程. 容易验证，$y_1=\sin x$，$y_2=\cos x$ 都是所给方程的两个解，且$\dfrac{y_2}{y_1}=\dfrac{\cos x}{\sin x}=\cot x\neq$常数，即它们是线性无关的. 因此，方程 $y''+y=0$ 的通解为 $y=C_1\sin x+C_2\cos x$.

定理 4.4　设 y^* 是方程(2)的一个特解，而 Y 是其对应的齐次方程(3)的通解，则

$$y=Y+y^*$$

是二阶线性非齐次微分方程(2)的通解.

例如，方程 $y''+y=x^2$ 是二阶线性非齐次微分方程. 已知 $Y=C_1\sin x+C_2\cos x$ 是对应齐次方程 $y''+y=0$ 的通解，又容易验证 $y^*=x^2-2$ 是所给方程的一个特解. 因此：

$$y=C_1\sin x+C_2\cos x+x^2-2$$

是所给方程的通解.

定理 4.5　设 y_1^* 与 y_2^* 分别是方程

$$y''+P(x)y'+Q(x)y=f_1(x)$$

与

$$y''+P(x)y'+Q(x)y=f_2(x)$$

的特解，则 $y_1^*+y_2^*$ 是方程

$$y''+P(x)y'+Q(x)y=f_1(x)+f_2(x)$$

的特解.

二、二阶线性常系数齐次常微分方程

由定理 4.3 知道，要求二阶线性齐次方程(3)的通解，只需求出它的两个线性无关的特解 y_1, y_2. 一般来说，没有普遍适用的方法能求出 y_1, y_2，但对于线性常系数齐次微分方程，却能比较方便地求出它的两个线性无关的特解.

形如

$$y''+py'+qy=0 \tag{4}$$

的方程称为二阶常系数线性齐次微分方程，其中 p, q 为常数. 方程(4)把二阶线性齐次方程(3)中 y', y 的系数 $p(x), q(x)$ 看做常数 p, q 的特殊情形.

先来分析方程(4)可能具有什么形式的特解，从方程的形式上看，它的特点是 y'', y' 与 y 各乘以常数因子后相加等于零，如果能找到一个函数 y，使得 y'', y' 与 y 之间只相差一个常数，这样的函数就有可能是方程(4)的特解. 易知在初等函数中，函数 e^{rx} 符合上述要求，于是，令 $y=e^{rx}$ 来尝试求解，其中 r 为待定常数.

将 $y=e^{rx}, y'=re^{rx}, y''=r^2e^{rx}$ 代入方程(4)，得：

$$e^{rx}(r^2+pr+q)=0$$

即：

$$r^2+pr+q=0 \tag{5}$$

由此可见，如果 r 是方程(5)的根，则 $y=e^{rx}$ 就是方程(4)的特解，这样，齐次方程(4)的求解问题就转化为代数方程(5)的求根问题.

方程(5)称为微分方程(4)的特征方程，并称特征方程的两个根 r_1, r_2 为特征根. 根据初等代数的知识，特征根有三种可能的情况，下面分别讨论.

1. 特征方程有两个不相等的实根

特征根为 $r_{1,2}=\dfrac{-p\pm\sqrt{p^2-4q}}{2}(p^2-4q>0)$，方程(4)的两个特解为 $y_1=e^{r_1x}, y_2=e^{r_2x}$，且线性无关，从而方程(4)的通解为：

$$y=C_1e^{r_1x}+C_2e^{r_2x}$$

2. 特征方程有两个相等的实根

特征根为 $r_{1,2}=-\dfrac{p}{2}\left(p^2-4q=0\right)$，这样只能得到方程(4)的一个特解 $y_1=e^{r_1x}$，因此，我们还要设法找出另一个特解，并使 y_2 与 y_1 线性无关，即 $\dfrac{y_2}{y_1}\neq$常数，为此设

$$\frac{y_2}{e^{r_1x}}=u \text{ 即 } y_2=ue^{r_1x}$$

其中，$u=u(x)$ 为待定函数. 将 $y_2=ue^{r_1x}, y_2{}'=e^{r_1x}(u'+r_1u), y_2''=e^{r_1x}(u''+2r_1u'+r_1^2u)$ 代入方程(4)，得：

$$e^{r_1x}[u''+(2r_1+p)u'+(r_1^2+pr_1+q)]=0$$

因为 $e^{r_1x}\neq 0$，$2r_1+p=0$，$r_1^2+pr_1+q=0$，所以：

$$u''=0$$

积分，得：

$$u=C_1x+C_2$$

为简便起见，取 $u=x$，得 $y_2=xe^{r_1x}$，从而方程(4)通解为：

$$y=(C_1+C_2x)e^{r_1x}$$

3. 特征方程有一对共轭复根

特征根为 $r_{1,2}=\dfrac{-p\pm\sqrt{4q-p^2}\,i}{2}=\alpha\pm\beta i\,(p^2-4q<0)$，方程(4)的两个复数形式的特解为 $y_1=e^{r_1x}$，$y_2=e^{r_2x}$. 应用欧拉公式 $e^{i\theta}=\cos\theta+i\sin\theta$，得：

$$y_1=e^{\alpha x}(\cos\beta x+i\sin\beta x),\quad y_2=e^{\alpha x}(\cos\beta x-i\sin\beta x)$$

令

$$\overline{y_1}=\frac{1}{2}\left(y_1+y_2\right)=e^{\alpha x}\cos\beta x,\quad \overline{y_2}=\frac{1}{2i}\left(y_1-y_2\right)=e^{\alpha x}\sin\beta x$$

根据定理 4.3，$\overline{y_1}$，$\overline{y_2}$ 也是方程(4)的特解，且线性无关，故方程(4)的通解为：

$$y=e^{\alpha x}(C_1\cos\beta x+C_2\sin\beta x)$$

综上所述，要求二阶常系数线性齐次微分方程(4)的通解，只需先求出其特征方程(5)的根，再根据根的情况便可确定其通解，现列表总结如下(见表 4.1)：

表 4.1

特征方程 $r^2+pr+q=0$ 的根	微分方程 $y''+py'+qy=0$ 的通解
有两个不相等的实根：r_1，r_2	$y=C_1e^{r_1x}+C_2e^{r_2x}$
有两个相等的实根：$r_1=r_2$	$y=(C_1+C_2x)e^{r_1x}$
有一对共轭复根：$r_{1,2}=\alpha\pm i\beta$	$y=(C_1\cos\beta x+C_2\sin\beta x)e^{\alpha x}$

例 1　求微分方程 $y''+2y'-3=0$ 的通解.

解　原方程的特征方程为：

$$r^2+2r-3=0$$

解得特征根为 $r_1=-3$，$r_2=1$. 所以，原方程的通解为：

$$y=C_1e^{-3x}+C_2e^x$$

例 2　求微分方程 $y''+4y'+4y=0$ 的通解.

解　原方程的特征方程为：

$$r^2+4r+4=0$$

解得特征根为 $r_1=r_2=-2$. 所以，原方程的通解为：

$$y=(C_1+C_2x)e^{-2x}$$

例 3　求微分方程 $y''+2y'+5y=0$ 的通解.

解　原方程的特征方程为：

$$r^2+2r+5=0$$

解得特征根为 $r_{1,2}=-1\pm 2i$. 所以，原方程的通解为：

$$y=(C_1\cos 2x+C_2\sin 2x)e^{-x}$$

三、二阶线性常系数非齐次常微分方程

二阶线性常系数非齐次常微分方程的一般形式为：

$$y''+py'+qy=f(x) \tag{6}$$

其中 p,q 为常数，$f(x)\neq 0$.

由线性非齐次方程通解结构的定理 4.4 可知，方程(6)的通解等于对应的齐次方程(4)的通解与它本身的一个特解之和. 在上一节已经讨论了齐次方程(4)通解的求法，现在只需讨论如何求出非齐次方程(6)的一个特解 y^*.

本节只介绍当方程(6)中的 $f(x)$ 取两种常见形式时求 y^* 的方法. 这种方法的特点是不用积分就可求出 y^* 来，该方法叫做待定系数法. $f(x)$ 的两种形式是：

(1) $f(x)=e^{\lambda x}P_m(x)$，其中 λ 为常数，$P_m(x)$ 是关于 x 的一个 m 次多项式：

$$P_m(x)=a_mx^m+a_{m-1}x^{m-1}+\cdots+a_1x+a_0$$

(2) $f(x)=e^{\lambda x}[P_l(x)\cos\omega x+P_n(x)\sin\omega x]$，其中 λ,ω 为常数，$P_l(x)$，$P_n(x)$ 分别是关于 x 的 l 次、n 次多项式.

下面分别介绍 $f(x)$ 为上述两种形式时 y^* 的求法.

1. $f(x)=e^{\lambda x}P_m(x)$ 型的解法

由于方程(6)的右端 $f(x)$ 是多项式 $P_m(x)$ 与指数函数 $e^{\lambda x}$ 的乘积，而多项式与指数函数乘积的导数仍然是多项式与指数函数的乘积，因此，我们推测方程(6)的特解可能为 $y^*=Q(x)e^{\lambda x}$（其中 $Q(x)$ 是某个多项式）. 把 y^* 及其导数代入方程(6)，然后考虑能否选取适当的多项式 $Q(x)$，使 $y^*=Q(x)e^{\lambda x}$ 满足方程(6). 为此，将

$$y^*=Q(x)e^{\lambda x}$$

$$y^{*\prime}=[\lambda Q(x)+Q'(x)]e^{\lambda x}$$

$$y^{*\prime\prime}=[\lambda^2Q(x)+2\lambda Q'(x)+Q''(x)]e^{\lambda x}$$

代入方程(6)并消去 $e^{\lambda x}$，得：

$$Q''(x)+(2\lambda+p)Q'(x)+(\lambda^2+p\lambda+q)Q(x)=P_m(x) \tag{7}$$

以下分三种不同的情形，分别讨论函数 $Q(x)$ 的确定方法：

(1) 若 λ 不是对应齐次方程式(4)的特征方程 $r^2+pr+q=0$ 的根，即 $\lambda^2+p\lambda+q\neq 0$，要使式(7)的两端恒等，可令 $Q(x)$ 为另一个 m 次多项式 $Q_m(x)$：

$$Q_m(x)=b_0+b_1x+b_2x^2+\cdots+b_mx^m$$

代入(7)式，并比较两端关于 x 同次幂的系数，就得到关于未知数 $b_0,b_1,\cdots,b_m$ 的 $m+1$ 个方程. 联立解方程组，可以确定出 $b_i(i=0,1,\cdots,m)$. 从而得到所求方程的特解为：

$$y^*=Q_m(x)e^{\lambda x}$$

(2) 若 λ 是对应齐次方程式(4)的特征方程 $r^2+pr+q=0$ 的单根，即 $\lambda^2+p\lambda+q=0$，$2\lambda+p\neq 0$，要使式(7)成立，则 $Q'(x)$ 必须要是 m 次多项式函数，于是令：

$$Q(x)=xQ_m(x)$$

并用同样的方法来确定 $Q_m(x)$ 的系数 $b_i(i=0,1,\cdots,m)$.

(3) 若 λ 是对应齐次方程式(4)的特征方程 $r^2+pr+q=0$ 的重根，即 $\lambda^2+p\lambda+q=0$，$2\lambda+p=0$. 要使(7)式成立，则 $Q''(x)$ 必须是一个 m 次多项式，可令：

$$Q(x)=x^2Q_m(x)$$

用同样的方法来确定 $Q_m(x)$ 的系数.

综上所述,若方程式(6)中的 $f(x)=P_m(x)e^{\lambda x}$,则它的特解为:

$$y^*=x^kQ_m(x)e^{\lambda x}$$

其中,$Q_m(x)$ 是与 $P_m(x)$ 同次多项式,k 按 λ 不是特征方程的根,是特征方程的单根或是特征方程的重根依次取 0,1 或 2.

例 4 求方程 $y''+2y'=3e^{-2x}$ 的一个特解.

解 $f(x)$ 是 $p_m(x)e^{\lambda x}$ 型,且 $P_m(x)=3,\lambda=-2$.

对应齐次方程的特征方程为:

$$r^2+2r=0$$

特征根为:

$$r_1=0,\quad r_2=-2$$

$\lambda=-2$ 是特征方程的单根.

令 $y^*=xb_0e^{-2x}$,代入原方程,解得 $b_0=-\dfrac{3}{2}$.

故所求特解为:

$$y^*=-\frac{3}{2}xe^{-2x}$$

例 5 求方程 $y''-2y'=(x-1)e^x$ 的通解.

解 先求对应齐次方程 $y''-2y'+y=0$ 的通解.

特征方程为:

$$r^2-2r+1=0$$

解得特征根为:

$$r_1=r_2=1$$

对应齐次方程的通解为:

$$Y=(C_1+C_2x)e^x$$

再求所给方程的特解为:

$$\lambda=1,\quad P_m(x)=x-1$$

由于 $\lambda=1$ 是特征方程的二重根,所以令:

$$y^*=x^2(ax+b)e^x$$

把它代入所给方程,并约去 e^x,得:

$$6ax+2b=x-1$$

比较系数,得:

$$a=\frac{1}{6},\quad b=-\frac{1}{2}$$

于是:

$$y^*=x^2\left(\frac{x}{6}-\frac{1}{2}\right)e^x$$

所给方程的通解为:

$$y=y+y^*=\left(C_1+C_2x-\frac{1}{2}x^2+\frac{1}{6}x^3\right)e^x$$

2. $f(x)=e^{\lambda x}[P_l(x)\cos\omega x+P_n(x)\sin\omega x]$ 型的解法

对于这种形式的特解形式,我们不准备做深入讨论,仅给出结论,并通过例子加以说明.

如果 $f(x)=e^{\lambda x}[P_l(x)\cos\omega x+P_n(x)\sin\omega x]$,则方程(6)的特解可设为:

$$y^*=x^ke^{\lambda x}[R_m^{(1)}(x)\cos\omega x+R_m^{(2)}(x)\sin\omega x]$$

其中，$R_m^{(1)}(x)$、$R_m^{(2)}(x)$是 m 次多项式，$m=\max\{l,n\}$，而 k 按 $\lambda+i\omega$（或 $\lambda-i\omega$）不是特征方程的根或是特征方程的单根依次取 0、1．

例 6 求方程 $y''+2y'-3y=4\sin x$ 的一个特解.

解 先求对应齐次方程 $y''-2y'-3y=0$ 的通解.

特征方程为：

$$r^2-2r-3=0$$

解得特征根为：

$$r_1=-1,\quad r_2=3$$

又 $\omega=1$，故 $\pm\omega i=\pm i$ 不是特征方程为 $r^2+2r-3=0$ 的根，$k=0$.

因此，原方程的特解形式为：

$$y^*=a\cos x+b\sin x$$

于是：

$$y^{*\prime}=-a\sin x+b\cos x$$

$$y^{*\prime\prime}=-a\cos x-b\sin x$$

将 y^*，$y^{*\prime}$，$y^{*\prime\prime}$代入原方程，得：

$$\begin{cases}-4a+2b=0\\-2a-4b=4\end{cases}$$

解得：

$$a=-\frac{2}{5},\quad b=-\frac{4}{5}$$

原方程的特解为：

$$y^*=-\frac{2}{5}\cos x-\frac{4}{5}\sin x$$

例 7 求方程 $y''-2y'-3y=e^x+\sin x$ 的通解.

解 先求对应的齐次方程的通解 Y.

对应的齐次方程的特征方程为：

$$r^2-2r-3=0$$

解得特征根为：

$$r_1=-1,\quad r_2=3$$

所以，对应齐次方程的通解为：

$$Y=C_1e^{-x}+C_2e^{3x}$$

再求非齐次方程的一个特解 y^*.

由于 $f(x)=e^x+\sin x$，根据定理 4.5，分别求出方程对应的右端项为 $f_1(x)=e^x$，$f_2(x)=\sin x$的特解 y_1^*，y_2^*，则 $y^*=y_1^*+y_2^*$ 是原方程的一个特解.

由于 $\lambda=1$，$\pm\omega i=\pm i$ 均不是特征方程的根，故特解为：

$$y^*=y_1^*+y_2^*=ae^x+(b\cos x+c\sin x)$$

代入原方程，得：

$$-4ae^x-(4b+2c)\cos x+(2b-4c)\sin x=e^x\sin x$$

比较系数，得：

$$-4a=1,\quad 4b+2c=0,\quad 2b-4c=1$$

解得：

$$a=-\frac{1}{4},\quad b=\frac{1}{10},\ c=-\frac{1}{5}$$

于是所给方程的一个特解为：

$$y^*=-\frac{1}{4}e^x+\frac{1}{10}\cos x-\frac{1}{5}\sin x$$

所以，所求方程的通解为：

$$y=Y+y^*=C_1e^{-x}+C_2e^{3x}-\frac{1}{4}e^x+\frac{1}{10}\cos x-\frac{1}{5}\sin x$$

习题九

1. 判断题.

(1)任意微分方程都有通解.　(　　)

(2)微分方程的通解中包含了它所有的解.　(　　)

(3)$\frac{dy}{dx}=1+x+y^2+xy^2$ 是可分离变量的微分方程.　(　　)

(4)函数 $y=x^2\cdot e^x$ 是微分方程 $y''-2y'+y=0$ 的解.　(　　)

(5)微分方程 $xy'-\ln x=0$ 的通解是 $y=\frac{1}{2}(\ln x)^2+C$(C 为任意常数).　(　　)

(6)$y'=\sin y$ 是一阶线性微分方程.　(　　)

(7)$y'=x^3y^3+xy$ 不是一阶线性微分方程.　(　　)

(8)$y''-2y'+5y=0$ 的特征方程为 $r^2-2r+5=0$.　(　　)

(9)函数 $y=3\sin x-4\cos x$ 是微分方程 $y''+y=0$ 的解.　(　　)

(10)若 $y_1(x)$，$y_2(x)$ 都是 $y'+P(x)y=Q(x)$ 的特解，且 $y_1(x)$ 与 $y_2(x)$ 线性无关，则通解可表示为 $y(x)=y_1(x)+C[y_1(x)-y_2(x)]$.　(　　)

(11)函数 $y=e^{\lambda_1 x}+e^{\lambda_2 x}$ 是微分方程 $y''-(\lambda_1+\lambda_2)y'+\lambda_1\lambda_2 y=0$ 的解.　(　　)

(12)已知二阶线性齐次方程 $y''+P(x)\cdot y'+Q(x)\cdot y=0$ 的一个非零解 y，即可求出它的通解.　(　　)

(13)只要给出 n 阶线性微分方程的 n 个特解，就能写出其通解.　(　　)

2. 计算题.

(1)验证函数 $y=C\cdot e^{-3x}+e^{-2x}$(C 为任意常数)是方程 $\frac{dy}{dx}=e^{-2x}-3y$ 的通解，并求出满足初始条件 $y|_{x=0}=0$ 的特解.

(2)求微分方程 $\begin{cases}x(y^2+1)dx+y(1-x^2)dy=0\\ y|_{x=0}=1\end{cases}$ 的通解和特解.

(3)求微分方程 $\frac{dy}{dx}=\frac{y}{x}+\tan\frac{y}{x}$ 的通解.

(4)求微分方程 $\begin{cases}y'=\frac{x}{y}+\frac{y}{x}\\ y|_{x=1}=2\end{cases}$ 的特解.

(5)求微分方程 $y'+y\cdot\cos x=e^{-\sin x}$ 的通解.

(6)求微分方程$\frac{dy}{dx}+\frac{y}{x}=\sin x$ 的通解.

(7)求微分方程$\begin{cases}(x+1)y'-2y-(x+1)^{\frac{7}{2}}=0\\ y|_{x=0}=1\end{cases}$的特解.

(8)求微分方程 $y''=\frac{2y'x}{x^2+1}$满足初始条件 $x=0,y=1,y'=3$ 的特解.

(9)求微分方程 $y''=2yy'$满足初始条件 $x=0,y=1,y'=2$ 的特解.

(10)验证二元方程 $x^2-xy+y^2=C$ 所确定的函数为微分方程$(x-2y)y'=2x-y$ 的解.

(11)求微分方程$(e^{x+y}-e^x)dx+(e^{x+y}+e^y)dy=0$ 的通解.

(12)求$\frac{dy}{dx}-y\cdot\tan x=\sec x$,$y|_{x=0}=0$ 的特解.

(13)验证 $y_1=\cos\omega x$,$y_2=\sin\omega x$ 都是 $y''+\omega^2y=0$ 的解,并写出该方程的通解.

(14)求微分方程 $y'=\frac{2y-x^2}{x}$的通解.

(15)求微分方程 $y'+\frac{1}{x}y+e^x=0$ 满足初始条件 $y(1)=0$ 的特解.

(16)求微分方程$\frac{dy}{dx}-\frac{2}{x+1}y=(x+1)^3$ 的通解.

(17)求微分方程$\frac{x}{1+y}dx-\frac{y}{1+x}dy=0$ 满足条件 $y(0)=1$ 的特解.

(18)求微分方程 $y''+y'-2y=0$ 的通解.

(19)求微分方程 $y''+2y'+5y=0$ 的通解.

(20)求微分方程 $y''+4y'+4y=0$ 的通解.

(21)试求 $y''=x$ 的经过点$M(0,1)$且在此点与直线 $y=\frac{x}{2}+1$ 相切的积分曲线.

(21)求微分方程 $y''-7y'+6y=\sin x$ 的通解.

(22)设 $y=e^x$ 是微分方程 $xy'+p(x)y=x$ 的一个解,求此微分方程满足条件 $y|_{x=\ln 2}=0$ 的特解.

(23)已知 $y_1=xe^x+e^{2x}$,$y_2=xe^x+e^{-x}$,$y_3=xe^x+e^{2x}-e^{-x}$是某二阶线性非齐次微分方程的三个解,求此微分方程.